AF454573

DÉFENSE

DES

COLONIES.

DÉFENSE

DES

COLONIES.

III.

ÉTUDE GÉNÉRALE SUR NOS ÉTAGES G—H

AVEC

APPLICATION SPÉCIALE AUX ENVIRONS DE HLUBOČEP, PRÈS PRAGUE.

PAR

JOACHIM BARRANDE.

Une carte et une feuille de profils.

Vos colonies ont glorieusement gagné
du terrain.
W. Haidinger.

Chez l'auteur et éditeur

à Prague   à Paris
Kleinseite Nr. 419, Choteksgasse.   Rue Mézière Nr. 6.

1. mars 1865.

Imprimerie de Charles Bellmann à Prague.

Table des matières.

Chapitre troisième.

Chapitre quatrième.

Chapitre cinquième.

Seconde Partie.

Chapitre Sixième.

Chapitre Septième.

Addenda et Corrigenda.

1. P a g e s 22—23 ajouter que *Asterolepis Bohemicus* a été trouvé
   aussi à Tetin, dans les calcaires de la bande g 1.
2. P a g e 51 Dans le tableau, le genre nommé *Calamopora* est vraisemblablement *Chaetetes*.
3. Dans quelques uns de nos tableaux comparatifs, le genre *Cornulites*
   a été placé par erreur parmi les Ptéropodes, au lieu d'être rangé
   parmi les Annélides.

Introduction.

L'étude de nos étages **G** et **H** aux environs de Hluboček
constitue inévitablement une partie intégrante de la question
des Colonies, à cause de la haute importance que nos
adversaires ont attachée aux apparences stratigraphiques
mal interprétées de cette localité, importance qui s'est manifestée encore plus par leurs paroles que dans leurs écrits.
Cette étude, pour être fructueuse, exige naturellement
l'exposition générale des élémens stratigraphiques et paléontologiques de ces deux étages dans l'ensemble de notre
bassin. Nous commencerons donc par l'exposé général de
nos observations, dont nous ferons ensuite l'application
spéciale aux environs de Hluboček.

Hluboček étant dans le voisinage de Prague, fournit
si fréquemment à M. le Prof. Krejči, dans l'exercice de
ses fonctions, l'occasion de reproduire ses erreurs et de les
propager dans l'esprit docile de ses amis et de ses élèves,
que nous croyons remplir un devoir de science et de charité
en le ramenant le plutôt possible à l'enseignement de la
vérité.

En outre, M. Lipold et surtout M. Krejči, présentant
avec une extrême assurance leur interprétation des apparences du terrain près Hluboček, comme un argument sans
réplique contre nos Colonies, il est à propos de leur démontrer, que leurs convictions stratigraphiques les plus pro-

1

fondes en cette occasion, ne sont réellement que de profondes illusions. Cette démonstration, que nous leur offrons aujourd'hui au sujet de Hlubočep, les préparera doucement à une démonstration semblable, mais encore plus aisée, que nous leur réservons, pour faire évanouir entre leurs éperons leur plus grand cheval de bataille contre nos Colonies, c. à d. leur argument fondé sur les apparences **stratigraphiques** aux environs de Litten.

Enfin, en discutant aujourd'hui l'argument anticolonial de Hlubočep, qui, heureusement ne repose que sur de simples erreurs et négligences, que nous nous plaisons à excuser, nous voulons ajourner et éviter, s'il est possible, la discussion de certaines licences d'une nature bien **autrement grave**, et pour lesquelles toute notre indulgence ne saurait trouver aucune excuse. Il nous semble que le moment viendra, où nos adversaires, jetant un regard calme et non sans regrets, sur leurs publications contre nos Colonies, céderont spontanément à une noble impulsion, en désavouant et déclarant comme non avenues, **toutes les** parties de ces documens qui sont entachées d'étranges transgressions des libertés de la science. Ils nous dispenseront ainsi de traiter à contre coeur un sujet de nature anti-scientifique.

Dans tous les cas, nous espérons qu'ils nous sauront gré d'avoir choisi cette étude de préférence à toute autre, pour réveiller les débats qu'ils ont eux-mêmes suscités en 1859, et qu'ils laissent maintenant dormir depuis trois ans, sans chercher à combattre par un seul mot notre *Défense des Colonies*, dont les premières publications remontent au mois de novembre 1861 et au mois de février 1862.

D'après ce qui vient d'être dit, cette étude se divise naturellement en deux parties.

La première partie est consacrée à la description générale de nos étages **G — H**, sur la surface de notre bassin.

Nous exposons d'abord, dans les deux premiers chapitres, les résultats de nos recherches stratigraphiques et paléontologiques, relatives à ces deux étages et à leurs subdivisions.

Dans le troisième chapitre, nous indiquons leur étendue topographique, et nous montrons leurs relations horizontales et verticales au moyen de deux sections à travers notre division supérieure et la zone des Colonies; l'une suivant le vallon qui s'étend de Tachlovitz à Radotin, et l'autre par les carrières de Dvoretz et de Branik, près Prague.

A cette occasion, nous passons en revue les documens publiés sur le même sujet par M. le Prof. Krejči.

Dans le quatrième chapitre, nous cherchons à reconnaître si nos étages **G — H** sont représentés dans les bassins Siluriens des contrées étrangères.

Enfin, dans le cinquième chapitre, nous étudions les connexions qui existent entre la faune de nos étages **G — H** et les faunes dévoniennes.

La seconde partie renfermera l'exposition de nos observations spéciales sur les apparences de nos étages **G — H**, aux environs de Hlubočep.

Première Partie.

Chapitre premier.

Élémens stratigraphiques et pétrographiques des étages G et H et de leurs subdivisions.

I. Élémens stratigraphiques et pétrographiques de l'étage calcaire supérieur G.

(Voir les sections Pl. 1—2.)

Notre étage **G** se compose de trois formations principales, ou bandes superposées, que nous désignerons par les notations **g 1 — g 2 — g 3.** Leur ordre de superposition ainsi que le caractère pétrographique le plus apparent et la puissance approximative de chacune d'elles sont indiqués par les lignes qui suivent:

Puissance.

$$
G \begin{cases}
\textbf{g 3} & \text{masse de calcaire noduleux très-} \\
& \text{semblable au calcaire de } \textbf{g 1} \quad 50 \text{ à } 100 \text{ mètr.} \\
\\
\textbf{g 2} & \text{schistes argileux fissiles renfer-} \\
& \text{mant des sphéroïdes calcaires} \\
& \textit{sans quartzites} \ldots \ldots 20 \text{ à } 150 \text{ mètr.} \\
\\
\textbf{g 1} & \text{masse de calcaire noduleux très-} \\
& \text{semblable au calcaire de } \textbf{g 3} \quad 150 \text{ à } 200 \text{ mètr.}
\end{cases}
$$

à la base.

Ces notations n'ont pas été antérieurement employées par nous pour distinguer les subdivisions de l'étage **G**, mais les textes de notre *Esquisse géologique*, que nous allons reproduire, montrent que nous avions déjà nettement défini les principales formations en 1852.

Depuis cette époque, le progrès de nos études nous a successivement amené à une connaissance plus intime de cette importante partie de notre division supérieure, qui avait longtemps causé de l'hésitation dans notre esprit, ainsi que nous le dirons ci-après (chap. 7). Enfin, à l'aide des documens de toute nature que nous avons patiemment recueillis, pendant plus de 25 ans, nous sommes parvenu à distinguer avec une parfaite sécurité, sous les rapports stratigraphiques et paléontologiques, les trois subdivisions que nous établissons définitivement aujourd'hui dans notre étage calcaire supérieur **G.**

1. Bande calcaire inférieure g 1.

Cette formation a été décrite en 1852 dans notre *Esquisse géologique (Syst. Sil. de Boh. p. 79)* dans les termes suivans:

„Le passage entre l'étage moyen **F** et l'étage supérieur **G** se fait d'une manière insensible. Les masses calcaires qui composent ce dernier se font cependant reconnaître, en général, par des bancs plus épais et un aspect argileux, que ne présente pas l'étage moyen. La plupart des couches de l'étage supérieur paraissent composées de rognons irréguliers plus ou moins gros, depuis le volume d'une noix jusqu'à celui de la tête. Ces rognons sont écrasés les uns contre les autres et plus ou moins soudés ensemble, suivant la nature et l'épaisseur d'une petite couche d'argile qui les enveloppe. Tantôt cette pellicule argileuse très-mince résiste aux actions atmosphériques, et alors la couche calcaire reste solide; tantôt, au contraire, l'argile se délite à l'air, et alors les rognons deviennent aisément libres. Dans tous les cas, le calcaire formant ces rognons est compacte, et présente une pâte très-fine traversée souvent par des veines de spath calcaire blanc. On remarque aussi dans leur intérieur des nodules de quartz noirâtre, ou *chert,* dont nous avons déjà parlé. La couleur de la pâte calcaire est le plus souvent grisâtre, mais elle paraît aussi verdâtre, et elle devient rouge dans diverses localités. Les teintes varient quelquefois dans l'étendue d'un même banc."

Cette description des calcaires **g 1** nous paraît suffisante, et s'applique à toutes les localités de notre bassin où cette formation est accessible.

Nous ajouterons seulement une observation dont l'importance se manifestera dans le chap. 7. C'est qu'à la partie supérieure de **g 1** il existe, dans diverses localités, une série de couches qui se distinguent par leur ténuité relative, et par la grande fréquence des silex noirs qu'elles renferment.

2. Bande de schistes argileux à sphéroides calcaires g 2.

A la suite de la description de **g 1**, que nous venons de citer, nous avons aussi décrit, en 1852, la formation schisteuse **g 2** dans les termes que nous reproduisons:

„Des couches de schistes argileux très-feuilletés séparent ordinairement les strates calcaires et deviennent sensiblement plus épaisses vers la partie supérieure de l'étage. A mesure que cet élément argileux devient plus abondant, les couches de carbonate de chaux diminuent d'épaisseur, et vers la limite supérieure nous voyons reparaître au milieu des schistes des sphéroides calcaires analogues à ceux qui caractérisent la base de l'étage **E.** On peut voir une formation de ce genre dans le vallon de St. Procop, derrière les dernières maisons du village de Hlubočep, aux environs de Prague. Ainsi, aux deux extrémités opposées de notre massif calcaire, dans le sens vertical, la formation de ces sphéroides paraît une conséquence de la rareté relative de la chaux carbonatée.

„L'horizon où nous voyons disparaître l'élément calcaire, est celui que nous avons adopté comme limite supérieure de notre étage **G** et comme base de notre étage **H**, qui couronne notre division supérieure." (Ibid. p. 79.)

Ce passage définit notre bande schisteuse **g 2** aussi nettement que le comportait le cadre de notre *Esquisse Géologique* publiée en 1852. Nous y ajouterons aujourd'hui diverses observations destinées à étendre, si non à compléter la description de cette formation remarquable par son interposition entre deux grandes masses de calcaire.

Les profils qui accompagnent cette publication montrent que la bande **g 2** est intercalée en stratification parfaitement concordante, entre les assises calcaires de **g 1** et celles de **g 3**.

Cette concordance de **g 2** avec la bande inférieure **g 1**, évidente dans toutes les localités, est encore confirmée dans quelques unes par les alternances qu'on observe près de leur limite. En effet, on voit d'abord apparaître des couches schisteuses très-minces entre les bancs calcaires, dont l'épaisseur diminue peu à peu, à mesure que celle des schistes augmente. Les schistes deviennent prédominans à leur tour, et les calcaires se réduisent à des lits minces, ou a des rangées sub-régulières de sphéroides aplatis. Ces sphéroides disparaissent même totalement en certaines localités, et alors **g 2** offre dans sa partie moyenne une masse purement schisteuse, dont les couches très-fissiles et peu résistantes sont facilement désagrégées par les agens atmosphériques.

Les sphéroides intercalés dans les schistes de **g 2** offrent des apparences caractéristiques, que nous retrouvons sur toute l'étendue de cette bande. Le calcaire dont ils sont composés présente une nuance particulière, d'un blond foncé, avec des taches noires, irrégulières. Nous ne connaissons point de couches calcaires avec cette teinte et ces taches, ni dans les bandes **g 1** et **g 3**, ni dans aucun de nos étages. La plupart de ces sphéroides ne contiennent aucun fossile. Cependant quelques uns nous ont fourni des Brachiopodes et des fragmens d'Orthocères. Quelquefois ils sont remplis de Tentaculites.

Sur l'horizon chargé de ces sphéroides, les schistes de **g 2**, le plus souvent verdâtres, ont une tendance à se décomposer en petits prismes très-allongés, contrastant avec les feuillets minces et plats qu'ils offrent eux mêmes lorsque l'élément calcaire devient rare ou disparaît entièrement.

Les couches schisteuses de **g 2** affectent des nuances très-variées et souvent prononcées, noires, grises, vertes, jaunes, rouges &c., qui permettent de les reconnaitre, même de loin. Ces nuances peuvent aussi servir utilement mais non constamment, à distinguer cet horizon de ceux où il existe également des masses schisteuses dans notre étage **H**.

Les dépôts qui constituent la partie la plus élevée de la bande **g 2** et par lesquels s'opère le passage entre cette masse schisteuse et la masse calcaire superposée **g 3**, méritent une attention particulière, parce qu'ils caractérisent un horizon très-prononcé et facilement reconnaissable sur presque toute l'étendue de notre bassin calcaire. Ces dépôts offrant l'avantage d'attirer partout l'attention par leurs couleurs vives et tranchées, nous les désignerons par le nom de *couches bigarrées*.

Couches bigarrées de la bande g 2.

Au dessus de l'horizon où les schistes de **g 2** paraissent purs et exempts de sphéroides calcaires, on voit paraître dans leurs couches le carbonate de chaux sous la forme de petits nodules ou de disques très-minces, tantôt jaunes, tantôt rouges, qu'on pourrait comparer à des amandes très-plates ou à des médailles. Ces nodules, d'abord rares, se multiplient rapidement dans les couches superposées. Ils se reproduisent par des alternances innombrables avec les lits de nature purement schisteuse, qui offrent ordinairement des couleurs vives, vertes, rouges, noires &c., surtout quand ils sont mouillés. A mesure qu'on s'élève, les nodules calcaires se montrent plus volumineux et plus serrés. Enfin, de l'accumulation progressive de ces nodules accolés résultent de véritables couches calcaires continues, qui, d'abord subordonnées aux couches de schistes, arrivent à prédominer sur celles-ci et finissent même par les exclure complètement.

L'horizon où les calcaires deviennent prédominans sur les schistes nous paraît être la limite entre les bandes **g 2** et **g 3**. Evidemment, une limite de cette nature n'est pas absolue, mais elle suffit parfaitement pour toutes nos considérations dans cette étude.

Les couches bigarrées occupent une hauteur **verticale** variable suivant les localités, mais qui peut atteindre plus de 20 mètres.

La formation bigarrée, partout où elle est exposée **au** jour, attire de loin l'attention des observateurs à cause des couleurs vives que nous venons de signaler dans ses diverses roches. Le plus souvent c'est le rouge foncé et presque sanguin qui domine, avec des zones jaunâtres. En outre, dans les localités où ces roches sont recouvertes par la terre végétale, on peut encore suivre aisément leur direction, parce qu'elles communiquent à la surface une teinte rouge très-prononcée, et qui contraste avec la nuance des terres voisines.

A cette occasion, nous devons faire remarquer, que des zones de calcaire rouge et jaune existent aussi dans les bandes calcaires **g 1** et **g 3**. Mais si l'on observe que ces zones sont constamment intercalées entre d'autres couches purement calcaires, il sera impossible de les confondre avec la formation bigarrée, toujours superposée aux couches schisteuses de **g 2**.

Le retour semi-périodique de ces zones rouges, à partir de notre étage **F** jusqu'au sommet de notre étage **G**, indique des causes intermittentes, parfaitement en harmonie avec les alternances paléontologiques admises dans notre doctrine coloniale.

Les principales localités où la formation bigarrée peut être observée sont les suivantes:

1. Hlubočep, sur la rive gauche du ruisseau à l'entrée du village, en venant de Prague par la chaussée, et ensuite au-delà du village, dans diverses carrières en allant vers St. Procop, sur la même rive.

2. Sur le côteau droit du même vallon, dans le grand ravin qui descend du plateau de Slivenetz vers le vallon de St. Procop, à environ 1500 mètres à l'Ouest de Holin, à peu près vis-à-vis Vohrada situé sur le côteau opposé.

3. Tržebotov, à la sortie du village sur le chemin qui conduit à Chotecz.

4. Au moulin sous Roblin, au bas du côteau gauche.

5. Sous Karlstein, dans le vallon étroit où coule le petit ruisseau descendant de Gross-Moržin vers Budnian.

6. A Srbsko, à l'entrée du village du côté de Karlstein.

7. Ravin dit *klenova Rokle*, à l'amont de Karlstein, le long du chemin de fer, près du gardien Nr. 30.

8. Ravin dit *dlauhe Meyto*, à peu de distance du précédent, vers le Sud-Ouest; dans la partie supérieure.

9. Moulin de *Zimmermann*, c. à d. le troisième moulin à l'aval de celui qui est situé à Chotecz, compté pour le premier.

10. Vis - à - vis Chotecz, au pied de la rampe du grand chemin venant de Prague.

11. Moulin de Burian, au pied du côteau gauche, même vallon.

12. Moulin de Kalina (1) placé un peu plus haut dans ce vallon, dans la carrière au bout de la digue de l'étang.

Coulées de trapps dans la bande g 2.

La bande schisteuse **g 2** nous offre encore un phénomène digne de remarque, en ce qu'elle contient des trapps intercalés entre ses couches.

Cette concomitance des masses trappéennes avec des dépôts de schistes argileux, renfermant des sphéroides calcaires, a déjà été signalée par nous dans nos colonies, c. à d. dans notre étage **D**, et pour la seconde fois à la base de notre étage **E**. Elle se reproduit donc pour la troisième fois, mais après une longue intermittence, vers le milieu de la hauteur de notre étage calcaire **G**. D'après cette triple réapparition simultanée, les schistes argileux, les sphéroides calcaires et les trapps, dans notre terrain Silurien, sembleraient dériver leur origine, si non d'une cause commune, du moins de causes en relation constante. La science découvrira peut-être un jour ces influences, sur lesquelles nous ne tentons pas même de formuler des conjectures.

Nous signalons seulement une circonstance remarquable. C'est que sur l'horizon de la bande **g 2**, où les trapps apparaissent pour la dernière fois, ils sont concentrés dans un espace très-limité, près de l'axe du bassin calcaire, tandis qu'aux deux époques antérieures ils se sont étendus, non seulement sur toute la surface de ce bassin, mais encore au delà, dans la bande **d 5**, à l'époque des colonies, et plus largement encore durant le dépôt des bandes diverses de l'étage **D.** La surface exposée à ces déversemens de roches plutoniques s'est donc réduite graduellement, en raison inverse de la puissance croissante des dépôts Siluriens.

L'espace occupé par les trapps dans la bande **g 2** comprend les localités de Hinter Kopanina, le moulin Zimmermann, Chotecz, Cheynitz et le moulin Dvoržak ou Dubecky; mais nous ne pouvons pas reconnaître ses limites extrêmes. La plus grande étendue entre Cheynitz et Hinter Kopanina serait d'environ 6000 à 7000 mètres, et la plus grande largeur n'excéderait pas 1200 à 1500 mètres.

Nous ne saurions affirmer si ces affleuremens de trapps appartiennent à une seule coulée. Sous Hinter Kopanina où ils sont réduits à moins de deux mètres d'épaisseur, ils apparaissent entre des couches de **g 2** où les calcaires prédominent de beaucoup sur les schistes. Au droit du moulin Zimmermann, nous les voyons exactement intercalés, avec une epaisseur de 5 à 6 mètres, entre les couches bigarrées et les calcaires de **g 3.** Cette disposition se retrouve vis-à-vis Chotecz et à Cheynitz. Mais près du moulin Dubecky ou Dvoržak il semble que les trapps recouvrent immédiatement les schistes de **g 2.** du moins d'après les apparences extérieures, car le contact n'est pas visible. Dans cette localité, la masse trappéenne, y compris les enclaves de schistes qu'elle renferme, offre plus de 100 mètres d'épaisseur, et nous ne pouvons voir aucune trace de la formation bigarrée.

Nous constatons enfin, que les trapps en question nous paraissent partout interstratifiés dans les formations de l'étage **G**, avec toute la régularité que comporte leur origine ignée.

Nulle part nous ne connaissons la présence des trapps entre les schistes de l'étage **H.**

3. Bande calcaire supérieure g 3.

Dans notre *Esquisse Géologique* en 1852, nous n'avons pas fait ressortir comme aujourd'hui l'existence de la bande calcaire **g 3**, au sommet de l'étage **G**, c. à d. au dessus de l'horizon où les schistes prédominent dans cet étage, et que nous venons de décrire sous le nom de bande **g 2**. C'est une lacune que nous prions nos lecteurs d'attribuer, non à un oubli, mais à certaines hésitations que nous n'avions pas encore vaincues à cette époque, et dont nous exposons les motifs dans le Chap. 7, en décrivant en détail la bande **g 3** aux environs de Hlubočep.

Sous le rapport de ses apparences extérieures et de sa composition pétrographique, cette bande peut être décrite dans les mêmes termes que nous venons de reproduire (p. 6) pour la description de la bande calcaire semblable **g 1**. En outre, nous ferons observer que, dans certaines localités, elle offre aussi à son sommet une série de couches minces, inégales et chargées de rognons de silex noir.

En un mot, sans le secours des élémens paléontologiques, qui seront exposés dans le chapitre suivant, il nous eût été personnellement impossible de distinguer les deux masses calcaires **g 1** et **g 3**, et il nous semble qu'il serait très-difficile d'établir entre elles des différences pétrographiques suffisantes, pour qu'on puisse reconnaître sûrement chacune d'elles.

Sans anticiper sur l'exposition des élémens paléontologiques qui va suivre, nous prions le lecteur de remarquer, que ces élémens établissent entre cette bande et **la bande**

g 1 un contraste frappant, et auquel il eût été impossible de s'attendre, en présence de l'identité apparente de leurs roches. Il a fallu plus de 25 ans de recherches pour mettre ce fait à l'abri de tous les doutes. Nous espérons donc que les savans nous excuseront d'avoir tardé si longtemps à leur communiquer la distinction définitive de ces divers horizons calcaires.

Enfin, nous devons faire remarquer une double connexion pétrographique et paléontologique entre les bandes **g 2** et **g 3**, outre celle qu'établit la formation bigarrée signalée ci-dessus (p. 9). Elle consiste en ce qu'il existe à diverses hauteurs, entre les bancs calcaires de **g 3**, des couches minces de schistes semblables à ceux de **g 2**. Afin que la réapparition de ces schistes ne nous laisse aucun doute sur leur origine, nous constatons qu'ils renferment diverses espèces de la bande **g 2**, qui avaient disparu depuis la prédominance des calcaires de **g 3**.

Nous avons principalement observé cette double réapparition près de Trzebotov, dans les carrières situées à la sortie de ce village sur le chemin qui conduit vers Chotecz. Des couches schisteuses de quelques centimètres d'épaisseur, intercalées entre les couches calcaires exploitées sur ce point, nous ont fourni diverses espèces de la bande **g 2**, associées avec une espèce de la bande **h 1**, et que le lecteur trouvera indiquées avec le nom de cette localité, sur nos tableaux de distribution, dans le chapitre suivant, savoir:

Orthoceras opimum.	Lingula cornea. (**h 1.**)
Goniatites fecundus?	Discina tarda.
Chonetes novellus.	Rotella tarda.
Leptaena comitans.	Tentaculites clavulus.

Fucoides Hostinensis.

II. Élémens stratigraphiques et pétrographiques de l'étage des schistes culminans II.

Notre étage **II** se compose de trois formations principales ou bandes superposées, que nous désignerons par les notations **h 1 — h 2 — h 3**. Leur ordre de superposition ainsi que le caractère pétrographique le plus apparent et la puissance approximative de chacune d'elles sont indiqués par les lignes qui suivent.

Puissance.

$$II \begin{cases} h\,3 \begin{cases} \text{schistes argileux, fins, très-fissiles, sans } \textit{calcaires} \text{ et sans } \textit{quartzites} \dots\dots\dots 20 \text{ à } 40 \text{ mètr.} \end{cases} \\ h\,2 \begin{cases} \text{schistes argileux, fissiles, alternant par couches minces avec des lits de quartzites impurs, sans calcaires} \dots\dots 150 \text{ à } 250 \text{ mètr.} \end{cases} \\ h\,1 \begin{cases} \text{schistes argileux, fins, fissiles, } \textit{sans quartzites}, \text{ mais avec quelques couches calcaires à la base dans le voisinage de } g\,3 \dots 20 \text{ à } 60 \text{ mètr.} \end{cases} \end{cases}$$

à la base.

La distinction fondamentale entre nos étages **G** et **II** est formulée de la manière la plus nette dans notre *Esquisse Géologique*, par cette phrase que nous avons déjà citée:

„L'horizon où nous voyons disparaître l'élément calcaire est celui que nous avons adopté comme limite supérieure de notre étage **G**, et comme base de notre étage **II**, qui couronne notre division supérieure." (p. 79.)

Cette définition de l'étage **II** est reproduite un peu plus loin sous une autre forme par ces mots:

„Le calcaire parait presque complètement manquer à cette formation." (p. 82.)

Nous maintenons simplement aujourd'hui la définition établie dans nos publications antérieures, relativement à cet étage. Nous introduisons seulement dans sa hauteur les subdivisions **h 1 — h 2 — h 3**, que le progrès de nos études depuis 1852 nous a fait reconnaître comme fondées dans la nature.

I. Bande h 1.

Entre la bande calcaire **g 3** et la bande schisteuse **h 1** qui la recouvre, nous n'observons pas le passage graduel et lent, que nous venons de faire remarquer entre la bande schisteuse **g 2** et la même bande **g 3**. Au contraire, nous voyons presque partout une transition brusque entre les calcaires et les schistes, à la limite des deux étages **G** et **H**. Nous pouvons cependant citer deux localités éloignées l'une de l'autre, où l'on trouve quelques couches calcaires alternant avec les dépôts schisteux de **h 1**. La plus remarquable est à Hostin, dans le petit vallon où se trouve une rangée de maisons, le long du chemin montant vers Bubovitz. La seconde est située à 1000 ou 1200 mètres à l'Ouest de Holin, dans un ravin qui descend du côteau rive droite et pénètre très-obliquement dans le vallon de St. Procop.

Les schistes de **h 1**, dans le voisinage immédiat de **g 3**, sont ordinairement fins, très-fissiles, et peu résistans. Leur couleur varie suivant les localités. Le plus souvent ils ont une teinte grise, tirant sur le jaune sale, et quelquefois leur nuance devient verdâtre. Mais dans le ravin déjà mentionné, à l'Ouest de Holin, ils sont noirs, et nous leur trouvons une apparence semblable dans le vallon de Srbsko, à l'amont du village, sur le chemin qui conduit à Hostin. Sur ces points, leur aspect rappelle tellement celui de certains schistes à graptolites, qu'il est difficile de les distinguer de ces derniers, si ce n'est par la présence d'un peu plus de mica. Nous avons eu jadis la simplicité d'y chercher des graptolites, et nous nous sommes ainsi convaincu qu'ils n'en renferment aucune trace.

Dans les deux localités exceptionnelles que nous venons de nommer, les couches inférieures de **h 1** renferment quelques lits minces de calcaire, qui vont en s'espaçant rapidement de bas en haut et disparaissent totalement à la distance verticale de 15 à 20 mètres au dessus de **g 3**. L'épaisseur de ces bancs varie de 15 à 20 centimètres. La roche dont ils sont composés reproduit toutes les apparences des couches supérieures de **g 3**. Elle ne ressemble nullement au calcaire blond foncé, taché de noir, qui constitue les sphéroides de la bande schisteuse **g 2**. Ainsi, cette seule différence pétrographique suffirait pour empêcher de confondre ces formations schisteuses, lors même qu'on ne ferait pas attention à la distance verticale qui sépare leurs horizons.

Il n'est pas inutile de répéter que, dans toutes les autres localités où nous avons observé la bande **h 1**, nous avons constaté un passage brusque et sans alternances entre ses schistes et les calcaires de la bande sousjacente **g 3**. C'est le cas qui se présente à Hlubočep, dans la belle section naturelle exposée à l'entrée du village, le long de la chaussée de Prague, au droit des carrières dites ů Zajesků. (Pl. 2.)

Cette section montre en même temps une parfaite concordance entre les couches schisteuses de **h 1** et les calcaires de **g 3**. Il nous semble aussi que la même concordance existe dans la plupart des localités où on peut observer le contact entre ces deux formations. Cependant, sur quelques points, comme dans le vallon de Srbsko, nous trouvons les couches schisteuses butant par leurs tranches contre les calcaires, comme si elles avaient été déposées après le redressement partiel de ces derniers.

Cette apparence ne nous a pas pleinement convaincu de l'existence d'une discordance réelle et locale entre ces deux dépôts. En effet, on pourrait aussi l'expliquer en concevant une dénudation qui aurait d'abord mis à nu la tranche des roches horizontales de **h 1**, contre laquelle les calcaires auraient été appliqués plus tard par leur redressement.

Dans tous les cas, la discordance de **h 1** sur **g 3** ne s'étendrait que sur des surfaces restreintes et serait sans aucune importance dans l'ensemble des relations entre les étages **G** et **H**, que nous étudions.

2. Bande h 2.

La bande **h 2** se superpose à la bande **h 1** sans aucun trouble dans la stratification et pour ainsi dire sans qu'on s'en aperçoive, comme dans les ravins aux environs de Holin, à Hostin &c.

Toute la différence entre ces deux formations se manifeste par l'apparition de quelques lits de quartzites, d'abord isolés dans les schistes, et bientôt alternant en toute égalité avec ces derniers, par couches de faible épaisseur.

Ces lits de quartzites n'ont pas au de là de 8 à 10 centimètres de hauteur, et leurs surfaces sont couvertes de mica, comme sur l'horizon des bandes **d 4** et **d 5**, dans l'étage **D**, c. à d. dans notre division inférieure.

Cette ressemblance trompeuse est encore augmentée par les empreintes en relief des fucoïdes, sur les surfaces de contact entre les couches des quartzites et des schistes, car ces fucoïdes offrent les apparences de ceux qu'on trouve sur les quartzites de **d 5**.

Aux environs de Holin, cette formation de schistes et quartzites conserve le même aspect sur une grande étendue verticale qui peut représenter au moins 200 mètres de puissance réelle, en tenant compte de l'inclinaison des couches, moyennement à 45°. Dans cette contrée, la limite supérieure de cette masse ne peut-être reconnue, parce que les ravins qui remontent du vallon de St. Procop vers le plateau de Slivenetz, et qui offrent d'ailleurs de magnifiques sections naturelles de ces formations, ne s'étendent pas verticalement jusqu'à cet horizon. Nous évaluons aussi au même chiffre la puissance de **h 2** dans les environs de Roblin et de Hostin, où les lambeaux de l'étage **II** forment de hautes collines boisées.

3. Bande h 3.

La bande **h 3**, sous le double rapport stratigraphique et pétrographique, n'est que la continuation de **h 2**, dans le sens vertical, mais avec la suppression presque subite des quartzites. Les schistes restent donc seuls, en conservant d'ailleurs leur fissilité, leur couleur tantôt grise, tantôt verdâtre, et toutes les apparences de **h 1**, toutefois sans les fossiles, ainsi que nous le dirons ci-après, comme aussi sans les couches adventices de calcaire.

La formation culminante **h 3** étant de nature très-peu résistante, et plus exposée que toute autre aux dénudations, a presque entièrement disparu sur la surface de notre bassin. Nous n'aurions peut-être pas cru nécessaire d'appeler l'attention sur son existence, si ce n'était à cause d'un lambeau très-caractérisé de ce dépôt, qu'on trouve près de Hostin, sur le côteau droit du ruisseau venant de St. Ivan et de Lodenitz.

Les couches de ce lambeau butent par leur tranche contre les calcaires de **G**, dont les couches sont presque verticales. C'est sans doute un phénomène analogue à celui que nous venons de mentionner au sujet des couches de **h 1** (p. 18), et qui ne fait pas nécessairement supposer une discordance primitive entre ces formations.

Chapitre second.

Élémens paléontologiques des étages G et H et de leurs subdivisions.

En étudiant les élémens pétrographiques et stratigraphiques de ces deux étages, dans le chapitre précédent, nous avons reconnu qu'ils ne seraient pas toujours suffisans pour la distinction certaine des six subdivisions que nous avons établies: **g 1 — g 2 — g 3 — h 1 — h 2 — h 3**. Nous avons même fait remarquer, qu'avec leur seul secours, il serait impossible de distinguer l'une de l'autre les bandes calcaires **g 1** et **g 3**.

Heureusement, les élémens paléontologiques de ces subdivisions viennent nous fournir surabondamment tous les moyens désirables pour compléter leurs caractères distinctifs. C'est un fait que tout lecteur attentif peut immédiatement reconnaître, en parcourant les tableaux suivans, sur lesquels nous avons énuméré, d'après l'ordre zoologique, toutes les espèces connues sur chacun des trois horizons de chaque étage.

Le but de la présente étude n'exigeant nullement la longue nomenclature des 2000 espèces de notre faune troisième, nous faisons abstraction de toutes les formes exclusivement propres à ses deux premières phases, c. à d. aux deux étages calcaires **E — F**. Ces deux étages ne sont donc figurés sur nos tableaux que pour nous permettre d'indiquer l'étendue verticale qu'embrasse l'existence de certaines espèces, qui se propagent à partir de la base de notre division supérieure, jusque dans nos étages **G** et **H**.

Les observations qui accompagnent chacun de nos tableaux sont presque uniquement destinées à faire ressortir la distribution verticale des fossiles de chaque classe, dans les deux étages que nous étudions et dans leurs subdivisions. C'est, en effet, sur cette distribution, que la distinction de ces divers horizons est fondée, comme nous venons de le dire.

Nous réservons pour notre ouvrage principal toutes les descriptions des genres et des espèces, mais nous indiquerons en passant quelques faits, qui peuvent contribuer à jeter de la lumière sur le sujet qui nous occupe.

Distribution verticale des **Poissons.**

Nr.	Genres et espèces	E	F	g1	g2	g3	h1	h2	h3	Localités
1	**Coccosteus** . Ag.									
	primus . . . Barr.	.	+	.	.	.	.	.	.	Konieprus.
	Agassizi . . . Barr.	.	.	+	.	.	.	.	.	Sous Chotecz.
2	**Asterolepis** . Eichv.									
	Bohemicus . . Barr.	.	.	+	.	.	.	.	.	S. Chotecz.
3	**Gompholepis** Pand.									
	Panderi . . . Barr.	.	.	+	.	.	.	.	.	Ibid.
4	**Ctenacanthus** Ag.									
	Bohemicus . Barr.	.	.	+	.	.	.	.	.	Dvoretz, Lochkov, Kozořz. s. Chotecz, Tetin.
			1	4						

1. Poissons.

Dans notre *Esquisse géologique* en 1852, nous avons annoncé la découverte de quelques fragmens de poissons dans notre étage **G** (p. 79). Ces fragmens étaient trop incomplets pour nous encourager à faire à cette époque les études nécessaires pour leur détermination. Depuis lors, nous avons successivement recueilli quelques nouveaux restes de cette classe, et nous n'avons attendu qu'une occasion convenable pour les faire connaître aux savants. Cette occasion se présente aujourd'hui, et elle nous paraît très opportune, car, grâce à l'assistance aussi bienveillante que savante de notre maître, M. le doct. Pander, durant son séjour à Paris en 1864, nous avons pu déterminer exactement tous les vestiges de poissons rassemblés dans notre bassin. Le tableau ci-joint expose à la fois leur nature générique et leur distribution verticale, qui méritent également l'attention des géologues.

a. Nature générique.

Les genres *Coccosteus* et *Asterolepis*, fournissant ensemble trois de nos espèces, sont ces singuliers poissons cuirassés que tous les savants connaissent d'après les beaux travaux successifs d'Agassiz, de Hugh Miller et du doct. Pander. On sait que ces formes caractérisent surtout l'horizon moyen du vieux grès rouge en Ecosse et en Russie, l'horizon des calcaires de l'Eifel, et celui des schistes à Orthocères du Harz, ou schistes de Wissenbach. Ces deux genres sont représentés dans notre bassin par un petit nombre de fragmens de la carapace osseuse. Celui d'entre eux que nous nommons *Coccosteus primus* provient de notre étage calcaire moyen **F** et paraît antérieur aux autres. Il est jusqu'ici unique en Bohême. Il a été recueilli à Konieprus avant 1850 par notre honorable ami M. le Prof. Ed. Suess, au temps où il suivait les cours de l'université à Prague et nous l'avons reçu de lui par l'intermédiaire de feu Dormitzer. Qu'il veuille bien agréer de nouveau tous nos remercimens à ce sujet.

Les fragments de *Cocc. Agassizi* et d'*Asterol. Bohemicus* sont plus nombreux, mais cependant très-rares, et n'ont été trouvés que dans une seule localité, un peu à l'aval de Choteez.

Le genre *Gompholepis* Pander est nouveau et a été établi par ce savant, à notre prière, sur une grande écaille insymétrique, très-bien conservée, et qui paraît avoir occupé sur les côtés du poisson silurien une position analogue à celle de certaines écailles isolées, sur les Esturgeons de la faune actuelle. Cette écaille est un morceau unique jusqu'à ce jour et provient des mêmes couches et même localité que les espèces précédentes.

Nous rapportons au genre *Ctenacanthus* des os de nageoires qui se rapprochent par leur forme du fragment auquel le nom de *Ctenacanthus abnormis* à été donné par M. le Prof. Giebel. *(Silur. Fauna des Unter Harzes 4 (264) Pl. 1. fig. 2. 1858.)*

Ces os, quoique absolument rares dans notre bassin, ont été cependant trouvés dans toutes les principales localités où les couches de notre bande **g 1** sont largement exploitées. S'ils appartiennent à une seule espèce, malgré quelques petites différences dans leur section transverse, cette espèce était la plus répandue dans la mer silurienne de Bohême. Nous ferons remarquer, qu'outre la contrée du Harz où l'existence d'un os de forme très-analogue a été déjà signalée, on a recueilli aussi près de Néhou, en Normandie, dans les calcaires dévoniens, un os que nous avons remarqué depuis longues années dans la belle collection de notre maître et ami, M. de Verneuil, à cause de son extrême ressemblance avec ceux de *Ctenac. Bohemicus.*

Ainsi, par leur nature générique nos espèces se rattachent plus ou moins intimement à celles qui ont eu leur développement principal durant la période dévonienne. Mais il est très-important de remarquer, que deux fragmens du genre *Asterolepis* ont été reconnus par M. le doct. Pander parmi les fossiles siluriens de l'île d'Oesel. Ce sont ceux auxquels il a donné les noms de *Ast. Harderi* et *Ast. elegans.*

Par conséquent, nos poissons cuirassés de la Bohême n'étaient par les seuls existant sur le globe, durant les temps de la faune troisième silurienne: car on sait que les formations de l'île d'Oesel sont considérées comme appartenant à cette époque. Nous reviendrons sur ce fait ci-après. (Chap. 4.)

b. Distribution verticale.

Sous le rapport de la distribution verticale, notre tableau (p. 22) montre que les premiers représentans des vertébrés dans notre bassin n'y ont fait qu'un séjour relativement très-court. En effet, *Cocc. primus* a simplement apparu, comme en passant, dans notre étage **F**, dont les couches activement fouillées depuis 25 ans n'ont cependant fourni qu'un seul fragment de cette espèce. *Ctenac. Bohemicus* semblerait irrégulièrement disséminé dans la hauteur de la bande **g 1**. Au contraire, les fragmens de *Coccosteus Agassizi. Asterolepis Bohemicus* et *Gompholepis Panderi* ont été recueillis sur un seul niveau, dans cette puissante masse calcaire. Ils appartiennent tous aux couches supérieures de cette formation, c. à d. à l'horizon où les lits schisteux commencent à se montrer entre les bancs calcaires, tandis que ceux-ci s'amincissent et tendent à se réduire à des sphéroides, annonçant ainsi la formation qui va suivre, ou la bande **g 2**.

D'après ces faits, qui contrastent avec la fréquence relative des fragmens de poissons dans les contrées dévoniennes de Russie, d'Ecosse &c. — Il est évident que les poissons siluriens de Bohême étaient simplement des êtres sporadiques, c. à d. des avant-coureurs de cette classe et de tous les vertébrés.

Cette apparition si limitée dans le temps et dans l'espace, est un fait de la même nature que celui de nos colonies. Cependant, après avoir disparu de la Bohême, ces poissons n'y ont plus reparu pour compléter l'analogie

— 26 —

avec les intermittences des espèces coloniales. La raison
en est simple, c'est parce que le terrain dévonien n'est
pas représenté dans la contrée que nous décrivons.

Distribution verticale des Trilobites.

Nr.	Genres et espèces	E	F	G			H′			Localités
				g 1	g 2	g 3	h 1	h 2	h 3	
1	**Harpes** . . . Goldf.									
	d'Orbignyanus Barr.	.	.	+	.	.	.	.	.	Dvoretz.
	venulosus ? . Cord.	.	+	+	.	.	.	.	.	g 1 Sous Chotecz. / F. Konieprus.
2	**Proetus** . . . Stein.									
	gracilis . . . Barr.	.	+	+	.	.	.	.	.	g 1 Sous Chotecz. / F. Konieprus.
	lepidus . . . Barr.	.	+	+	.	.	.	.	.	g 1 Tetin. / F. Lochkov, Dvoretz.
	Lovéni . . . Barr.	.	.	+	.	.	.	.	.	Hostin.
	Memnon. . . Cord.	.	.	+	.	.	.	.	.	Tetin.
	planicauda . . Barr.	.	+	+	.	.	.	.	.	g 1 Sous Chotecz. / F. Konieprus, Mnienian.
	sculptus . . . Barr.	.	.	+	.	.	.	.	.	Hostin, sous Chotecz.
	superstes . . Barr.	.	.	.	+	.	+	.	.	h 1 Hlubočep. / g 2 Hlubočep, Vavrovitz, Pekarkovitz.
3	**Cyphaspis** . Burm.									
	Barrandei . . Cord.	.	+	+	.	.	.	.	.	g 1 Tetin, Hostin, Dvoretz. / F. Mnienian, Slichov, Lochkov.
	convexa . . . Cord.	.	.	+	.	.	.	.	.	Dvoretz, Lochkov.
	coronata . . . Barr.	.	.	.	+	.	.	.	.	Vavrovitz.
4	**Phacops** . . Emmr.									
	Boeckl . . . Barr.	.	+	+	.	.	.	.	.	g 1 Dvoretz, Hostin, Lužetz. / F. Mnienian, Slichov.
	Bronni . . . Barr.	+	+	+	.	.	.	.	.	g 1 Dvoretz, Tetin, Lužetz. / F. Mnienian. / E. Butovitz.
	cephalotes . . Cord.	.	.	+	.	.	.	.	.	Dvoretz, Lochkov, Tetin &c.
	fecundus . . Barr.	+	+	+	+	+	+?	.	.	h 1 Hlubočep? Franta? / g 3 Partout. / g 1 Partout. — g 2 Partout. / F. Mnienian. / E. Partout.
	fugitivus . . . Barr.	.	.	+	.	.	.	.	.	Lužetz.
	modestus . . Barr.	.	.	+	.	.	.	.	.	Sous Chotecz.
	Hoenighausi . Barr.	.	.	+	.	.	.	.	.	Dvoretz, Lochkov, Lužetz, &c.
	Sternbergi . . Cord.	.	.	+	.	.	.	.	.	Dvoretz, Lochkov, Hostin, &c.

Nr.	Genres et espèces	E	F	g1	g2	g3	h1	h2	h3	Localités
5	**Dalmanites** Emmr.									
	auriculata . . Dalm.	.	.	+	.	.	.	.	.	Karlstein, Lużetz, Hostin, &c.
	cristata . . . Cord.	.	.	+	.	.	.	.	.	Lochkov.
	Fletcheri . . Barr.	.	.	+	.	.	.	.	.	Tetin, Dvoretz, Lochkov, &c.
	Hausmanni . Brong.	.	.	+	.	.	.	.	.	Dvoretz, Lochkov.
	Mac-Coyi . . Barr.	.	.	+	.	.	.	.	.	Karlstein, Lużetz,Schvagerka.
	Reussi . . . Barr.	.	+	+	.	+	.	.	.	g 3 Holin. g 1 Tetin, Lochkov. — F. Konvařka.
	rugosa . . . Cord.	.	+	+	.	.	.	.	.	g 1 Tetin, Dvoretz. F. Konieprus. —
	spinifera . . Barr.	.	.	+	.	.	.	.	.	Viskočilka, Lochkov, Hostin, sous Chotecz, &c.
6	**Calymene** . Brong.									
	interjecta . . Cord.	.	+	+	.	.	.	.	.	g 1 Tetin, Dvoretz, Lużetz. F. Lochkov.
7	**Lichas** . . . Dalm.									
	Haueri . . . Barr.	.	+	+	.	.	.	.	.	g 1 Dvoretz F. Konieprus, Mnienian, Sli- chov.
8	**Acidaspis** . Murch.									
	derelicta . . Barr.	.	.	+	+	.	.	.	.	g 2 Hlubočep, Pekarkovitz. g 1 Tetin. --
	Hoernesi . . Barr.	.	+	+	.	.	.	.	.	g 1 Hostin, sous Chotecz. F Viskočilka, Mnienian.
	monstrosa . Barr.	.	.	+	.	.	.	.	.	Dvoretz, Lochkov.
	ruderalis . . Cord.	.	.	+	.	.	.	.	.	Tetin.
9	**Cheirurus** . Beyr.									
	gibbus . . . Beyr.	.	+	+	.	.	.	.	.	g 1 Tetin, Hostin,Lochkov&c. F. Konieprus, Mnienian, Sli- chov &c.
	minutus . . Barr.	.	.	+	.	.	.	.	.	Hostin.
	pauper . . . Barr.	.	+	+	.	.	.	.	.	F. Mnienian. — g 1 Lużetz.
	Sternbergi . Boeck.	+	+	+	+	.	.	.	.	g 1 Partout. — g 2 Hlubočep. F. Konieprus. E. Dlauha hora.
10	**Bronteus** . Goldf.									
	Billingsi . . Barr.	.	.	+	.	.	.	.	.	Sous Chotecz, Lużetz.
	Brongniarti . Barr.	.	+	+	.	.	.	.	.	g 1 Tetin, Lużetz &c. F. Mnienian. —
	Clementinus Barr.	.	.	+	.	.	.	.	.	Viskočilka.
	extremus . . Barr.	.	.	+	.	.	.	.	.	Tetin.
	formosus . . Barr.	.	.	+	.	.	.	.	.	Dvoretz, Lochkov, Slivenetz.

Nr.	Genres et espèces	E	F	G			H			Localités
				g1	g2	g3	h1	h2	h3	
	furcifer . . . Cord.	.	.	+	.	.	.	.	.	Schvagerka, s. Chotecz.
	infaustus . . Barr.	.	.	+	.	.	.	.	.	Dvoretz.
	magus . . . Barr.	.	.	+	.	.	.	.	.	Lochkov.
	porosus . . . Barr.	.	.	+	.	.	.	.	.	Tetin.
	pustulatus . Barr.	.	+	+	.	.	.	.	.	F. Slichov. — **g 1** Tetin.
	Richteri . . Barr.	.	.	+	.	.	.	.	.	Lużetz.
	spinifer . . . Barr.	.	.	+	.	.	.	.	.	Schvagerka?
		3	18	48	5	2	2			
	Cythérinides. Cyth. quœdam Barr.			+						

2. Trilobites.

Le nombre total des espèces trilobitiques connues dans nos étages **G** et **H** s'élevait à 40 pour le premier et à 3 pour le second, à la fin de 1852, époque où nous avons publié le premier volume de notre *Syst. Silur. de la Bohême.*

Aujourd'hui, nous énumérons 50 espèces connues dans l'étage **G**, tandis que le chiffre relatif à l'étage **H** est à peine modifié. Ainsi, durant les 12 dernières années le nombre des Trilobites découverts dans l'étage **G** est de 10, c. à d. un quart du nombre des formes déterminées en 1852.

Malgré cet accroissement, le chiffre total des formes trilobitiques reconnues dans cet étage reste notablement inférieur à celui que nous avons signalé en 1852 pour les étages **E—F** de la même division, et qui n'a éprouvé qu'une augmentation peu importante, durant le même espace de temps. La decroissance graduelle de la famille des Trilobites, dans la faune troisième de Bohême, reste donc toujours un fait constant et bien établi.

Nous devons faire remarquer, que les 10 espèces mentionnées ne sont pas toutes nouvelles dans notre bassin, et que quelques unes avaient été déjà décrites comme appartenant à notre étage calcaire moyen **F.** Leur extension verticale jusque dans l'étage calcaire supérieur **G** est le seul fait nouveau qui ait été découvert à leur égard. Ces espèces sont, *Harpes venulosus* et *Proetus planicauda.*

En outre, *Proetus superstes* auparavant indiqué par erreur comme une espèce exclusivement propre, à notre **étage H,** fait aussi partie de la faune de la bande schisteuse **g2,** ainsi que *Phac. fecundus* Var. *supertes.*

Les espèces de notre étage **G** réellement nouvelles ou non décrites en 1852 se réduisent donc aux 7 dont les noms suivent:

Cyphaspis coronata Barr.	Bronteus Billingsi Barr.
Phacops fugitivus Barr.	Bronteus Clementinus Barr.
Phacops modestus Barr.	Bronteus extremus Barr.
	Bronteus magus. Barr.

Cette liste montre que c'est surtout le genre *Bronteus* qui nous a fourni de nouvelles formes, extrêmement rares. Il en est de même des deux *Phacops.* L'horizon auquel appartient chacune de ces espèces est indiqué sur le tableau ci-dessus.

Nous appelons maintenant l'attention des géologues sur le fait principal qui est constaté par ce tableau. Ce fait consiste dans la répartition verticale des 50 espèces énumérées, et qui se résume ainsi qu'il suit:
Bande calcaire supérieure **g 3** . . . . — 2 espèces.
Bande schisteuse **g 2** . . . . — 5 „
Bande calcaire inférieure **g 1** . . . . — 48 „
                                             55 espèces
A déduire 5 réapparitions . { 3 dans **g 2** } 5 „
                           { 2 „ **g 3** }
Total des espèces distinctes 50

D'après ces chiffres, on voit que la presque totalité des Trilobites de notre étage **G** est concentrée dans la bande calcaire inférieure **g 1**.

Sur les 5 espèces qui sont connues dans la bande schisteuse **g 2**, une seulement lui est exclusivement propre, savoir : *Cyphasp. coronata*. Trois avaient déjà paru dans **g 1**, et la cinquième *Proet. superstes* reparaît dans **h 1**.

La bande calcaire supérieure **g 3** n'a présenté jusqu'ici que deux espèces, qui avaient déjà apparu dans la bande inférieure **g 1** ou dans l'étage **F**.

Il existe donc un contraste très-grand entre les deux bandes calcaires **g 1** et **g 3** sous le rapport de la distribution des Trilobites, et ce contraste devient encore plus frappant, si l'on ne perd pas de vue que, d'après leurs apparences pétrographiques, ces deux bandes ne peuvent pas être distinguées l'une de l'autre.

Nous allons constater tout à l'heure un contraste aussi remarquable entre ces deux formations, sous le rapport de la distribution verticale des Céphalopodes; mais cette fois, par une sorte de compensation, à l'avantage de la bande **g 3**.

Les crustacés autres que les Trilobites sont extrêmement rares dans les formations que nous étudions, et notre tableau montre que nous n'avons observé qu'une seule forme de la famille des Cythérinides.

L'absence totale des représentans des genres *Pterygotus, Eurypterus, Ceratiocaris* &c. dans nos étages **G** et **H** mérite d'être remarquée, parce qu'elle contraste avec leur fréquence relative dans d'autres contrées, vers la même époque, ainsi que nous le rappelons encore ci-après.

Distribution verticale des **Céphalopodes.**

Nr.	Genres et espèces	E	F	g1	g2	g3	h1	h2	h3	Localités
1	**Cyrtoceras** . Goldf.									
	apertum . . . Barr.					+				Hlubočep.
	Bolli . . . Barr.					+				Hlubočep.
	botulus . . Barr.					+				ibid.
	bryozoon . . Barr.			+		+				Sous Chotecz.
	crassiusculum Barr.					+				Hlubočep.
	Halli . . . Barr.			+		+				Sous Chotecz.
	malefidum . Barr.					+				Hlubočep.
	negatum . . Barr.					+				ibid.
	residuum . Barr.					+				ibid.
	sanum . . Barr.					+				ibid.
	superstes . Barr.					+				ibid.
2	**Gomphoceras** Sow.									
	biconicum . Barr.					+				Hlubočep.
	curtum . . Barr.					+				ibid.
	incertum . Barr.					+				ibid.
	peramplum . Barr.					+				ibid.
	senex . . . Barr.					+				ibid.
3	**Gyroceras** . Konk.									
	annulatum . Barr.			+						Lochkov.
	circulare . Barr.			+						Sous Chotecz.
	minusculum . Barr.					+				Hlubočep.
	nudum . . Barr.					+				ibid.
	proximum . Barr.					+				ibid.
	tenue . . . Barr.				+		+			**g 2** Kozořz. — **h 1** Hostin.
4	**Mercoceras** . Barr.									
	mirum . . . Barr.					+				Hlubočep.
5	**Nautilus** . .									
	anomalus . . Barr.					+				Hlubočep.
	vetustus . . . Barr.					+				ibid.
6	**Orthoceras** . Breyn.									
	ablatum . . . Barr.			+						Tetin.
	adornatum . . Barr.			+						ibid.
	Agassizi . . . Barr.	+				+				E. Lochkov. — **g 3** Hlubočep.
	apis . . . Barr.			+						Tetin.
	Archiaci . . Barr.					+				Hlubočep.
	Bacchus . . Barr.	+		+						**g 1** Tetin. E. Viskočilka, Bubovitz.
	barbarum . . Barr.			+						Dvoretz, Tetin.
	Billingsi . . . Barr.	+		+						**g 1** Sous Chotecz. E. Lochkov.
	Bohemicans . Barr.					+				Hlubočep.

Nr.	Genres et espèces	E	F	g1	g2	g3	h1	h2	h3	Localités
	Orthoceras (suite.)									
	capillosum . . Barr.	+	.	+	+	.	+	.	.	g 2 Vavrovitz. — h 1 Hostin. g 1 Tetin. E. Butovitz, Konieprus.
	cavum . . . Barr.	+	.	.	.	+	.	.	.	g 3 Hlubočep. E. Butovitz, Dvoretz.
	concors . . . Barr.	.	.	.	.	+	.	.	.	Hlubočep.
	consolans . . Barr.	.	.	.	.	+	.	.	.	ibid.
	degener . . . Barr.	.	.	+	.	.	.	.	.	Dvoretz, Tetin, Cheynitz.
	dulce . . . . Barr.	+	.	.	.	+	.	.	.	E. Partout. — g 3 Hlubočep.
	equisetum . . Barr.	.	.	.	.	.	+	.	.	Hostin.
	evanescens . Barr.	+	.	+	.	.	.	.	.	g 1 Sous Chotecz. E. Lochkov, Kozel. —
	evisceratum . Barr.	.	.	+	.	.	.	.	.	Sous Chotecz.
	felis . . . . Barr.	.	.	.	.	+	.	.	.	Hlubočep.
	gurgitum . . Barr.	.	.	.	.	+	.	.	.	Hlubočep.
	incisum . . . Barr.	.	.	.	+	.	.	.	.	Vavrovitz.
	incumbens . . Barr.	.	.	+	.	.	.	.	.	Sous Chotecz, Tetin.
	inops . . . . Barr.	.	.	+	.	.	.	.	.	Kozořz.
	loricatum . . Barr.	.	.	+	.	.	.	.	.	Tetin.
	martium . . . Barr.	.	.	+	.	.	.	.	.	Tetin.
	Midas . . . . Barr.	.	.	+	.	.	.	.	.	Tetin, Lochkov.
	migrans . . . Barr.	+	.	+	.	+	.	.	.	g 1 Tetin. — g 3 Cheynitz. E. Lochkov, Butovitz.
	miserum . . Barr.	.	.	.	.	+	.	.	.	Hlubočep.
	Morrisi . . . Barr.	+	.	+	.	.	.	.	.	E. Lochkov. — g 1 Tetin.
	nugax . . . Barr.	.	.	+	.	.	.	.	.	Kozořz.
	opimum . . . Barr.	.	.	+	+	+	.	.	.	g 3 Trzebotov. g 2 Vavrovitz. g 1 Sous Chotecz.
	pastinaca . . Barr.	.	.	.	.	+	.	.	.	Hlubočep.
	pseudocalami- teum . . . Barr.	+	+	+	.	.	.	.	.	g 1 Sous Chotecz. F. Konieprus, Mnienian. E. Butovitz.
	pulchrum . . Barr.	.	+	+	+	.	.	.	.	g 2 Vavrovitz. g 1 Tetin, Cheynitz. F. Konieprus.
	redux . . . . Barr.	.	.	.	.	+	.	.	.	Hlubočep.
	relapsum . . Barr.	.	.	.	.	+	.	.	.	ibid.
	reluctans . . Barr.	.	.	+	.	.	.	.	.	Tetin.
	renovatum . . Barr.	.	.	+	+	.	+	.	.	g 2 Vavrovitz. — h 1 Hostin. g 1 Tetin, Kozořz.
	rigidum . . . Barr.	+	.	+	.	.	.	.	.	g 1 Sous Chotecz, Tetin. E. Lochkov.
	senile . . . . Barr.	+	.	+	.	+	.	.	.	g 1 Lochkov. — g 3 Hlubočep. E. Lochkov, Dlauha-hora.
	spectandum . Barr.	+	.	+	.	.	.	.	.	g 1 Tetin. E. Hinter-Kopanina.
	teliforme . . Barr.	+	.	.	+	.	.	.	.	g 2 Vavrovitz. E. Karlstein.
	Tetinense . . Barr.	.	.	+	.	.	.	.	.	Tetin.

Nr.	Genres et espèces	E	F	g1	g2	g3	h1	h2	h3	Localités
	Orthoceras (suite)									
	triste . . . . Barr.			+						Tetin.
	vicarians . . Barr.					+				Hlubočep.
	sp. . . . Barr.			+						Tetin.
	sp. . . . Barr.			+						Tetin.
	sp. . . . Barr.					+				Hlubočep.
7	**Phragmoceras** Brod.									
	Broderipi . . Barr.	+				+				g 3 Hlubočep. F. Lochkov, Konieprus &c.&c.
	comes . . . . Barr.					+				Hlubočep.
	devonicans . Barr.					+				ibid.
	Forbesi . . . Barr.					+				ibid.
	gutturosum . Barr.					+				ibid.
	pigrum . . . Barr.					+				ibid.
	rex . . . . . Barr.					+				ibid.
	Suessi . . Barr.					+				ibid.
	Verneuili . . Barr.					+				ibid.
8	**Trochoceras** Barr.									
	distortum . . Barr.			+						Tetin.
	flexum . . . Barr.			+						Tetin.
	tardum . . . Barr.			+						Tetin.
	transiens . . Barr.					+				Hlubočep.
9	**Nothoceras** . Barr.									
	Bohemicum . Barr.					+				Hlubočep.
10	**Goniatites** de Haan.									
	amoenus . . Barr.					+				Hlubočep.
	ambigena . . Barr.					+				ibid.
	Bohemicus . Barr.					+				Hlubočep, Klukovitz, Gross-Morzin.
	crebriseptus . Barr.					+				Hlubočep.
	crispus . . . Barr.		+			+				g 3 Hlubočep. F. Konieprus.
	emaciatus . . Barr.					+				Hlubočep. h 1 Hostin, M. Franta.
	fecundus . . Barr.			+	+	+	+			g 3 Hlubočep. g 2 Vavrovitz, Pekarek, Trzebotov, &c. &c. g 1 Sous Chotecz.
	fidelis . . . Barr.		+							Konieprus.
	lituus . . . Barr.			+						Sous Chotecz.
	neglectus . . Barr.					+				Hlubočep.
	occultus . . . Barr.					+				ibid.
	plebeius . . Barr.		+			+				g 3 Hlubočep, Cheynitz, Pekarkovitz, Trzebotov. F. Konieprus.
	simulans . . Barr.					+				Hlubočep.

Nr.	Genres et espèces	E	F	G			H			Localités
				g1	g2	g3	h1	h2	h3	
	Goniatites (suite)									
	solitarius . . Barr.	.	.	.	.	+	.	.	.	Hlubočep.
	solus . . . . Barr.		+	.	.	.	.	.	.	Konieprus.
	tabuloides . . Barr.	.		.	.	+	.	.	.	Konieprus.
	verna . . . . Barr	.	+	.	.	+	.	.	.	F. Konieprus — **g 3** Hlubočep.
		15	7	39	8	62	5			

3. Céphalopodes.

Les 101 espèces qui représentent cette classe dans nos étages **G** et **H,** et qui appartiennent à 10 types distincts, seraient sans doute considérées comme constituant une nombreuse cohorte dans toute autre région paléozoique. Mais en Bohême, ce chiffre paraît relativement très-modeste, si on le compare aux 4 à 5 centaines de formes de la même classe, qui nous ont été fournies par notre seul étage calcaire inférieur **E.**

Cette disproportion devient encore plus frappante si l'on considère d'abord, que les masses calcaires de l'étage **G** offrent une puissance au moins égale à celle des calcaires de l'étage **E,** et ensuite que les restes des Céphalopodes sont toujours très clair-semés dans les couches de nos deux étages supérieurs, tandis que leurs débris sont comme entassés dans certaines couches de notre étage calcaire inférieur.

En somme, la classe des Céphalopodes, si largement prédominante à l'époque de notre étage **E,** avait éprouvé une grande réduction avant la fin de notre faune troisième. Sa décroissance avait été encore plus rapide que celle qui vient d'être signalée pour la tribu des Trilobites.

Cependant, il est à propos d'observer, qu'en faisant abstraction d'une disparition remarquable des Céphalopodes dans notre étage calcaire moyen **F**, et en considérant seulement notre étage calcaire supérieur **G**, la réduction de cette classe n'a porté que sur le nombre des espèces et des individus, tandis qu'il y a eu, au contraire, une augmentation notable dans le nombre des genres.

Ainsi, parmi les types des Nautilides qui florissaient durant la première phase de notre faune troisième, ou durant le dépôt de l'étage **E**, deux seulement: *Lituites* et *Ascoceras*, ont complètement disparu vers la fin de cette phase, pour ne plus reparaître.

La disparition finale de ces deux genres a été plus que compensée par l'apparition successive de 4 types non représentés dans l'étage **E**, savoir: *Gyroceras* et *Goniatites*, qui ont apparu dans notre étage calcaire moyen **F**; puis *Nothoceras* et *Hercoceras*, qui ne se sont manifestés que dans la bande supérieure **g 3** de notre étage **G**.

Ces extinctions et rénovations partielles et graduelles des faunes, sont aujourd'hui si bien constatées dans la série géologique, qu'elles semblent révéler une loi réelle de la nature, en opposition complète avec la loi supposée des extinctions générales et subites, suivies de rénovations totales.

Les Céphalopodes de notre faune troisième nous offrent en même temps de notables exemples d'un autre phénomène, qui n'est pas moins opposé à cette conception imaginaire. C'est l'intermittence du séjour de certains genres ou espèces dans notre bassin; car cette intermittence indique nésessairement le fait de migration et retour.

Comme genres intermittens, nous citons d'abord *Phragmoceras* et *Gomphoceras*, c. à d. précisément les deux types qui sont le mieux caractérisés parmi les Nautilides, par leur ouverture *contractée à deux orifices*. Les calcaires de **E** nous ont fourni environ 25 espèces de *Phragmoceras* et à peu près le double de *Gomphoceras*.

Aucune trace du premier de ces genres n'a été rencontrée jusqu'ici dans les calcaires de notre étage **F**, où nous avons uniquement découvert une forme un peu enflée, dont l'orifice tend à se contracter et que, pour ce motif, nous rangeons par extension parmi les *Gomphoceras*, sous le nom de *G. semi-clausum*. Malgré la présence de cette espèce, on pourrait dire à la rigueur, que ce genre a disparu comme *Phragmoceras*, durant le dépôt de notre étage **F**.

Dans la formation immédiatement au dessus de **F**, c. à d. dans notre bande calcaire **g 1**, nous n'avons jamais recueilli aucune espèce de Céphalopodes qui puisse être assimilée à ces deux genres, ni par sa forme, ni par son ouverture.

Nous constatons le même résultat négatif de nos recherches, dans toute la hauteur de notre bande schisto-calcaire **g 2**.

Ainsi, le fait de la disparition des *Phragmoceras* et des *Gomphoceras* dans notre bassin, durant une longue période de temps, nous paraît hors de doute. Leur réapparition incontestable dans notre bande calcaire **g 3** est donc un nouvel exemple d'intermittence très-inattendu.

La bande calcaire **g 3** couronnant notre étage **G** nous offre en effet 9 espèces de *Phragmoceras* et 5 de *Gomphoceras*. Ces formes se distinguent, en général, par des dimensions plus grandes que celles des espèces de l'étage **E**, et elles rappellent les proportions de certains Nautilides de l'Eifel. Malheureusement, elles sont aussi privées de leur test comme ces derniers.

Parmi les *Phragmoceras* de **g 3** nous reconnaissons *Phr. Broderipi*, c. à d. l'espèce la plus répandue dans notre étage **E**. Comme nous venons de le dire, cette identification spécifique est faite d'après des moules internes, dépouillés du test. Le moule externe ne présente plus aucun caractère saisissable.

Un troisième genre qui a totalement disparu au sommet de l'étage **E**, pour ne reparaître que dans la bande **g 3**, est *Nautilus*.

On peut évaluer la durée des intermittences que nous signalons par la puissance approximative des dépôts intermédiaires entre l'étage **E** et la bande **g 3**, savoir:

$$\left. \begin{array}{lll} \mathbf{g\,2} & = & 150 \text{ mètr.} \\ \mathbf{g\,1} & = & 200 \quad ,, \\ \mathbf{F} & = & 70 \quad ,, \end{array} \right\} 420 \text{ mètres.}$$

Quelle immense période de temps peut représenter cette épaisseur de 420 mètres, dont les deux tiers au moins consistent en calcaires compactes? Nous laissons à chacun la liberté entière de son appréciation, suivant son point de vue. Quant à nous, il nous suffit d'avoir établi, que l'existence des trois genres, *Nautilus*, *Phragmoceras* et *Gomphoceras*, et en particulier de l'espèce *Phragmoceras Broderipi* Barr. a subi une très-longue intermittence en Bohême.

Cette espèce n'est pas la seule qui présente le phénomène de migration et retour. Le tableau ci - dessus (p. 31) montre que 5 de nos orthocères, après avoir apparu durant le dépôt de l'étage **E**, ont aussi disparu pour un temps plus ou moins long, et ont reparu dans notre bande **g 3**. Quelques autres espèces de l'étage **E** ont reparu aussi dans les bandes **g 1** et **g 2**. Elles sont du moins représentées sur ces horizons par des formes qui ne peuvent être distinguées de celles qui portent les mêmes noms dans l'étage **E**.

Le genre *Goniatites*, type d'une nouvelle famille de Céphalopodes, intermédiaire entre les Nautilides et les

Ammonides, avait déjà fait sa première apparition en Bohême durant le dépôt de notre étage **F**, où nous en connaissons 5 espèces. Mais il avait bientôt disparu de notre bassin, car ses traces manquent dans la masse calcaire **g 1**, qui offre une puissance verticale d'environ 200 mètres. C'est seulement dans les couches les plus élevées de cette bande, et près de sa limite avec la bande schisteuse **g 2**, que nous voyons reparaître deux nouvelles espèces de *Goniatites*, différentes de celles de notre étage **F**. Cette circonstance rend encore plus remarquable la réapparition de trois des espèces primitives de cet étage **F**, dans la bande calcaire **g 3**, couronnant notre étage **G**. Le genre *Goniatites* nous offre donc aussi, dans notre bassin, un exemple remarquable d'intermittence.

Le genre *Cyrtoceras*, après avoir fourni plus de 150 espèces dans notre étage **E**, avait à peu près disparu durant le dépôt de l'étage **F**, et des deux bandes **g 1** et **g 2**. Il reparaît dans la bande **g 3** avec une certaine richesse, représentée par 9 espèces sur notre tableau.

Devant passer tout à l'heure en revue tous nos types de Céphalopodes pour chercher les connexions qu'ils établissent entre nos étages **G—H** et les terrains dévoniens, nous croyons superflu de nous arrêter à considérer en particulier chacun des autres genres énumérés ci-dessus. Nous rappellerons seulement, que le genre *Nothoceras* a été décrit et figuré par nous dès 1856, dans le Bulletin de la Société Géol. de France. (*T. XIII. p. 372.*)

Le type que nous nommons *Hercoceras* est fondé sur l'espèce que nous avons annoncée et figurée comme *Gyroceras mirum*, dès l'année 1854. (*Jahrb. v. Leonh. u. Bronn Heft 1 p. 7. Pl. 1.*)

La position extraordinaire de l'ouverture de ce Céphalopode, sur le bord convexe de la coquille, nous a déterminé à lui donner un nom générique indépendant.

Après ces observations sur la nature des Céphalopodes qui caractérisent notre bande **g 3**, nous devons réclamer l'attention des savans sur le contraste que leur présence sur cet horizon établit entre cette formation et la bande calcaire inférieure **g 1** du même étage **G.**

Notre tableau constate que les 100 espèces de cette classe qui ont été recueillies dans cet étage, sont réparties comme il suit:

Bande calcaire supérieure . . . . **g 3** — 62 espèces
Bande schisteuse . . . . **g 2** — 8 „
Bande calcaire inférieure . . . . **g 1** — 39 „
                                               109 espèces.
Réapparitions à déduire . { dans **g 3** — 4 } { dans **g 2** — 5 }   9   „
Total des espèces distinctes 100

Ces chiffres montrent que la très-grande majorité des espèces de cette classe se trouve dans la bande **g 3**.

Notre tableau constate en même temps, que sur 10 genres représentés dans cette bande, il n'y en a que 3 qui existent dans la bande inférieure **g 1**, savoir: *Orthoceras, Cyrtoceras, Goniatites.*

La bande intermédiaire **g 2** ne possède aussi que trois types de Céphalopodes, *Orthoceras, Gyroceras, Goniatites,* qui ne présentent ensemble que 8 espèces. Ces chiffres exigus semblent destinés à faire ressortir davantage la nouvelle richesse spécifique et la variété des types qui distinguent les Céphalopodes dans la bande **g 3**. Ce contraste est précisément l'opposé de celui que nous venons de signaler dans la répartition des Trilobites entre ces mêmes formations (p. 29) et il contribue aussi largement à établir la différence paléontologique entre ces deux bandes.

Si nous considérons que les deux bandes calcaires **g 1** et **g 3** sont composées de roches que nous ne saurions distinguer, le double contraste que ces deux masses semblables nous présentent sous le rapport de la distribution des Trilobites et des Céphalopodes nous enseigne, que l'apparition des espèces, en raison de l'évolution graduelle des faunes, peut être complètement indépendante de la nature des dépôts, et par conséquent des autres circonstances physiques qui les déterminent.

Ce fait semble en opposition avec un autre fait, qu'on a fréquemment observé dans la série géologique et dont notre bassin lui même offre de si remarquables exemples, savoir: le retour des mêmes espèces, coïncidant avec la réapparition des mêmes dépôts sédimentaires, comme dans nos Colonies et à la base de notre étage **E.**

Comment se fait-il, au contraire, que deux masses calcaires **g 1** et **g 3**, qu'on ne saurait distinguer par leurs apparences pétrographiques, puissent présenter un contraste si frappant sous le rapport de leurs faunes? La bande **g 1** est principalement caractérisée par une faune de Trilobites, et la bande **g 3** par une faune de Céphalopodes.

Si les calcaires sont des dépôts formés dans les plus grandes profondeurs pélagiques, comme on le suppose, comment se fait-il que nos masses calcaires **g 1** et **g 3** ne renferment presque que les dépouilles animales qui, d'après leur nature, auraient dû être ensevelies sur les bords des mers?

En effet, nos maîtres dans la science nous enseignent, que les Trilobites ont dû vivre près des côtes, dans des eaux peu profondes, et que les coquilles des Céphalopodes, vivant dans la haute mer, ont dû, après la mort de ces mollusques, flotter plus ou moins longtemps sur les eaux et finir par s'échouer sur les rivages.

Il reste à établir la concordance entre les faits que nous constatons et ces doctrines, plus ou moins modifiées.

C'est une tâche qui est de beaucoup au dessus de nos forces, et que nous ne songeons pas même à entreprendre. Nous la livrons tout entière aux ingénieuses et patientes méditations de notre savant ami, M. le Prof. Ed. Suess, qui a déjà publié de si intéressantes recherches bathymétriques sur l'habitat des Brachiopodes.

Distribution verticale des **Ptéropodes.**

Nr.	Genres et espèces	E	F	G			H			Localités
				g1	g2	g3	h1	h2	h3	
1	**Coleoprion** Sandb. Bohemicum . Barr.	.	.	+	.	.	.	.	.	Sous Chotecz.
2	**Conularia** . Mill.									
	aliena . . . . Barr.	.	.	+	.	.	.	.	.	Sous Chotecz. g 1 Sous Chotecz, Hostin.
	fragilis . . . Barr.	.	+	+	.	.	.	.	.	F. Konieprus.
	proteica . . . Barr.	+	.	+	.	.	.	.	.	E. St. Ivan.
3	**Hyolites** . . Eichv. **(Pugiunculus)** Barr.									
	alter . . . . Barr.	.	.	+	.	.	.	.	.	Sous Chotecz.
	nobilis . . . . Barr.	.	.	+	.	.	.	.	.	Hostin.
	novellus . . . Barr.	.	.	.	+	.	.	.	.	Vavrovitz.
	secans . . . Barr.	. .	.	+	.	.	.	.	.	Hostin, sous Chotecz.
4	**Teutaculites** Schlot.									
	elegans . . . Barr.	.	+	+	+	+	+	.	.	h 1 Hostin, Holin, Franta. g 3 Chotecz. g 1 {Tetin. Hlubočep. Lochkov. Dvoretz. Sous Chotecz.} g 2 {Holin. Hlubočep. Vavrovitz. Pekarkovitz. &c. &c. &c.} F. Konieprus — Slichov.
	clavulus . . . Barr.	.	.	+	+	+	+	.	.	h 1 Hostin, Holin, Franta. g 3 Trzebotov. g 1 Chotecz. g 2 {Kozorz. Holin. Hlubočep. Vavrovitz. Trzebotov. Pekarkovitz.}
	longulus . . . Barr.	.	+	+	.	.	.	.	.	g 1 Dvoretz. — Tetin. — Lochkov, s. Chotecz. F. Konieprus. Mnieniau. — Slichov.
		1	3	10	3	2	2			

4. Ptéropodes.

La classe des Ptéropodes est faiblement représentée dans notre étage **G**, et plus faiblement encore dans notre étage **H**. Nous connaissons dans le premier 4 types, *Conularia*, *Hyolites* ou *Pugiunculus*, *Coleoprion* et *Tentaculites*, qui ensemble ont fourni 10 espèces.

L'étage **H** ne nous a offert que deux espèces de *Tentaculites*, qui avaient déjà apparu dans **G**.

Les Ptéropodes ne pourraient donc pas beaucoup attirer notre attention, si ce n'est par la frappante analogie de leur distribution verticale avec celle des Trilobites, signalée ci-dessus. En effet, notre tableau montre la répartition suivante dans l'étage **G**:

Bande calcaire supérieure . . . . **g 3** — 2 espèces.
Bande schisteuse . . . . . : . . . . . **g 2** — 3   „
Bande calcaire inférieure . . . . . . **g 1** — 10   „
                                       15 espèces.
A déduire les réapparitions . { 2 dans **g 3** }   4   „
                          { 2 dans **g 2** }
Total des espèces distinctes 11

Ainsi, presque tous les Ptéropodes de notre étage **G** sont concentrés dans la bande **g 1**, tandis que nous n'en trouvons que deux dans la bande **g 3**, savoir *Tentac. clavulus*, et *Tentac. elegans*. Ce dernier est rare dans cette bande, tandis que le premier y est très-commun dans certaines couches schisteuses, intercalées entre les calcaires comme à Trzebotov. (p. 15.)

Cette distribution si inégale des Ptéropodes entre les bandes calcaires semblables **g 1** — **g 3**, doit être comptée parmi leurs caractères différentiels.

Distribution verticale des **Gastéropodes.**

Nr.	Genres et espèces	E	F	g1	g2	g3	h1	h2	h3	Localités
1	**Bellerophon** Montf.									
	Bohemicus . Barr.	·	+	+	·	·	·	·	·	g1 Tetin, Lochkov. / F. Konieprus.
2	**Capulus** . . Montf.									
	bellulus . . . Barr.	·	·	+	·	·	·	·	·	Sous Chotecz.
	rostratus . . Barr.	+	+	+	·	·	·	·	·	F. Konieprus. — g1 Hostin. / E. St. Ivan.
3	**Cirrhus** . . Sow.									
	concors . . . Barr.	·	·	+	+	·	·	·	·	g2 Vavrovitz. / g1 Sous Chotecz.
4	**Cyrtolites** . Vanux.									
	solitarius . . Barr.	·	·	+	·	·	·	·	·	Tetin.
	advena . . . Barr.	·	·	+	·	·	·	·	·	Lochkov.
5	**Loxonema** . Phill.									
	devonicans . Barr.	·	+	+	·	·	·	·	·	g1 Sous Chotecz. / F. Konieprus.
6	**Murchisonia** Arch.									
	Verneuili . . Barr.	·	+	+	·	·	·	·	·	F. Konieprus. — g1 Tetin.
7	**Natica** . . . Lamk.									
	subvelata . . Barr.	·	·	+	·	·	·	·	·	Sous Chotecz.
	minuta . . . Barr.	·	·	+	·	·	·	·	·	ibid.
8	**Pilidion** . . Barr.									
	Bohemicum . Barr.	·	+	+	·	·	·	·	·	F. Lochkov &c. — g1 Tetin.
	fastigiatum . Barr.	·	·	·	·	+	·	·	·	Hlubočep.
9	**Pleurotoma-**									
	ria . . . . Defr.									
	Bohemica . . Barr.	·	·	+	·	·	·	·	·	Tetin.
	obscura . . . Barr.	·	·	·	+	·	·	·	·	Vavrovitz.
	pigra . . . . Barr.	·	·	+	·	·	·	·	·	Sous Chotecz.
10	**Rotella** . . Lamk.									
	tarda . . . . Barr.	·	·	·	+	+	·	·	·	g3 Trzebotov. / g2 Vavrovitz, Trzebotov.
11	**Trochus** . . Linn.									
	patulus . . . Barr.	+	?	+	·	·	·	·	·	E. Listice. — g1 Tetin.
12	**Turbo** . . . Linn.									
	spoliatus . . Barr.	·	·	+	·	·	·	·	·	Tetin.
13	**Turitella** . . Lamk.									
	benevola . . Barr.	·	·	+	·	·	·	·	·	Tetin, sous Chotecz.
		2	5	16	3	2				

5. Gastéropodes.

Cette classe, comme celle des Céphalopodes, a offert un très-grand développement dans notre étage **E**, où elle est représentée par plus de 200 formes. Elle a éprouvé une réduction rapide et toujours progressive dans nos étages **F—G**, même sous le rapport du nombre des types. Cette réduction se fait surtout remarquer dans la famille des Capuloides, qui a grandement pullulé durant les **deux** premières phases de notre faune troisième, et qui fournit à peine un couple d'espèces dans la dernière.

Dans l'étage **G**, le nombre des genres s'élève encore à 13, mais chacun d'eux ne produit que de rares espèces dont le chiffre total ne dépasse pas 19. — Ces espèces elles mêmes ne nous sont connues, pour la plupart, que par de rares individus. Ainsi, cette classe était en pleine décadence durant le dépôt de l'étage **G**, vers le sommet duquel elle semble disparaître entièrement. En effet, elle ne s'est propagée dans les couches de **H** par aucune forme à notre connaissance jusqu'à ce jour, ainsi que le constate le tableau qui précède.

Comme pour les Trilobites et pour les Ptéropodes, presque toutes les espèces de Gastéropodes de l'étage **G** sont concentrées dans sa bande inférieure.

Bande calcaire supérieure . . . . **g 3** — 2 espèces.
Bande schisteuse . . . . **g 2** — 3   ,,
Bande calcaire inférieure . . . . . . **g 1** — 16   ,,
                                           21 espèces

A déduire les réapparitions .   { 1 dans **g 3** }   2   ,,
                             { 1 dans **g 2** }

Total des espèces distinctes 19

D'après ces chiffres, les Gastéropodes contribuent à faire ressortir le contraste qui existe entre la faune de la bande **g 1** et celle de la bande semblable **g 3**.

Distribution verticale des **Brachiopodes.**

Nr.	Genres et espèces	E	F	G			H			Localités
				g1	g2	g3	h1	h2	h3	
1	**Chonetes** . . Fisch.									
	Hostinensis . Barr.	.	.	+	.	.	.	.	.	Hostin, Lužetz, sous Chotecz.
	novellus . . Barr.	.	.	.	+	+	.	.	.	g3 Trzebotov. g2 Hlubočep, Kozorž, Vavrovitz, Pekarkovitz.
	tardus . . . Barr.	+	+	+	.	.	.	.	.	g1 Dvoretz, Tetin, Lochkov. E. Kolednik. — F. Slichov.
2	**Discina** . . Lamk.									
	Bohemica . . Barr.	.	+	+	.	.	.	.	.	F. Konieprus. — g1 Hostin.
	depressa . . Barr.	+	+	+	.	.	.	.	.	F. Lochkov. — g1 Hostin. E. Kolednik, Listice, &c. &c.
	sola . . . . Barr.	.	.	+	.	.	.	.	.	Tetin, sous Chotecz.
	tarda . . . . Barr.	.	.	+	+	+	.	.	.	g3 Trzebotov. g2 Hlubočep, Kozorž, Vavrovitz. g1 Sous Chotecz.
3	**Leptaena** . Dalm.									
	comitans . . Barr.	+	+	+	+	+	.	.	.	g3 Trzebotov. g2 Hlubočep, Kozorž, Trzebotov, Vavrovitz. F. Konieprus. — g1 Hostin. E. Borek, Lodenitz.
4	**Lingula** . . . Brug.									
	cornea . . . Sow.	.	.	.	.	+	+	.	.	g3 Trzebotov. — h1 Hostin.
	gratiola . . . Barr.	.	.	+	.	.	.	.	.	Sous Chotecz.
	lingua . . . Barr.	.	.	+	.	.	.	.	.	Hostin.
5	**Pentamerus** . Sow.									
	innoceus . . . Barr.	.	.	+	.	.	.	.	.	Tetin.
	linguiferus . . Sow.	+	+	+	+	.	.	.	.	g2 Hlubočep, Chotecz. g1 Hostin, Chotecz. F. Mnienian, Konieprus. E. Kolednik, Lodenitz.
	optatus . . . Barr.	.	+	+	.	.	.	.	.	F. Konieprus. — g1 Tetin.
	pelagius . . . Barr.	.	+	+	.	.	.	.	.	g1 Tetin, Lužetz, Karlstein. F. Dvoretz.
	strix . . . . Barr.	.	+	+	.	.	.	.	.	F. Konieprus. — g1 Dvoretz.
6	**Rhynchonella** Fisch.									
	Latona . . . Barr.	.	+	+	.	.	.	.	.	g1 Tetin, Branik. F. Konieprus.
	obovata . . . Sow,	+	.	+	+	.	.	.	.	g2 Kozorž, Vavrovitz. g1 Chotecz. E. Kolednik, Borek, Lodenitz &c. &c.

Nr.	Genres et espèces	E	F	g1	g2	g3	h1	h2	h3	Localités
	Rhynchonella(suite)									
	passer . . . . Barr.	·	+	+	+	·	·	·	·	**g 2** Hlubočep. **g 1** Dvoretz, Lochkov, **F.** Konieprus.
	postrema . . Barr.	·	·	·	·	+	·	·	·	Trzebotov.
	princeps . . . Barr.	+	+	+	·	·	·	·	·	**g 1** Tetin. **F.** Mnienian, Konieprus. **E.** Karlstein, Viskočilka &c.
	Thetys . . . Barr.	·	+	+	·	·	·	·	·	**g 1** Sous Chotecz. **F.** Konieprus.
7	**Spirifer** . . . Sow.									
	deperditus . . Barr.	·	·	+	·	·	·	·	·	Karlstein.
	falco? . . . . Barr.	·	+	+	·	·	·	·	·	**F.** Konieprus. — **g 1** Tetin.
	infirmus . . . Barr.	·	+	+	+	·	+	·	·	**h 1** M. Franta. **g 2** Pekarkovitz. **g 1** S. Chotecz. **F.** Konieprus.
	superstes . . Barr.	·	+	+	·	·	·	·	·	**g 1** Dvoretz, Lochkov. **F.** Konieprus.
	Triton? . . . Barr.	·	+	+	·	·	·	·	·	**F.** Konieprus. — **g 1** Chotecz.
8	**Spirigerina** . d'Orb.									
	reticularis . . Linn.	+	+	+	·	·	·	·	·	**g 1** Tetin. **E.** Partout. — **F.** Partout.
9	**Strophomena** Rafin.									
	bellula . . . Barr.	·	·	+	·	·	·	·	·	Dvoretz.
	emarginata . . Barr.	+	+	+	+	·	·	·	·	**g 2** Hlubočep, Kozořz. **g 1** Lochkov, Dvoretz, Hostin, Tetin. **F.** Mnienian, St. Ivan. **E.** Lochkov, Dlauha hora.
	Phillipsi . . . Barr.	·	+	+	·	·	·	·	·	**F.** Konieprus. — **g 1** Hostin.
	rariuscula . . Barr.	·	+	+	·	·	·	·	·	**g 1** Dvoretz, Lochkov. **F.** Slichov.
		8	20	29	8	5	2			

6. Brachiopodes.

Cette classe, qui se distingue par une très-grande variété de formes dans chacun de nos étages **E—F**, se maintient encore assez riche en espèces dans notre étage **G**, où nous en connaissons environ 32. Mais nous nous hâtons d'ajouter, que toutes sont réduites à un petit nombre d'individus. Aucune d'elles ne se montre prolifique comme les espèces caractéristiques des étages **E—F**, sous-jacens. Celles-ci même en se propageant jusque dans l'étage **G**, semblent avoir perdu toute leur fécondité primitive.

Nous avons déjà exposé une semblable observation au sujet des Céphalopodes du même horizon. Cependant, nous ferons remarquer entre ces deux classes une notable différence, consistant en ce que le nombre des types s'est accru pour les Céphalopodes dans l'étage **G**, tandis qu'il a éprouvé une diminution pour les Brachiopodes. Ainsi, les genres *Orthis* et *Retzia* qui existent dans l'étage **F**, immédiatement sous-jacent, ont disparu avant le dépôt de la bande calcaire **g 1**.

Les circonstances physiques étant devenues encore moins favorables aux Brachiopodes dans la mer de Bohême, durant le dépôt des masses calcaires de **g 3**, où il ne reste que 5 espèces, cette classe a bientôt cessé d'exister dans notre bassin. En effet, les seules espèces que nous avons recueillies dans l'étage **H** sont: *Lingula cornea* Sow. et *Spirifer infirmus* Barr., qui ne s'élèvent pas au dessus de la bande **h 1**. L'une et l'autre sont extrêmement rares sur ce dernier horizon.

La répartition verticale des Brachiopodes dans notre étage **G**, est en harmonie avec celle des Trilobites, des Ptéropodes et des Gastéropodes, tandis qu'elle contraste avec celle des Céphalopodes. Elle se résume ainsi qu'il suit:

Bande calcaire supérieure . . . . **g 3** — 5 espèces.
Bande schisteuse . . . . **g 2** — 8 „
Bande calcaire inférieure . . . . **g 1** — 29 „
                                                        42 espèces.
Réapparitions à déduire . { 3 dans **g 3** / 7 dans **g 2** } 10 „
Total des espèces distinctes 32

Ainsi, la grande majorité des espèces est concentrée dans la bande **g 1**, tandis que la bande **g 3** n'en possède qu'un petit nombre, dont 2 seulement sont nouvelles dans notre bassin. Les Brachiopodes contribuent donc à établir une grande différence entre les faunes de ces deux bandes calcaires.

On remarquera que les Brachiopodes de la bande schisteuse intermédiaire **g 2** n'offrent qu'une nouvelle espèce. Les 7 autres avaient déjà apparu sur des horizons inférieurs.

Distribution verticale des **Acéphalés.**

Nr.	Genres et espèces	E	F	G			H			Localités
				g 1	g 2	g 3	h 1	h 2	h 3	
1	**Astarte** . . Sow.									
	subrotunda . Barr.	.	.	.	+	.	.	.	.	Vavrovitz.
2	**Avicula** . . Lamk.									
	cardiolopsis . Barr.	.	.	+	.	.	.	.	.	Sous Chotecz.
	consanguis . Barr.	.	.	.	.	.	+	.	.	Hostin.
	decipieus . . Barr.	.	.	.	+	.	+	.	.	g 2 Vavrovitz. — h 1 Hostin.
	fortissima . Barr.	.	.	+	.	+	.	.	.	g 1 Dvoretz. — g 3 Hlubočep.
	grandis . . . Barr.	.	.	+	.	+	.	.	.	g 1 Lochkov. — g 3 Hlubočep.
	pollens . . . Barr.	.	+	+	.	+	.	.	.	g 3 Hlubočep. g 1 Tetin, Dvoretz, Lochkov. F. Mnienian.
	pusilla . . . Barr.	.	.	+	.	.	.	.	.	Sous Chotecz.
	rarissima . . Barr.	.	.	.	.	.	+	.	.	Hostin.
	verna . . . Barr.	.	+	+	.	.	.	.	.	g 1 Sous Chotecz. F. Konieprus.
3	**Cardiomor-pha** . . . Konck.									
	altera . . . Barr.	.	.	.	+	.	.	.	.	Vavrovitz.
	cognata . . Barr.	.	.	.	+	.	.	.	.	Vavrovitz.
	fortis . . . Barr.	.	.	+	.	+	.	.	.	g 3 Hlubočep. g 1 Sous Chotecz.
	latens . . . Barr.	.	.	+	.	.	.	.	.	Kuchař.
4	**Cardiola** . . Brod.									
	embryo . . Barr.	.	.	+	.	.	.	.	.	Hostin.
	retrostriata . v. Buch.	+	.	.	.	.	+	.	.	h 1 Holin, Hostin. E. Lochkov.

Nr.	Genres et espèces	E	F	G			H			Localités
				g1	g2	g3	h1	h2	h3	
5	**Cardita?** . . Brug. rudis . . . Barr.	.	.	.	+	.	.	.	.	Hlubočep, Vavrovitz.
6	**Cardium** . . Linn. capitatum . Barr.	.	.	+	.	.	.	.	.	Sous Chotecz.
	cunctatum . Barr.	.	.	.	+	.	.	.	.	Vavrovitz.
7	**Cypricardia** Lamk. connexa . . Barr.	.	.	+	.	.	.	.	.	Sous Chotecz.
	solenopsis . Barr.	.	.	+	.	.	.	.	.	Tetin.
8	**Isocardia** . Lamk. potens . . . Barr.	.	.	+	.	.	.	.	.	Sous Chotecz.
	sola . . . . Barr.	.	.	.	.	+	.	.	.	Hlubočep.
9	**Lunulicar-dium** . . . Münst. tardum . . . Barr.	.	.	+	+	.	.	.	.	{g 2 Vavrovitz. {g 1 Sous Chotecz.
10	**Mytilus** . . Linn. insons . . . Barr.	.	.	.	+	.	.	.	.	Vavrovitz.
11	**Pleurorhyn-cus** . . . . Anst. longulus . . Barr.	.	+	+	.	.	.	.	.	**F**. Konieprus. — **g1** Dvoretz.
	minusculus . Barr.	.	.	+	.	.	.	.	.	Sous Chotecz.
	ornatissimus Barr.	.	.	+	.	.	.	.	.	Dvoretz.
		1	3	17	8	5	4			

7. Acéphalés.

L'horizon sur lequel cette classe offre son plus grand
développement dans notre bassin, correspond à la bande
calcaire **e 2**, c. à d. à la subdivision la plus élevée de
notre étage **E**. Nous évaluons à un couple de centaines
le nombre des espèces qui ont existé en Bohême durant
le dépôt de cette formation. Elles appartiennent à des
types variés, dont plusieurs paraissent encore inconnus
dans les autres contrées paléozoïques.

Durant le dépôt de notre étage **F**, les Acéphalés ont éprouvé une très-grande réduction dans leurs formes génériques et spécifiques, mais ils sont encore représentés par quelques *Avicula, Cypricardia, Pleurorhyncus* &c. Ce sont les mêmes genres qui se propagent dans nos étages **G** et **II**, sous l'influence de circonstances physiques peu favorables, puisque le nombre des individus est très-limité, pour presque toutes les espèces, et que le chiffre de celles-ci va toujours en décroissant vers le haut.

La distribution verticale de cette classe dans l'étage **G** se résume comme il suit :

Bande calcaire supérieure . . . . **g 3** — 5 espèces.
Bande schisteuse . . . . **g 2** → 8 „
Bande calcaire inférieure . . . . . . **g 1** — 17 „
____
30 espèces.
Réapparitions à déduire . { 4 dans **g 3** } 5 „
{ 1 dans **g 2** }
____
Total des espèces distinctes 25

On voit par ces chiffres, que le nombre des Acéphalés a graduellement décliné durant le dépôt de l'étage **G**, comme celui des Trilobites, Gastéropodes, Ptéropodes et Brachiopodes. C'est encore la bande inférieure **g 1** qui renferme le plus d'espèces, tandis que la bande **g 3** contient à peine cinq formes spécifiques.

Bien qu'il existe quatre espèces communes à ces deux bandes, on voit que les Acéphalés peuvent encore contribuer à distinguer les deux formations calcaires de notre étage **G**, malgré leur ressemblance. La même observation s'applique à la bande schisteuse intermédiaire **g 2**, qui n'a qu'une espèce commune avec la bande **g 1** et aucune avec la bande **g 3**.

Notre tableau montre que nous n'avons jusqu'ici observé que 4 espèces de la classe des Acéphalés dans notre étage **H**. Elles sont rares et ne s'élèvent pas au dessus de la bande **h 1**. Mais l'une de ces espèces, *Cardiola retrostriata* v. Buch sp., également connue sous le nom de *Cardium palmatum* Goldf. mérite toute notre attention, à cause de la qualité qui lui a été attribuée jusqu'ici, d'être un fossile éminemment caractéristique de l'étage supérieur du terrain dévonien. Nous aurons l'occasion de revenir sur cette espèce dans le chapitre cinquième ci-après, pour apprécier sa double apparition dans notre bassin, sur des horizons très-espacés dans le sens vertical: **E — h 1.**

Distribution verticale des **Radiaires.**

Nr.	Genres et espèces	E	F	g1	g2	g3	h1	h2	h3	Localités
	Crinoides.									
	Encrinites									
	tiges indéterminables	.	.	+	.	.	.	.	.	Lochkov &c.
	laevis	.	.	.	+	.	.	.	.	Vavrovitz &c.
	tuberculosus	.	.	.	+	.	.	.	.	Hlubočep.
	Polypiers.									
1	**Petraia** . . Münst.									
	Bohemica . Barr.	.	.	+	+	.	.	.	.	{g 2 Vavrovitz, Hlubočep. / g 1 Partout.
2	**Calamopora** Goldf.									
	Bohemica . . Barr.	.	.	+	.	+	.	.	.	{g 3 Moulin de Burian. / g 1 Schvagerka.
3	**Millepora ?** . Linn.									
	Bohemica . . Barr.	.	.	+	.	.	.	.	.	Sous Chotecz.
	sp. . . . . . Barr.	.	.	+	.	.	.	.	.	Sous Chotecz.
4	**Syringopora** Goldf.									
	Bohemica . . Barr.	.	.	+	+	.	.	.	.	{g 2 Pekarkovitz. / g 1 Sous Chotecz.
				6	4	1				

8. Radiaires.

Notre tableau montre que cet embranchement n'a fourni qu'un très-petit nombre de fossiles dans nos étages **G—H**. Cependant, ce nombre, malgré son exiguité, peut encore être invoqué à l'appui de la distinction établie par toutes les autres classes, entre les faunes des bandes calcaires semblables **g 1** et **g 3.**

En effet, sur les 8 espèces que nous avons observées, 6 se trouvent dans la bande inférieure, et une seule a été recueillie dans la bande supérieure.

L'étage **H** ne nous a fourni jusqu'à ce jour aucune trace de fossiles de cette nature.

Distribution verticale des **Végétaux.**

Nr.	Genres et espèces.	E	F	g1	g2	g3	h1	h2	h3	Localités
	Fucoides									
	Hostinensis . Barr.	+	.	.	+	+	+	.	.	h 1 Hostin, Hlubočep, sous Chotecz. g2 Vavrovitz.— g3 Třebotov. E. Lodenitz, Borek. D. Vinice près Beraun, Branik.
	Fucoides indéterminables à la surface des lits de quartzites impurs	.	.	.	.	.	.	+	.	Holin, Hostin.
	Apparence d'écorce charbonnée	.	.	.	.	.	+	.	.	Hlubočep, Hostin.
	Couche très-mince d'Anthracite	.	.	.	.	.	+	.	.	Hostin.

9. Végétaux.

Les seules traces distinctes du règne végétal que nous ayons découvertes dans nos étages **G** et **H**, sont des

— 53 —

impressions de fucoides, observées uniquement dans les couches schisteuses ou siliceuses, et jamais jusqu'ici dans les bancs calcaires. Les plus remarquables de ces impressions appartiennent à une seule espèce, *Fucoides Hostinensis*, qui avait déjà fait sa première apparition dans diverses formations schisteuses placées, soit vers la base de notre division supérieure, soit même dans notre division inférieure, comme nous l'exposons plus en détail dans le chapitre cinquième ci-après.

Tableau général

de la distribution verticale des fossiles dans les étages **G — H.**

Genres et espèces	E	F	G			H			Espèces communes à				nombre absolu des réapparitions dans
			g1	g2	g3	h1	h2	h3	g1-g2	g2-g3	g1-g3	G-H	G-H
Poissons . . .	.	.	4	.	.	.			.	.	.	.	
Crustacés . . .	3	18	49	5	2	2			3	1	2	2	7
Céphalopodes .	15	7	39	8	62	5		.	5	2	4	4	13
Ptéropodes . .	1	3	10	3	2	2			2	2	2	2	6
Gastéropodes	2	5	16	3	2				1	1	0	0	2
Brachiopodes .	8	20	29	8	5	2			7	3	2	2	12
Acéphalés . .	1	3	17	8	5	4			1	0	4	1	6
Radiaires . .			6	4	1				2	0	1	0	3
	30	56	170	39	79	15			21	9	15	11	49
			303										

Les principaux résultats que nous montre ce tableau sont les suivans:

1. Le chiffre total des espèces dans les étages
    G — H s'élève à 303
    à déduire le chiffre des réapparitions 49
    reste 254

Ce chiffre représente les espèces distinctes qui existent dans ces deux étages et qui constituent la troisième phase de notre faune troisième silurienne.

Comme notre étage **H** ne possède que 4 espèces qui lui sont propres, parmi les 15 qu'il renferme, il s'en suit que cette troisième phase est représentée presque tout entière dans notre étage **G**.

2. Les connexions zoologiques entre cette phase et la seconde phase de la même faune, renfermée dans notre étage **F**, consistent dans la présence de 56 espèces qui se propagent de l'une à l'autre. Ce chiffre représente un peu plus de $\frac{1}{5}$ des espèces de la troisième phase.

3. Les connexions avec la première phase de la faune troisième consistent dans 30 espèces communes aux étages **E — G**. Ce chiffre représente environ $\frac{1}{8}$ du nombre des espèces de la troisième phase.

4. Parmi les 86 espèces qui avaient d'abord existé dans les étages **E — F**, avant de reparaître dans les étages **G — H**, il y en a 12 communes aux deux premiers. En déduisant ces 12 réapparitions, il nous reste 74 espèces distinctes, qui établissent les connexions paléontologiques entre la dernière et les deux premières phases de notre faune troisième. Ce chiffre représente presque un tiers ($\frac{1}{3}$) du nombre des espèces existant dans nos étages **G—H**.

5. En somme, les étages supérieurs **G — H** de notre bassin calcaire sont liés avec les étages inférieurs **E — F** par de très puissantes connexions paléontologiques. Nous verrons, au contraire, dans le Chap. 5 ci-après, combien sont faibles les connexions de cette nature entre ces mêmes étages **G — H** et les divers étages du terrain dévonien.

Résumé des deux chapitres précédens.

Par le seul secours des apparences pétrographiques, combinées avec l'observation d'un petit nombre d'espèces caractéristiques, tout géologue peut aisément distinguer les subdivisions de nos étages **G** et **H**, définies ci-dessus, savoir: **g 1 — g 2 — g 3 — h 1 — h 2 — h 3.**

D'abord, il est évident que les deux bandes **g 1** et **g 3** uniquement composées de calcaires, ne peuvent être confondues avec les quatre autres bandes **g 2 — h 1 — h 2 — h 3**, qui sont principalement composées de schistes.

Les six subdivisions constituant l'ensemble de nos étages **G** et **H** se rangent donc en deux catégories, dans chacune desquelles la distinction des diverses bandes s'opère aisément, comme il suit:

1. Catégorie des bandes calcaires g 1 — g 3.

Les deux grandes masses de calcaires noduleux **g 1— g 3** sont si semblables au premier aspect, qu'il serait impossible de distinguer sûrement l'une de l'autre, seulement à l'aide de leurs roches. Les tableaux qui précèdent démontrent, au contraire, la différence totale qui existe entre ces deux bandes, sous le rapport de leurs faunes.

Le tableau général (p. 53) qui résume tous les autres montre, qu'à l'exception des Céphalopodes, toutes les classes sont représentées par un nombre d'espèces beaucoup plus considérable dans la bande **g 1** que dans la bande **g 3**. Par contraste, les Céphalopodes de la bande **g 3** sont plus nombreux que ceux de la bande **g 1**, dans le rapport de 3 à 2.

En outre, dans la bande **g 3**, les Céphalopodes offrent environ 4 fois autant de formes que toutes les autres classes ensemble dans la même formation.

Il est important de remarquer que les deux masses calcaires **g 1 — g 3**, malgré leurs apparences pétrographiques identiques, possèdent très peu d'espèces communes. Le tableau cité constate que les espèces de la bande **g 1** qui se propagent dans la bande **g 3**, se réduisent au chiffre de 15. Par conséquent, un observateur qui parcourt notre bassin est rarement exposé aux incertitudes que pourrait causer la présence des espèces identiques dans les roches semblables des bandes **g 1** et **g 3**. Au contraire, pour peu qu'il rencontre un fossile, ce sera pour lui, dans la plupart des cas, un moyen suffisant pour déterminer l'horizon sur lequel il se trouve.

2. Catégorie des bandes schisteuses **g 2 — h 1 — h 2 — h 3**.

La distinction entre ces quatre bandes n'est pas moins aisée.

En effet, les bandes **g 2** et **h 1** étant les seules fossilifères, se distinguent par ce premier caractère, contrastant avec l'absence jusqu'ici absolue de toute faune dans les deux bandes supérieures **h 2 — h 3**.

En ce qui touche la distinction entre les bandes fossilifères **g 2 — h 1**, nous devons faire remarquer avant tout, qu'elles renferment quelques espèces communes, qui pourraient contribuer à faire confondre l'une avec l'autre, dans une étude superficielle. Voici ces espèces, d'après les tableaux ci-dessus:

Proetus superstes
Phac. fecundus? var. superstes
Goniat. fecundus

Gyroc. tenue
Orthoc. renovatum
Orthoc. capillosum
Tentaculites elegans
Tentac. clavulus
Spirifer infirmus
avicula decipiens
Fucoides Hostinensis.

Malgré la présence commune de ces fossiles de la bande **g 2**, qui, après une longue intermittence, reparaissent dans la bande **h 1**, ces deux formations sont aisément différenciées par leurs roches. En effet, les schistes de **g 2**, dans toutes les localités connues, renferment de nombreux sphéroides de calcaire blond-foncé, avec des taches noires, tandis que le calcaire manque totalement presque partout dans la bande **h 1**. Il n'apparaît que par exception à sa base, sous la forme de couches isolées, d'une apparence pétrographique toute différente de celle des sphéroides dont nous venons de parler. (Voir p. 18.)

En outre, il nous semble qu'un géologue dont l'oeil est exercé, peut presque toujours distinguer par leur simple aspect les schistes des deux bandes comparées. Il y a peu de localités où ils puissent être confondus, d'après leurs apparences pétrographiques.

Enfin, nous rappelons qu'il existe des espèces propres à chacune de ces deux bandes, et qui peuvent aider à les distinguer. Voici les principales:

	g 2	h 1
Cyphaspis coronata	+	.
Orthoceras opimum	+	.
Orthoceras pulchrum	+	.
Orthoceras teliforme	+	.
Orthoceras equisetum	.	+

	g 2	h 1
Hyolites (Pugiunc.) novellus	+	.
Pleurotomaria obscura	+	.
Pleurotomaria tarda	+	.
Chonetes novellus	+	.
Leptæna comitans	+	.
Pentamerus linguiferus	+	.
Rhynchonella obovata	+	.
Strophomena emarginata	+	.
Cardiola retrostriata	.	+
Cardiomorpha cognata	+	.
Cardita? rudis	+	.
Cardium cunctatum	+	.
Mytilus insons	+	.
	16	2

Le secours de ces fossiles, combiné avec les distinctions pétrographiques qui viennent d'être mentionnées, suffit complètement pour empêcher de confondre les deux bandes **g 2—h 1**, que nous comparons.

Enfin, les deux bandes supérieures **h 2—h 3**, quoique également dépourvues de toute faune, sont cependant différenciées par leurs caractères pétrographiques.

En effet, la bande **h 2** qui ne renferme aucune trace de calcaire, se fait remarquer par d'innombrables alternances de lits minces de quartzites avec ses schistes. Cette composition, très-apparente au premier coup d'oeil, suffit pour distinguer la formation **h 2** de **h 3**, qui n'est composée que de schistes purs, argileux, très-fissiles, sans quartzites comme sans calcaires.

Ces moyens de distinction entre les six bandes qui sont l'objet de notre étude sont applicables dans toutes les localités de notre bassin, où nous avons pu observer ces diverses formations.

Chapitre troisième.

Relations stratigraphiques entre nos étages G—H et les autres étages de notre terrain.

Nous préparons une carte destinée à représenter toute la surface occupée par notre division supérieure et par la zone des Colonies qui l'entoure immédiatement. C'est précisément la partie de notre bassin que M. Krejčí a coloriée sur la carte réduite de l'Etat major, dont l'échelle est de $\frac{1}{144,000}$. Nous employons, au contraire, la carte du levé de l'Etat major, dont l'échelle est cinq fois plus grande, c. à d. $\frac{1}{28,800}$.

D'après cette échelle, nous pourrons figurer les étages et subdivisions de notre terrain avec une précision qu'il serait injuste d'exiger sur la carte réduite coloriée par M. Krejčí, et sur laquelle le défaut d'espace concourt avec les erreurs d'observation et les combinaisons graphiques de l'auteur à produire des apparences qui n'existent pas dans la nature.

En attendant la publication de cette carte destinée à notre ouvrage sur les Colonies, ainsi que les cartes spéciales de diverses localités sur une échelle plus grande, nous devons nous borner à quelques indications générales sur l'étendue horizontale occupée par les étages **G—H**, qui sont l'objet de cette étude, ainsi que sur leurs relations dans le sens vertical, soit entre eux, soit avec les autres étages de notre terrain.

Nous rappelons que notre bassin est composé de dépôts régulièrement superposés et dont les bords sont concentriques. D'après cette disposition, les étages **G — H** étant les plus élevés dans la série des formations, doivent naturellement couvrir la partie interne de l'ellipse allongée qui figure notre division supérieure, dans le croquis adjoint à notre *Esquisse Géologique* 1852. Ainsi, en retranchant de la surface de cette ellipse une bande concentrique de quelques centaines de mètres de largeur, pour l'affleurement de nos étages **E — F**, on aurait une seconde ellipse interne, représentant à peu près la surface des étages **G — H**. Mais il faudrait tronquer notablement l'extrémité Sud-Ouest de cet ovale, au-delà de la Béraun, parce que les dénudations ont enlevé les roches de ces étages et ont mis à nu les étages inférieurs **F — E**, dans cette partie de notre division supérieure.

Il est bien entendu que nous faisons abstraction en ce moment des dépôts quaternaires, qui cachent une partie du terrain Silurien.

En outre, nous ferons remarquer qu'en certains points isolés sur la surface de cette ellipse interne, les dislocations du terrain ont fait surgir au jour quelques lambeaux des étages **E — F**, entre les roches dénudées de l'étage **G**. Ces accidens rares ne peuvent pas modifier notablement l'indication que nous venons de donner à nos lecteurs, relativement à l'étendue horizontale de nos étages **G — H**.

Après avoir invoqué sous ce rapport, notre croquis de 1852, nous appellerons de même à notre aide la section idéale qui l'accompagne, pour rappeler aux savans, que les formations constituant notre terrain, considérées dans leur ensemble, offrent des inclinaisons synclinales par rapport à l'axe longitudinal du bassin, dirigé à peu près du Sud-Ouest vers le Nord-Est. Ce fait est bien confirmé par la section transverse de notre division supérieure et d'une partie de la zone des colonies, qui est exposée sur notre Pl. 1. fig. 6.

Par suite de cette inclinaison symétrique vers le grand axe, chacun de nos étages et chacune de leurs subdivisions offre un affleurement concentrique au contour de notre division supérieure. C'est ce que nous nommerons *affleurement principal*, ou *affleurement marginal* des formations.

Considérons maintenant qu'en 1852, pour rendre notre section idéale simple et facile à saisir, nous avons fait abstraction de tous les accidens qui ont troublé la position régulière et primitive des assises superposées, sauf leur redressement. Aujourd'hui, au contraire, ayant à rendre compte des traits importans qui caractérisent la surface interne occupée par nos étages **G — H**, nous sommes obligé de signaler les principaux effets des dislocations résultant des compressions latérales.

Ces effets se manifestent comme partout ailleurs par des plissemens et par des failles, dont la direction est à peu près parallèle au grand axe du bassin. Chacune de ces dislocations est constatée par les signes qui lui sont propres, d'après les enseignemens les plus simples de la stratigraphie, savoir : les failles, par la répétition des mêmes formations, suivant le même ordre de superposition ; les plis, par la répétition suivant l'ordre symétrique et inverse.

Autant il importe pour la connaisance de notre terrain de tenir exactement compte de ces signes partout où ils se manifestent, autant un observateur consciencieux doit se tenir en garde contre l'idée d'une dislocation dépourvue de tout signe stratigraphique, et que l'imagination est prompte à concevoir, soit pour satisfaire une préoccupation, soit pour éluder une difficulté.

Dans un bassin comme le nôtre, ne voir de dislocation nulle part, c'est tomber dans Charybde ; en voir partout, c'est tomber dans Scylla.

Par suite des failles et plis, sans compter les dénudations, les étages de notre division supérieure nous offrent des affleuremens internes et secondaires, c. à d. moins considérables que l'affleurement marginal que nous venons de définir, car ils ont tous une moindre étendue longitudinale, et ils ne se montrent même parfois que sur un espace très-limité, entre les parois opposées d'un vallon.

Notre étage **II,** composé de roches schisteuses peu résistantes, ayant été fortement dénudé, n'est représenté que par des lambeaux épars, qui nous permettent cependant de reconnaître son affleurement marginal.

Notre étage **G** au contraire, dont les subdivisions principales consistent en roches calcaires très-résistantes et très-puissantes, persiste le plus fréquemment et se montre à découvert dans toutes les parties accessibles de notre terrain, c. à d. sur les hauteurs dénuées de culture, sur les escarpemens qui bordent les vallons, dans les ravins, chemins creux, carrières &c. &c. C'est donc cet étage qui nous présente, en général, les traces les plus distinctes des dislocations, dans ses affleuremens secondaires.

D'après les considérations exposées dans les deux chapitres précédens, les bandes calcaires **g 1 — g 3** ne sauraient être distinguées l'une de l'autre, à première vue et par leurs seules apparences pétrographiques. Mais heureusement, il se trouve entre elles une formation schisteuse, c. à d. la bande **g 2,** qui peut nous servir de guide pour la distinction des deux autres subdivisions du même étage.

Si nos savans lecteurs veulent bien nous prêter attention dans la description des sections que nous avons choisies comme les plus instructives pour cette étude, ils reconnaîtront que sans l'intervention de cette bande, il serait très difficile de démêler les divers horizons de notre étage **G,** troublés par les dislocations, bien qu'ils représentent des époques successives et bien caractérisées, dans la série des âges siluriens.

Nous décrirons d'abord la section la plus complète que vous connaissions, à travers la partie centrale de notre division supérieure c. à d. la section suivant le vallon qui descend de Tachlovitz à Radotin. Pl. 1. fig. 6.

Nous exposerons ensuite une seconde section à travers l'extrémité N. Est de notre bassin calcaire, dans le voisinage de Prague et passant par les carrières très connues de Dvoretz et de Branik. Pl. 1. fig. 2.

Ces deux sections sont confirmées et élucidées par celles qui sont destinées à illustrer la seconde partie de cette étude et qui seront décrites dans le Chap. 7. Pl. 1. fig. 3. et Pl. 2. fig. 1.

I. Section à travers notre division supérieure et la zone des colonies, entre Tachlovitz et Radotin.

Pl. 1. fig. 6.

Cette section suit à peu près le vallon qui prend naissance auprès du village de Tachlovitz, et qui aboutit dans la vallée de la Béraun, près Radotin.

Les côteaux qui longent ce vallon nous offrent, sur la plus grande partie de leur étendue, des escarpemens nus et plus ou moins élevés, permettant d'observer immédiatement toutes les formations. C'est donc réellement une section naturelle que nous présentons, et que chacun peut vérifier sans difficulté. Pour ces motifs, nous l'avons choisie de préférence à toute autre, bien qu'elle soit un peu oblique, au lieu d'être perpendiculaire au grand axe de notre bassin. On conçoit que nous n'avons pas suivi le ruisseau d'une manière absolue, car ses détours auraient donné lieu à beaucoup d'obscurités et par conséquent à beaucoup d'explications fastidieuses. Nous avons choisi, au contraire, une suite de lignes brisées, à peu près parallèles au cours d'eau, et fixées par des points de repère faciles à trouver. Ces points sont naturellement tous les villages et surtout les moulins, parce qu'ils permettent à tout explorateur de reconnaître le lieu où il observe, même sans le secours d'une carte. Cependant, nous prions le lecteur de remarquer deux circonstances importantes:

1. Nos lignes brisées ne sont pas tracées au pied des côteaux de la rive gauche mais, au contraire, assez loin sur leur sommet, afin de pouvoir figurer leur masse dans sa plénitude.

2. Par conséquent, nos lignes ne passent pas réellement par les moulins placés sur le cours d'eau. Ainsi, l'indication de ces moulins sur notre figure est simplement leur projection à angle droit sur le plan de notre section.

Nous avons placé nos lignes aussi près que possible des angles rentrans du côteau gauche, parce que ces angles correspondent aux embouchures des petits vallons ou des ravins latéraux et transverses au vallon principal. Ces ravins jouent un rôle très-important dans la présente étude, en indiquant presque toujours la position et la direction des formations schisteuses **g 2** et **II**, plus facilement creusées par les érosions, et dont la confusion a été une cause constante d'erreur pour nos contradicteurs.

Les géologues qui parcourront le vallon de Tachlovitz à Radotin, pourront être parfois embarrassés pour constater l'identité des moulins, qui changent de nom presque chaque fois qu'ils changent de propriétaire. Afin d'écarter autant que possible cette difficulté, nous donnons à la fin de cette description un tableau indiquant la correspondance entre les noms actuellement prédominans et ceux qu'on trouve sur les cartes de l'Etat major.

Notre section offrant une étendue d'environ 13 kilo-mètres, nous ne pouvions pas la figurer sur une très-grande échelle. Nous avons adopté pour les distances horizontales celle de $\dfrac{1}{14,400}$ ($1^{\mathrm{mm}}_{\mathrm{p.}}$ 14.^{m} 40) c'est-à-dire justement le double de l'échelle qui a été fixée pour la carte du levé de l'Etat major autrichien, qui est de $\dfrac{1}{28,800}$.

Malgré l'extrême répugnance que nous éprouvons à nous écarter des proportions naturelles, nous sommes forcé de prendre pour les hauteurs verticales une échelle double de celle des distances horizontales, car sans ce moyen artificiel il nous serait impossible de rendre distincts le relief et les dépressions du sol représenté.

Pour ne pas invoquer exclusivement en faveur de nos documens l'attention des géologues, nous reproduisons sur notre Pl. 1 fig. 4—5 deux sections dirigées à travers la même contrée et publiées par M. le Prof. Krejči, à l'appui de la description officielle de notre division supé-rieure. *(Jahrb. d. k. R. A. — XII. Pl. IV fig. 10 et 11. 1862.)*

La seconde s'étend de Tachlovitz jusqu'à Chotecz et la première depuis le petit vallon latéral de Hinter Kopanina jusqu'à Radotin. Il manque entre elles la partie centrale de notre bassin calcaire.

Ces deux sections, comme toutes celles qu'a figurées le même auteur, sont dépourvues de toute indication d'échelle. En outre, M. Krejči n'a jugé à propos d'y placer le nom d'aucune des localités intermédiaires entre les villa-ges extrêmes, dont la position elle même n'est que vague-ment marquée. Par suite de ces circonstances, il serait impossible d'établir une comparaison détaillée entre ces profils et le nôtre. Nous nous bornerons donc, chemin faisant, à indiquer les contrastes les plus importans qui existent entre eux.

Avant tout, nous ferons remarquer, que ces deux sections de M. Krejči ont été destinées plus que toutes les autres, à montrer les prétendues intercalations mécaniques de notre étage **H** entre les couches de notre étage **G**, intercalations entièrement semblables, suivant cet auteur, aux enclaves que nous nommons Colonies. (Voir ci-après Chap. 6.)

Mais, comme ces prétendues intercalations mécaniques de **H**, à l'exception d'une seule, ne sont réellement que les affleuremens réguliers et normaux de la bande schisteuse **g 2**, déposée en stratification concordante entre les bandes calcaires **g 1** et **g 3**, il s'en suit par réciprocité, qu'aux yeux de M. Krejči la concordance de nos colonies avec les couches de **d 5** est aussi évidente que celle de **g 2** avec les couches de **g 1** et de **g 3**. C'est là un côté de son erreur qui nous est vraiment très-favorable, et que nous nous plaisons à considérer en passant.

Nous ne doutons pas d'ailleurs que notre contradicteur, après avoir étudié les élémens de notre section, ne reconnaisse les affleuremens répétés de la bande **g 2**, que nous lui signalons, là où ses préoccupations lui avaient fait supposer l'existence d'autant de lambeaux de l'étage **H**, pincés ou mécaniquement intercalés entre les couches de l'étage calcaire **G**.

A chacune de ses extrémités, notre section est prolongée assez loin dans la bande **d 5**, pour exposer la zone des Colonies.

Nous croyons superflu d'indiquer chaque fois l'inclinaison des formations que nous décrivons, parce qu'un coup d'ocil jeté sur notre section Pl. 1 fig. 6 constate le fait d'une manière plus saisissable que notre texte.

Quant aux directions, on peut les considérer toutes comme sensiblement parallèles.

Environs de Tachlovitz.

1. En commençant par la gauche, nous rencontrons d'abord le village de Tachlovitz, qui s'étend sur plus de 1000 mètres de longueur, dans la direction de notre profil. Il est composé de deux groupes principaux de maisons que nous nommerons groupe Nord-Ouest et groupe Sud-Est. Ces groupes sont séparés par un espace vide, bien indiqué sur la carte réduite de l'Etat Major, coloriée par M. Krejči.

Près du bord du groupe Nord-Ouest des maisons, bâti sur une série composée de lits minces de schistes gris et quartzites de la bande **d 5**, nous traversons quelques gros bancs de quartzite, exploités sur une longue ligne de carrières, qui s'étend dans les deux sens. Suivant la nomenclature de nos adversaires, ces gros bancs de quartzite sont les couches du Mt. Kossov. Malheureusement pour cette nomenclature, ces couches épaisses qui devraient couronner la bande **d 5** et l'étage **D**, sont elles-mêmes recouvertes par une masse schisteuse, dont la puissance est de quelques centaines de mètres, et qui appartient encore au même étage.

Cette masse, dans la quelle les schistes gris paraissent prédominer sur les lits minces de quartzite, appelle toute notre attention, parce qu'elle renferme une Colonie.

Colonie de Tachlovitz.

2. En partant des gros bancs de quartzite mentionnés, si nous parcourons la rampe de la route qui descend du groupe Nord-Ouest des maisons jusqu'à l'auberge, nous traversons inévitablement cette colonie, clairement exposée sur les talus et fossés des deux côtés du grand chemin, et régulièrement intercalée dans la bande **d 5**. Elle se compose d'une masse de schistes gris-noirs, à graptolites,

offrant de fréquentes alternances avec des couches également schisteuses, mais très-distinctes par leurs couleurs tranchées, grises, jaunes, blanches, rougeâtres, ferrugineuses &c. Dans notre ouvrage sur les Colonies, nous aurons occasion de montrer les diverses apparitions de cette formation aux couleurs vives, sur une certaine hauteur, au dessous et au dessus de la limite entre les étages **D — E.**

Malgré de légers troubles dans la stratification, comme dans toutes les masses schisteuses, on reconnaît que l'ensemble des couches présente la direction et l'inclinaison normales.

Dans la Colonie de Tachlovitz, les graptolites **sont** communs, surtout dans ses couches les plus élevées. Bien qu'ils soient mal conservés, nous reconnaissons aisément parmi eux *Grapt. colonus*, forme large, qui est l'espèce prédominante par ses impressions, soit latérales, soit scalariformes. Il y a aussi l'impression très-distincte de *diplograpsus palmeus*, et une forme indistincte, qui paraît être *Grapt, testis*. On sait que ces trois espèces se trouvent aussi dans notre étage **E.**

Ces schistes renferment en outre des Orthocères écrasés par la compression et indéterminables. Nous n'y avons observé aucun sphéroïde calcaire; mais nous allons signaler leur existence un peu au dessus, dans les schistes gris de la même bande **d 5**, au contact avec la base de notre étage **E.**

La masse schisteuse de la Colonie, dont la puissance dépasse 120 mètres, présente dans son intérieur trois ou quatre couches subordonnées de trapps. Ces couches ont une apparence très-régulière, et leur épaisseur varie de 0^m 50 à 1 mètre. Mais vers le bas de la rampe, on voit la Colonie recouverte par une coulée très-considérable de trapps, qui, s'étendant sous l'auberge et ses dépendances, reparaît encore sur la voie publique au pied de la rampe opposée, c. à d. montant vers l'église. En associant cette coulée aux schistes à graptolites, la Colonie occupe une largeur d'environ 200 mètres à la surface du sol. L'inclinaison un peu variable de ses couches est moyennement au dessous de 45⁰.

Cherchons maintenant sur la section et sur la carte de M. Krejči le fait important que nous venons d'indiquer.

La section 11 de M. Krejči reproduite sur notre Pl. 1 fig. 4 montre une partie de notre bande **d 5** au droit de Tachlovitz, mais sans aucune trace de la Colonie. La position exacte du village n'étant pas marquée, on peut croire que M. Krejči a commencé cette section immédiatement au dessus de la Colonie et qu'il a ainsi éludé la difficulté au lieu de l'aborder.

Mais sur la carte correspondante, nommée carte de détail, sans doute parce qu'elle est censée représenter au moins toutes les formations principales, M. Krejči, pour se dispenser de figurer l'enclave coloniale, a eu recours à une combinaison graphique moins heureuse et moins excusable.

Au lieu de placer les gros bancs de quartzite (couches de Kosov) là où ils sont réellement, c. à d. à travers les maisons du groupe Nord-Ouest, bâties sur leur tranche, il a transporté cette formation sur l'espace sans maisons, séparant les deux groupes. Ces gros bancs de quartzite sont ainsi substitués au lieu et place de la Colonie.

En outre, la masse des schistes gris de **d 5**, qui, dans la nature, est interposée entre la Colonie et notre étage **E**, a été transformée en une masse de schistes à Graptolites, faisant corps avec cet étage.

Par suite de cette transposition et de cette transformation, toute la nature du terrain est défigurée, et la

Colonie de Tachlovitz se trouve éliminée, sans qu'il reste sur la carte officielle la moindre trace de son existence.

Quelque ingénieux et nouveau que puisse paraître cet expédient graphique pour se débarrasser d'un fait incommode, nous ne pouvons pas le considérer comme autorisé par les fonctions officielles, et encore moins comme légitimé par la science, pour échapper aux conséquences de la réalité matérielle.

Nous ferons remarquer, que les gros bancs de quartzite ou couches de Kosov, qui ont usurpé la place de la Colonie, occupent sur le terrain une largeur d'environ 40 à 50 mètres, tandis·que les schistes et trapps de la Colonie s'étendent dans le même sens sur 200 mètres, au moins. Par conséquent, l'observateur qui a vu et qui a figuré les quartzites, pouvait tout aussi bien voir et figurer la Colonie; chaque chose à sa place, suivant l'usage établi de tout temps en géologie.

Malheureusement pour la carte officielle, M. Krejči a appliqué à toutes celles de nos Colonies qu'il a rencontrées, l'étrange procédé d'élimination que nous signalons pour la Colonie de Tachlovitz. Il a ainsi effacé autant qu'il était en son pouvoir, la limite très distincte tracée par la nature, entre les deux grandes divisions supérieure et inférieure de notre terrain; c. à d. entre la faune seconde et la faune troisième siluriennes.

Avant de continuer notre description nous constaterons, que la Colonie de Tachlovitz est une des premières qui ont attiré notre attention, par suite des longs et fréquens séjours que nous avons faits dans le moulin situé au dessous de ce village, durant les années 1841—1842—1843. Cette localité était alors le centre de nos excursions.

A cette époque, les schistes de la Colonie qui nous occupe, étaient beaucoup mieux exposés que maintenant, sur les inégalités du terrain, sur lequel la chaussée a été depuis lors établie.

Qu'il nous soit permis de nous souvenir à cette occasion, que c'est aussi à Tachlovitz que nous avons mis à l'œuvre, en 1841, nos deux premiers ouvriers, dont l'un continue depuis lors à chercher pour nous des fossiles, tandisque l'autre est mort à notre service.

3. Immédiatement au dessus de la Colonie, nous retrouvons les schistes gris et quartzites de **d 5** avec toutes leurs apparences normales. Ils sont exposés sur la route jusqu'au sommet de la hauteur où s'élève l'église de Tachlovitz. Nous remarquons vis-à-vis celle-ci dans la cour d'une ferme, une petite coulée de trapp intercalée dans cette bande. A partir de ce point, les champs traversés ne montrant que des débris de quartzites, indiquent suffisamment la continuité de la même formation. On la retrouve en place, avec son inclinaison normale, dans le ravin ou dépression du terrain, avant d'atteindre l'ancien château, ou grenier actuel. Là, les schistes gris prédominent, et au lieu de lits de quartzites, ils renferment quelques sphéroïdes minces de calcaire, précurseurs de la division supérieure à laquelle nous touchons.

Nous allons traverser maintenant le grand affleurement marginal des étages de notre division supérieure, qui sont tous représentés dans cette contrée.

4. A peu près au droit du grenier, les schistes gris de **d 5** sont recouverts par une très-puissante coulée de trapp, que nous considérons comme la base intégrante de l'étage **E**. Ces trapps occupent une largeur de 300 à 400 mètres, dans laquelle nous n'apercevons qu'une seule apparition des schistes à Graptolites, avec une faible épaisseur, et sans les couches aux couleurs tranchées, que nous avons signalées dans la Colonie. Au dessus de cette base, jusqu'au droit du moulin sous Tachlovitz, (*Mittlere Mühle*,

sur la carte) nous trouvons un grand développement des schistes graptolitiques impurs, avec des rangées de sphéroides calcaires, ou avec des couches minces de cette roche. Cette formation nous a fourni beaucoup de fossiles caractéristiques de l'étage **E**. A cause de la présence des schistes, nous l'associons avec la base trappéenne pour constituer la subdivision inférieure **e 1** de cet étage.

5. La subdivision **e 2**, qui forme la partie supérieure du même étage, contraste avec **e 1** par ses couches calcaires épaisses, blanches, cristallines, et sans schistes interposés. Cette formation est largement exploitée des deux côtés du vallon, pour les besoins des hauts fourneaux. On pourrait prendre ces roches pour celles de **F**, à cause de leurs apparences pétrographiques ; mais ce serait une erreur, car leurs fossiles sont encore des espèces qui caractérisent ailleurs notre étage **E**, savoir :

Phacops fecundus.		Pentamerus knighti ?	Sow.
Var. communis	Barr.	Pentamerus caducus	Barr.
Calymene Baylei	Barr.	Pentamerus simplex	Barr.
Cheirurus Quenstedti	Barr.	Spirifer togatus	Barr.
Orthoceras dulce	Barr.	Orthis pecten	Davids.
Cyrtoceras Haueri	Barr.	Atrypa marginalis	Dalm.
Cyrtoceras baculoides	Barr.	Atrypa linguata	v. Buch.
Gomph. cylindricum	Barr.	Atrypa hircina	Barr.

Nous adjoignons encore au sommet de cet étage une série de couches minces, siliceuses, plus que calcaires, qu'on exploite pour l'entretien des chemins, sur le versant sud de la colline où est situé le cimetière. Nous n'y avons observé aucun fossile.

En somme, dans cette contrée, notre étage **E** offre un grand développement vertical, sous des apparences très-variées, que les élémens paléontologiques nous obligent cependant à attribuer, là comme ailleurs, à une seule et même phase de notre faune troisième.

Nous ferons remarquer, que la couche de minerai de fer exploitée au droit du moulin sous Tachlovitz, est intercalée à peu près à la limite entre les deux subdivisions **e 1 — e 2**, que nous venons d'indiquer dans notre étage **E**. La position de la galerie souterraine est figurée sur notre section, à côté du moulin.

Sur le profil de M. Krejči, ces deux subdivisions sont également marquées par les notations **Gr—E**. La puissante coulée de trapp que nous avons signalée à la base de notre étage **E**, a été aussi indiquée par notre contradicteur, mais d'une manière un peu discordante, savoir : sur le profil, au dessous des schistes à Graptolites où elle se trouve réellement ; sur la carte, au contraire, au milieu de ces mêmes schistes, où elle ne se trouve pas.

Suivant la stratification tracée sur ce profil, on croirait que la base de notre étage **E**, c. à d. la formation **Gr = e 1**, composée de schistes à Graptolites et de trapps, repose de la manière la plus discordante sur la tranche des couches presque verticales de **d 5**.

Rien de semblable n'existe dans la nature, car ces formations se superposent régulièrement sans aucune discordance sensible. On voit seulement çà et là, dans les masses schisteuses, les accidents très-limités que la compression a produits dans l'inclinaison de certaines petites parties, sans que la concordance générale des formations superposées puisse être mise en doute.

6. En continuant notre chemin ascendant suivant l'ordre de superposition, nous rencontrons l'étage **F**, un peu à l'aval du moulin de Tachlovitz. Dans cette localité, la puissance de **F** est peu considérable, et comme ses couches ne sont pas exploitées, nous avons eu peu d'occasions d'en recueillir les fossiles, qui paraissent très-rares. Les roches calcaires que nous atribuons à cet étage se montrent en stratification concordante avec celles de l'étage **E**.

La position de l'étage **F** est indiquée sur le profil et sur la carte de M. Krejči.

7. Par contraste, l'étage **G** est représenté dans cette contrée avec la plénitude de sa puissance, et avec ses trois subdivisions bien caractérisées, **g 1 — g 2 — g 3**, telles que nous les avons définies dans les chapitres précédens.

La bande inférieure **g 1**, dont les calcaires noduleux sont exploités en plusieurs carrières, sur les deux côteaux opposés du vallon, occupe sur notre profil une largeur horizontale de 300 à 400 mètres, en partie due à l'obliquité de la section. Elle nous a offert les *Dalmanites* propres à cet horizon, avec quelques Orthocères mal conservés, comme partout ailleurs dans cette formation.

8. La bande moyenne et schisteuse **g 2** suit immédiatement, selon l'ordre ascendant. Sa position est indiquée par le petit vallon latéral, qui aboutit dans le vallon de Tachlovitz au droit du moulin de Kalina (1) (*Untere Mühle* sur la carte réduite de l'Etat Major). Bien que la surface de ce petit vallon soit couverte par la terre végétale, les couches caractéristiques de **g 2** peuvent être observées dans une carrière placée au point où la digue de l'étang du moulin se rattache au côteau, rive gauche. On y voit en effet les schistes aux vives couleurs et les couches rouges à petits nodules, qui constituent la formation bigarrée, couronnant **g 2**. On retrouve encore des alternances des schistes de **g 2** avec les calcaires à gros nodules de **g 3**, dans le canal artificiel ouvert à travers le pied du côteau, sous le déversoir du même étang, c. à d. un peu au dessus des couches exposées dans la carrière mentionnée. Ces couches schisteuses renferment divers Brachiopodes de **g 2**, comme ceux dont nous avons ci-dessus signalé l'existence dans **g 3**, auprès de Trzebotov, savoir : *Chonetes novellus, Lingula cornea* &c.

La carte, le texte et le profil de M. Krejči nous montrent qu'il n'a pas observé cet affleurement de **g 2,** au droit du moulin de Kalina (**1**).

Environs de Cheynitz.

9. La bande calcaire supérieure **g 3** se présente immédiatement au dessus de **g 2,** et on peut étudier commodément ses couches minces, noduleuses, chargées de silex noirs, sur les talus du grand chemin conduisant de Prague à Karlstein par Cheynitz. Ces couches plongent encore régulièrement vers le Sud-Est, comme toutes celles que nous venons de traverser depuis le point de départ à Tachlovitz.

Après avoir ainsi remonté toute la série des formations de notre division supérieure, nous arrivons aux schistes culminans **H**, dont un lambeau est conservé dans un véritable pli synclinal, formé par les calcaires de **g 3.**

En franchissant l'axe de ce pli, nous aurons achevé de traverser le grand affleurement marginal de notre division supérieure sur son contour N. Ouest. Nous allons successivement traverser divers autres affleuremens parallèles, mais secondaires et plus ou moins incomplets, par l'absence des étages **E — F,** le plus souvent cachés tous l'étage **G.**

10. Ce premier lambeau de **H** que rencontre notre section est situé dans un petit vallon latéral, aboutissant au moulin de Gelinek, placé au pied du côteau gauche que nous suivons, vis-à-vis le village de Cheynitz, qui s'élève sur le côteau opposé.

Ce lambeau de **H** est composé comme ailleurs de schistes grisâtres, renfermant des lits minces de quartzites impurs. Ces roches, quoique un peu troublées, se montrent en stratification concordante sur les couches de **g 3,** formant la paroi Sud - Est du pli synclinal. Elles plongent par conséquent comme celles-ci vers le Nord-Ouest. La partie opposée de **H**, qui doit plonger vers le Sud-Est, si elle existe, est cachée sous le sol végétal, entre la route de Prague et le petit vallon latéral qui nous occupe.

La largeur de ce lambeau de **H** dans le sens de notre section, ne dépasse guère 150 à 200 mètres, et son étendue visible dans le sens du grand axe du bassin, ne paraît pas beaucoup plus considérable. Plus loin il disparaît sous le sol végétal du plateau.

A l'aide de la carte de M. Krejči nous reconnaissons aisément, que cette partie de **H** est la première figurée sur sa section, à partir de Tachlovitz. Malheureusement, au lieu de la dépression synclinale dans laquelle repose évidemment ce reste de **H**, M. Krejči l'a figuré comme s'il était recouvert du côté gauche par les couches de **G.** Ce recouvrement n'existe pas, et il est même impossible à cause de l'inclinaison synclinale des couches de **g 3**, que nous venons de constater, de chaque côté de ce petit vallon latéral.

A partir des schistes culminans de **H**, nous allons maintenant parcourir en descendant la série des bandes **g 3 — g 2 — g 1**, que nous venons de traverser en montant.

11. D'abord, entre les moulins de Gelinck et de Burian, nous traversons la masse des calcaires noduleux de **g 3**, c. à d. la nappe synclinale opposée à celle qui existe entre le même moulin de Gelinck et celui de Kalina (**1**), placé en amont.

Après avoir traversé cette masse de **g 3**, qui forme le long du vallon de Tachlovitz un escarpement élevé, exposant clairement toutes les couches, nous parvenons à un autre petit vallon latéral, au droit duquel est situé le moulin de Burian. Ce moulin est nommé *Malo Mleynsky* sur la carte du levé de l'Etat Major, mais sur la carte réduite, employée par M. Krejči, il n'est désigné par aucun nom.

Le petit vallon du moulin de Burian est creusé sur la tranche d'un nouvel affleurement de la bande schisteuse **g 2**, qui se fait reconnaître par tous ses caractères pétrographiques et paléontologiques.

Mais avant de nous éloigner de **g 3**, remarquons que ses couches inférieures sont des bancs solides d'une couleur rouge très-prononcée, et résultant de l'agglomération de petits nodules, comme ceux de la formation bigarrée, que nous allons rencontrer immédiatement au dessous. Ces bancs constituent un horizon important, parce qu'ils nous fournissent en cette localité, comme en bēaucoup d'autres, les mêmes espèces qui nous ont principalement enseigné à distinguer **g 3** aux environs de Hlubočep, savoir: *Goniat. plebeius,* avec divers *Phragmoceras* et *Orthoceras, Cardiomorpha fortis* &c.

Les géologues qui voudront bien s'arrêter un instant au pied des escarpemens, à quelques pas en amont de l'étuve à sécher les fruits, *(Sušarna)* pourront reconnaître à quelques mètres de hauteur, sur la paroi de l'une de ces couches rouges, l'impression creuse d'un *Phragmoceras,* recueilli par nous et figuré sur les planches de notre Vol. II. Ils verront aussi un peu plus bas dans cette roche, un spécimen de *Calamopora Bohemica,* semblable à ceux que fournit la carrière nouvelle de Schvagerka, près Hlubočep, dans la bande **g 1.**

12. Immédiatement au dessous de ces bancs solides et fossilifères, on voit les couches rouges, encore schisteuses et composées des mêmes petits nodules non aggrégés. Elles appartiennent à la formation bigarrée et elles recouvrent les schistes aux vives nuances vertes &c. qui

concourent avec elles à constater d'une manière indubitable, l'horizon des dépôts qui couronnent habituellement la bande **g 2**.

La partie centrale et la moins résistante de cette bande, aux dépens de laquelle a été creusé le petit vallon latéral où nous sommes, est cachée par la terre végétale. Mais elle se montre encore suffisamment à découvert, sur les talus du chemin qui monte du moulin Burian vers les côteaux. Là, nous avons recueilli les fossiles caractéristiques de cette formation.

Au dessous de ces schistes, dans la série verticale, nous signalons encore la carrière au pied du côteau, tout près du moulin, comme présentant à la base de **g 2** l'alternance ordinaire des couches schisteuses avec des rangées de sphéroides calcaires, ou avec des couches de cette roche. C'est la transition normale entre la bande **g 2** et la bande **g 1**, à laquelle nous arrivons.

A partir de cet horizon, la puissante bande **g 1** constitue des hauteurs un peu ondulées au sommet et interposées entre le petit vallon du moulin Burian que nous quittons, et le petit vallon suivant, qui aboutit au moulin Dvoržak, dont nous allons parler. C'est le moulin nommé *Dubecky mleyn* sur la carte réduite de l'Etat Major.

13. Mais nous suspendons un instant notre marche pour appeler l'attention sur un fait évident. C'est que si l'on observe la tranche à découvert des subdivisions que nous venons de traverser à partir du moulin de Gelinek, savoir **H — g 3 — g 2 — g 1**, on reconnaît que ces quatre formations sont en parfaite concordance entre elles, et qu'elles complétent le grand pli synclinal dont nous avons antérieurement décrit les nappes symétriquement opposées, à partir de l'étage **F** sous Tachlovitz, jusqu'au moulin de Gelinek, situé sur l'axe de ce pli.

Ainsi, pour parvenir au point de notre section où nous sommes, nous avons déjà traversé une fois en montant, et une fois en descendant, toute la série géologique des formations qui représentent les deux étages **G** et **H** objets de cette étude.

En confrontant la carte, la section et le texte de M. Krejči, nous constatons qu'il n'a pas observé l'existence de la bande schisteuse **g 2** au droit du moulin Burian, où elle occupe environ 150 mètres de largeur.

Reprenons maintenant notre marche à partir du moulin Burian.

14. La colline calcaire que nous traversons sur environ 200 à 300 mètres de largeur, entre les petits vallons latéraux des moulins Burian et Dvoržak, se distingue de toutes les précédentes parce qu'elle représente un pli anticlinal de **g 1**. Les couches de cette bande étant à découvert sur de grandes surfaces incultes et dans diverses carrières, il est facile de constater leurs inclinaisons opposées sur les deux versants de cette colline. L'inclinaison des calcaires de **g 1** devient presque verticale, sur le penchant qui se rapproche du moulin de Dvoržak.

15. Sur ce même penchant, sillonné par divers ravins, il est très-aisé de constater la présence de la bande schisteuse **g 2**, reposant en stratification concordante, c. à d. avec des couches presque verticales, sur les calcaires noduleux de **g 1**. Remarquons que le passage de ces calcaires aux schistes de **g 2** s'opère brusquement et contraste avec la transition graduée que nous observons ordinairement entre ces deux mêmes formations, par une suite d'alternances.

Dans le voisinage de **g 1**, les schistes de **g 2** renferment des séries régulières, plus ou moins espacées, de sphéroides calcaires. Ils se distinguent aussi par leurs nuances variées et en partie très-prononcées. Outre ces apparences pétrographiques, ils offrent les fossiles les plus caractéristiques de cet horizon, et dont nous nous dispensons de répéter les noms.

En s'éloignant de **g 1,** à 60 ou 80 mètres seulement, on voit les sphéroides disparaître. C'est ce que constatent les débris extraits d'une fouille de recherche qui a été faite il y a quelques années, dans le fond même du petit vallon, a environ 200 mètres du moulin de Dvoržak.

Au dessus de ces couches purement schisteuses, nous voyons apparaître une masse puissante de trapps renfermant diverses enclaves des schistes de **g 2,** avec des sphéroides calcaires. La forme irrégulière de ces enclaves et leur inclinaison variable contribuent à montrer, qu'elles ont été détachées et soulevées en désordre, par la matière d'origine ignée qui les enveloppe. Leurs dimensions sont assez considérables. Leur épaisseur, très-inconstante, serait difficile à apprécier, mais s'élève à plusieurs mètres en certains points.

La largeur de la masse trappéenne paraît au moins de 100 mètres dans la direction de notre section, et ce chiffre n'est peut-être pas supérieur à celui de son épaisseur réelle. Nous ne pouvons pas la reconnaître, parce que sa limite supérieure disparaît sous les débris et gazons qui couvrent le sommet de la colline, sur laquelle s'étendent les bois, dans la direction de notre profil.

Les documens de M. Krejči s'accordent pour nous montrer, qu'il a reconnu cet affleurement, au droit du moulin Dvoržak, nommé Dubecky sur sa carte. Mais il l'a considéré comme un lambeau de **II.** C'est le second marqué sur sa section à partir de Tachlovitz, avec cette notation.

16. D'après les obstacles que nous venons de signaler à la surface du sol, il nous a été impossible de recon-

naître exactement la disposition stratigraphique des formations traversées immédiatement au-delà du petit vallon de Dvoržak, en allant vers Chotecz. Nous ne pouvons pas constater si la bande **g 3** est réellement représentée au dessus de la bande **g 2**, comme nous le supposons. Nous jugeons seulement par le désordre qui règne dans l'inclinaison des couches calcaires constituant un massif puissant, qu'il doit exister sur ce point une forte perturbation. Elle consiste vraisemblablement en une faille et un pli anticlinal, combinés de manière à ramener la bande **g 1** à la surface. La figure que nous donnons de cette dislocation est purement idéale.

Dans tous les cas, après avoir franchi ce passage obscur, nous retrouvons la masse de la bande **g 1**, telle que nous la figurons, en amont du moulin de Chotecz et de la chaussée de Prague. Il est facile d'ailleurs, de constater la nature des ces calcaires par la fréquence des fragmens de *Dalmanites*, qui se trouvent parmi les débris des roches couvrant les talus des escarpemens, sur la rive gauche du ruisseau que nous suivons.

M. Krejči a aussi figuré sur sa section un large pli anticlinal de notre étage **G** entre le moulin Dvoržak et Chotecz, sans hésiter au sujet des obscurités que nous signalons.

Environs de Chotecz.

17. Nous arrivons maintenant à Chotecz, situé sur le côteau droit du vallon, vis-à-vis la chaussée de Prague que nous indiquons sur le côteau gauche, et au dessus du moulin de même nom. Cette localité appelle notre attention par les dislocations multipliées et la variété des formations qu'elle présente, sur un espace peu étendu.

Toutes ces formations traversant le vallon suivant une direction très oblique, cette circonstance paraît un peu compliquer les apparences stratigraphiques, aux yeux de celui qui visite pour la première fois cette partie de notre terrain.

Le grand massif calcaire que nous venons de traverser est terminé par une gorge latérale profonde, et dans laquelle la chaussée venant de Prague descend par une longue rampe jusqu'au moulin de Chotecz. Cette gorge encaissée entre deux masses calcaires, est creusée sur la tranche de la bande schisteuse **g 2,** dont les couches sont relevées presque verticalement, et sont à découvert sur les deux talus de la route. Elles se composent comme ailleurs de schistes aux couleurs variées et renfermant des sphéroides calcaires. Sur le talus gauche de la route, on voit également les couches bigarrées à leur place normale, c. à d. au sommet de la bande **g 2.** Enfin, entre les couches aux petits nodules calcaires et les bancs de la bande **g 3,** on aperçoit une coulée de trapp, régulièrement interstratifiée, et dont l'épaisseur est d'environ 1 à 2 mètres. Cette couche paraît discontinue, mais elle occupe le même horizon qu'au droit du moulin de Dvoržak, dont nous venons de parler.

18. La bande schisteuse **g 2** est immédiatement recouverte en stratification concordante, par un lambeau de la bande **g 3,** qui s'élève sous la forme d'une crête escarpée et s'avance comme une sorte de haute muraille jusque dans le vallon, vis-à-vis le village de Chotecz. Bien que disparaissant en grande partie sous le sol boisé, vers le plateau, ce lambeau peut être suivi à la faveur de quelques ravins.

On peut concevoir, que cette crête a été formée par le reploiement synclinal de la bande **g 3,** dont les couches auraient été appliquées sur elles-mêmes après l'enlèvement complet de l'étage **II,** qui recouvrait originairement leur surface.

Ou pourrait également admettre, avec autant de vraisemblance, que cette crête calcaire est uniquement composée d'un simple lambeau de **g 3**, redressé et isolé entre les schistes de **g 2**, sans le reploiement que suppose notre section. Les circonstances locales ne permettent pas de reconnaître nettement laquelle de ces deux combinaisons est la véritable.

19. Dans tous les cas, l'isolement de ce lambeau de la bande **g 3** est confirmé par les observations qu'on peut faire dans une seconde gorge latérale, semblable à celle de la chaussée de Prague, mais cachée dans les bois et aboutissant dans le vallon au droit de la maison du garde. En effet, cette seconde gorge est creusée comme la première sur la tranche des schistes de **g 2**. Mais l'inclinaison opposée que montrent ces schistes à sphéroides calcaires, prouve qu'ils représentent le sommet d'un petit pli anticlinal, redressant de chaque côté, presque verticalement, les strates calcaires de la bande **g 3**, comme nous l'indiquons dans notre section, sauf les troubles d'ordre secondaire, et sans importance, que nous négligeons.

20. Au-delà de cette seconde gorge, nous retrouvons en effet les couches de **g 3** relevées de manière à former une nouvelle crête, semblable à celle qui longe la chaussée de Prague, mais moins considérable. Elle est placée au droit du moulin Vesely, nommé *Miechurer Mühle* sur la carte réduite de l'Etat Major.

Cette crête résulte de la flexion brusque de la bande **g 3**, dont les couches presque verticales longent le talus du chemin qui monte du moulin Vesely vers le plateau. Mais à partir de ce point, la bande **g 3** se prolonge avec une grande régularité jusque au-delà du moulin Zimmermann. Elle montre sa tranche à découvert dans tout cet intervalle, le long du côteau, en s'élevant sous une faible inclinaison jusqu'au niveau de la plaine, où elle disparaît sous le sol végétal.

Au droit du moulin Vesely, on voit la même bande **g 3** traverser le vallon sous la forme d'une digue, à tra-

6*

vers laquelle on a ouvert un canal, pour le déversoir de l'étang.

21. Un fait important que nous avons à signaler dans cette localité, c'est que sur chacune des deux rives du ruisseau il existe un lambeau des schistes de l'étage **H**, reposant conformablement sur la surface des couches de **g 3**. Ce sont des schistes argileux, dépourvus de quartzites comme de sphéroides calcaires, très-fissiles et en partie noirs comme des schistes à Graptolites. Sur la rive droite, vis-à-vis le moulin Vesely, ils offrent beaucoup d'empreintes de *Fucoides Hostinensis*.

M. Krejči figure sur sa section deux lambeaux de notre étage **H** aux environs de Chotecz. Sa carte montre de plus, que l'un correspond à la route de Prague et l'autre passe par le moulin *Miechurer Mühle* ou Vesely. Cette dernière indication est donc exacte, sauf une circonstance importante, résultant de ce qui vient d'être dit. C'est qu'au droit de ce moulin, c. à d. vers l'extrémité droite de la section de M. Krejči, les couches de **H** au lieu d'être fortement inclinées et encastrées entre les calcaires de **G**, comme il les figure, sont étalées et presque horizontales.

Quant au lambeau de **H** que M. Krejči indique sur la route de Prague, vis-à-vis de Chotecz, il est évident que c'est simplement l'affleurement de la bande **g 2** que nous venons de décrire (p. 82).

Enfin, la carte et la section de M. Krejči s'accordent à constater, qu'il n'a pas reconnu l'existence du second affleurement de la même bande **g 2**, dans la gorge qui aboutit à la maison du garde, un peu en amont du moulin de Vesely.

22. A l'aval du moulin Zimmermann, le ruisseau que nous suivons décrit de très-grandes sinuosités, auxquelles

il est impossible de ployer notre section. Nous sommes donc obligé de la diriger en ligne droite, à partir de ce moulin, jusqu'à l'entrée du petit vallon latéral, qui descend de Zmrzlik et de Hinter Kopanina. Cette ligne laisse sur là droite toutes les sinuositées évitées. Mais comme elle se trouve à peu près parallèle à la direction commune de toutes les formations dans notre bassin, notre section devient beaucoup plus simple dans cette partie centrale que dans les deux parties extrêmes. Cependant, elle est encore instructive.

Ainsi, en nous éloignant du moulin Zimmermann à travers le plateau, nous voyons disparaître sous le sol les calcaires de la bande **g 3**. Dès que l'absence de la terre végétale nous permet d'observer de nouveau les roches en place, celle qui se présente sous nos pieds est la bande **g 2**. Elle est largement exposée, sur des surfaces dénuées de toute culture, entre les moulins de Kalina (2) et le moulin de Vavra, dit Vavroviiz. D'après ce qui vient d'être dit, ces moulins ne se trouvent pas immédiatement sur notre ligne, mais à deux ou trois centaines de mètres vers la droite.

C'est surtout sur une colline interposée longitudinalement entre le ravin dit *Panaczkova Rokle* et le vallon principal, que la bande **g 2** se montre à découvert. C'est aussi là que nous avons recueilli le plus grand nombre de ses fossiles, ainsi que le témoignent nos tableaux de distribution Chap. second, où le nom de Vavrovitz est fréquemment répété.

Sur la paroi gauche du ravin en question, on voit les schistes de **g 2** recouverts par les calcaires de la bande **g 3**, couronnant les hauteurs vers le Nord.

Après avoir franchi *Panaczkova Rokle* à son extrémité inférieure, notre section suit d'abord le chemin des voitures, qui conduit de Vavrovitz vers Hinter Kopanina.

Puis, sans quitter la bande **g 2**, exposée sur le versant des côteaux, mais diminuant graduellement de puissance et perdant de plus en plus son caractère de dépôt schisteux, elle atteint le petit vallon latéral vers lequel nous tendons.

Sur la paroi droite et presque verticale de ce petit vallon, à peu de distance au dessus de son embouchure dans le vallon principal, on trouve encore la bande **g 2** avec une épaisseur très-réduite et dans laquelle les calcaires prédominent sur les schistes. Les trapps sont aussi représentés au dessus de cette bande, comme dans les environs de Chotecz, mais seulement par de petits lambeaux, irrégulièrement enclavés entre les couches.

Au-delà de ce point, nous ne retrouvons plus la trace de **g 2**, qui se perd sous les débris et les bois.

Ce point extrême de la bande **g 2**, dans le petit vallon de Hinter Kopanina, est indiqué comme appartenant à notre étage **H** sur la section 10 de M. Krejči, que nous reproduisons fig. 5.

Nous reprenons maintenant notre marche parallèle au vallon pricipal, en descendant vers Lochkov et Radotin, et en suivant le côteau de la rive gauche.

23. A partir du petit vallon de Hinter Kopanina jusqu'au delà du moulin *Urban*, nommé *Breycay* sur la carte réduite, le massif calcaire que nous traversons représente la bande **g 1**, et montre dans sa stratification divers troubles d'ordre secondaire, qui ne peuvent paraître dans notre section.

Mais entre le moulin *Urban* et le moulin suivant, *Rutice*, nous rencontrons un bel exemple des plissemens internes d'une série de couches, entre des couches non plissées. Ici les couches externes formant un grand arc convexe vers le ciel, et dont la corde est d'environ 350 mètres au niveau du ruisseau, appartiennent encore à la bande **g 1.** Les couches internes, qui offrent une suite de plis serrés et irréguliers, sont celles de l'étage **F**, contrastant avec les premières par leur ténuité relative et leur couleur tirant sur le noir. Il nous semble même reconnaître au dessous d'elles quelques unes des couches de la bande sous jacente **e 2.** Nous prions le lecteur de remarquer que, par suite de la différence des échelles adoptées pour les hauteurs et les longueurs dans notre section, les proportions des plis se trouvent altérées, et que le nombre de ceux-ci est beaucoup plus considérable dans la réalité que dans notre dessin.

Sur la section de M. Krejči fig. 5, on ne trouve la trace ni de ces plissemens, ni de la présence de l'étage **F** dans cette localité.

Après avoir franchi ce grand arc convexe, nous retrouvons, au droit du moulin *Rutice*, la masse des calcaires de **g 1,** dont les couches, après plusieurs larges ondulations, reprennent une inclinaison régulière vers le Sud-Est, dans le voisinage du moulin *Hora.* Un peu plus loin, nous arrivons à un profond ravin latéral, où sont situées les grandes carrières dites *carrières de marbre.* C'est là qu'on exploite les dalles pour les trottoirs de Prague et les blocs de calcaire compacte, pour divers usages. Les couches sont en partie rouges et en partie jaunâtres. Nous y avons recueilli quelques *dalmanites,* avec des Orthocères mal conservés, comme partout ailleurs dans cette formation.

Le ravin des carrières représente à peu près l'axe d'un pli synclinal, dont la nappe opposée plongeant vers le Nord-Ouest, constitue le massif de **g 1,** placé vis-à-vis et à l'aval de celui qui est exploité.

Il est facile de reconnaître le massif de **g 1** et le ravin des carrières de marbre sur la section de M. Krejči, qui indique aussi les larges ondulations de cette bande.

Mais il a figuré les calcaires de ce ravin comme représentant l'étage **F**, peut-être à cause des couches de couleur rouge que cet étage renferme en d'autres localités, mais avec d'autres apparences, et surtout avec d'autres fossiles.

C'est une erreur dont il est facile de se convaincre. En effet, après avoir traversé la seconde nappe de **g 1**, à l'aval des carrières, nous rencontrons un peu à l'amont du moulin de *Scherbok*, nommé *Zeman* sur la carte réduite, un autre affleurement de notre étage **F**. C'est certainement celui que M. Krejči figure sur sa section, au dessous du nom de Lochkov. Il aurait donc pu remarquer que, sur ce point, comme dans toute la contrée voisine, cet étage en parfaite concordance avec les deux étages contigus, se compose de calcaires plus ou moins noirs, en couches peu épaisses, séparées par des lits de schistes de la même couleur. Ces apparences pétrographiques contrastent totalement avec celles des calcaires rouges et jaunes de **g 1**, dont les bancs épais sont exploités dans le ravin des carrières. D'ailleurs, à la distance d'environ 400 mètres, qui sépare ces deux points, on ne saurait concevoir un changement si complet dans l'aspect d'une même formation.

Environs de Lochkov.

24. Au dessous de cet affleurement de l'étage **F**, dans le voisinage du moulin de Scherbok, commence la série très-développée des calcaires de **e 2**, dont certaines couches sont très-riches en Céphalopodes, et se réproduisent à divers niveaux. Cette formation s'étend régulièrement avec de faibles variations dans l'inclinaison, jusqu'au petit vallon latéral qui descend de Lochkov vers le moulin *ů Drnu*, marqué, mais non nommé sur la carte réduite de l'Etat major.

Dans ce petit vallon, nous traversons une coulée de trapps, qui descend aussi des hauteurs de Lochkov, où elle se montre très puissante, sous les maisons même du village. L'horizon stratigraphique qu'elle occupe est rapproché de la limite entre les bandes **e 1 — e 2**. Mais on retrouve encore des schistes à Graptolites au dessus de ces trapps, comme nous allons le constater encore.

La bande **e 1**, qui suit immédiatement dans l'ordre descendant, paraît un peu moins développée, parce que sa partie la plus basse n'a pas été ramenée au jour par le redressement des couches.

La ligne de fracture suivant laquelle ce redressement a eu lieu, et que nous nommons faille de Lochkov, se voit clairement dans un grand ravin qui remonte vers ce village, parallèlement au petit vallon latéral que nous venons de mentionner. Les parois de ce ravin nous montrent des schistes noirs à Graptolites, relevés presque verticalement et appliqués contre la tranche des couches de **g 1**. Entre ces schistes, on trouve les sphéroïdes et les couches discontinues de calcaire, qui distinguent cette bande, et qui s'étendent verticalement jusqu'au dessus des trapps, au pied des collines formées par la bande calcaire **e 2**, dont nous venons de parler.

La série des formations **e 2 — e 1** est indiquée à sa place sur la section de M. Krejči, mais sans la masse de trapp interposée entre elles, au milieu du vallon de Lochkov.

25. En descendant à partir de la faille de Lochkov, nous trouvons une répétition complète de toute la série que nous venons de traverser savoir: **g 1 — F — e 2 — e 1**. Ces formations régulièrement superposées en stratification concordante, ne présentent aucun trouble notable, mais seulement de légères variations dans leur inclinaison, plongeant également vers le Nord-Ouest, comme dans la série précédente. Elles constituent ensemble le grand affleurement marginal Sud-Est de notre division supérieure, dans lequel on

doit remarquer quelques circonstances intéressantes, par lesquelles il diffère de l'affleurement marginal opposé, c. à d. Nord-Ouest, que nous avons décrit ci dessus à partir de Tachlovitz.

L'étage **G** n'est représenté que par sa bande inférieure **g 1**; mais l'absence des bandes **g 2** et **g 3** dans le côteau gauche du vallon que nous suivons, est uniquement l'oeuvre des dénudations, qui ont eu lieu avant le redressement des couches. En effet, ces deux formations, et particulièrement **g 2**, se voient en place sur le côteau droit du même vallon, au village de Kozořz, situé à peu près vis-à-vis Lochkov.

26. Au dessous de **g 1**, l'étage **F** est réduit à une épaisseur d'environ 40 mètres. Il se compose comme nous venons de le dire (p. 88) de couches de calcaire noir, séparées par des lits très-minces de schiste de la même nuance. Malgré ces apparences, qui contrastent avec les couleurs blanche et rouge qui distinguent le même étage dans la partie Sud-Ouest de notre bassin, nous trouvons dans cette localité, au droit du moulin *ů Hadrů*, divers fossiles caractéristiques de cet horizon, dans toute la partie Nord-Est de notre terrain, et dont plusieurs existent également dans la partie Sud-Ouest, comme *Natica gregaria, Harpes venulosus* &c. &c.

Ces couches de calcaire noir nous semblent représenter la partie inférieure de notre étage **F**, que nous nommerons **f 1**, pour la distinguer de la partie supérieure **f 2**, du même étage, dont les calcaires blancs et rouges ont fourni tant de fossiles, aux environs de Konieprus et de Mnienian. Ces notations n'ont pas été employées sur les sections que nous publions aujourd'hui, parce qu'elles ne traversent aucune localité où les deux bandes de **F** existent à la fois.

Outre la couleur noire qui établit une connexion et une sorte de continuité pétrographique entre notre étage

E et les calcaire de **f 1**, nous devons signaler, en cette occasion, un fait paléontologique plus important. C'est qu'il existe quelques rares impressions de Graptolites dans les couches minces de schiste noir, que nous venons de mentionner, entre les calcaires de **f 1**. On trouve notamment ces empreintes dans la carrière dite des *marbres noirs*, située dans la gorge qui, descendant de Kozořz, débouche dans le vallon de Radotin près du moulin *ů Hadru*, c. à d. sur le prolongement immédiat des couches qui nous occupent.

27. L'étage **E**, très-développé dans chacune de ses deux subdivisions **e 2 — e 1**, comme dans la série précédemment traversée, ne présente aucune modification remarquable dans ses roches. Cependant, nous devons faire observer une différence frappante entre les fossiles prédominans dans ces deux répétitions des mêmes formations, démembrées par le redressement.

En effet, nous avons déjà signalé ci-dessus (p. 88) le grand nombre des Céphalopodes renfermés dans les bancs calcaires de **e 2**, au droit de Lochkov et du moulin *U Drnů*. La même richesse se retrouve dans le prolongement de ces bancs sur le côteau droit du vallon. Ce sont des *Orthoceras, Cyrtoceras, Trochoceras, Ascoceras, Nautilus, Phragmoceras, Gomphoceras*, avec *Cardiola interrupta*, un petit nombre de Cardiacés et de rarès Gastéropodes.

Par contraste, les couches de **e 2**, dans leur affleurement marginal, contiennent relativement peu de Céphalopodes. Plusieurs des genres que nous venons de nommer n'y sont pas même représentés. Les bancs les plus riches en fossiles sont remplis, au contraire, de Gastéropodes du genre *Capulus* et de bivalves, les unes de la famille des Cardiacés, et les autres appartenant au genre nouveau que nous nommons *Antipleura*.

Sans toute, ce contraste entre les mollusques appartenant à une même bande, (mais nous nous garderons bien de dire aux mêmes bancs calcaires) dérive des circonstances relatives à l'habitat propre à chacune des classes, familles &c., que nous venons d'énumérer. Il y a donc là matière à des études bathymétriques, pour lesquelles nous invoquons encore les savantes méditations de notre ami M. le Prof. Suess, comme pour celles que nous lui avons déjà recommandées, au sujet des faunes propres aux bandes calçaires **g 1** — **g 3** (p. 41).

Environs de Radotin.

28. L'ordre de succession et de superposition des roches près de la limite de notre étage **E**, appelle aussi notre attention dans cette localité.

Notre section montre le fait important, que nous avons déjà constaté dans notre *Déf. II. p. 28* savoir: que la formation extrême de notre étage **E** en descendant, ou bien le dépôt initial de cet étage en remontant, consiste dans une masse de schistes noirs à Graptolites, dont la puissance s'élève de 50 à 60 mètres au fond du vallon, et va en diminuant vers le haut. Cette masse est si apparênte au pied du côteau gauche, le long du chemin de Radotin à Lochkov, qu'il est impossible à un géologue de ne pas l'apercevoir en passant, à moins qu'il ne ferme les yeux. Elle existe aussi dans le côteau droit, et, malgré les bois qui couvrent la surface, on peut aisément y constater sa présence, en se donnant la peine de gravir les ravins qui sillonnent cet escarpement abrupte.

Ces schistes à Graptolites reposent immédiatement et en stratification concordante sur les schistes gris et quartzites de **d 5.** Ainsi, la limite entre ces roches d'apparence contrastante, est aussi la limite très-distincte entre nos étages **D—E**, c. à d. entre nos deux divisions supérieure et inférieure.

Au dessus des schistes à Graptolites, c. à d. dans la bande **e 1**, il existe une coulée de trapp, dont l'épaisseur peut atteindre 100 mètres et au-delà. Elle est exploitée sur divers points de sa direction. Cette coulée renfermant des enclaves minces de schistes graptolitiques, avec quelques sphéroides calcaires et même quelques parties de schistes gris, nous avons montré dans la publication citée, que ce fait confirme l'antériorité du dépôt de ces schistes quelconques, par rapport à l'apparition de la roche plutonique, qui en a entraîné des lambeaux, en s'ouvrant un passage à travers le sol.

Ces faits étant établis, nous ferons remarquer, que la section de M. Krejči montre comme la nôtre l'ordre de superposition des divers étages à partir de la faille de Lochkov jusqu'à la base de l'étage **E**. Mais elle ne présente aucune trace de la masse des schistes à Graptolites, qui existe au dessous des trapps, et en contact avec la bande **d 5**. Cette suppression arbitraire d'une formation importante dans les questions débattues, ne saurait être passée sous silence, et nous ne pouvons la considérer que comme un expédient graphique, de même nature que celui que **M**. Krejči a employé pour faire disparaître sur sa carte la colonie de Tachlovitz (p. 69).

Nous répéterons donc à cette occassion la réflexion que nous avons déjà faite ci-dessus:

L'observateur qui a vu et figuré dans la même série notre étage **F**, occupant à peine une largeur de 40 mètres, et entièrement semblable par ses roches à l'étage contigu **E**, pouvait bien plus aisément voir et figurer les schistes à Graptolites, dont la puissance atteint 50 à 60 mètres, et dont les apparences contrastent avec celles des trapps et des quartzites, entre lesquels ils sont intercalés.

Nous ne rapellerons pas ici les combinaisons fantastiques imaginées par M. Lipold, pour transformer, à l'avantage de son système, l'ordre de superposition que nous venons de constater aux environs de Radotin. Le lecteur peut relire nos observations à ce sujet dans notre *Déf. II. p. 31.* Mais nous ferons remarquer un contraste important, entre la section de ce géologue en chef et celle de M. Krejči, publiée environ six mois plus tard, dans le même volume des annales officielles.

Tandis que M. Lipold, sur son profil *D E*, figure divers plis près Radotin, dans la région du contact entre nos étages **D—E**, M. Krejči n'indique aucun plissement, ni dislocation quelconque, dans la même partie du terrain. Au contraire, sa section Pl. 1. fig. 5 montre aussi bien que la nôtre, que les formations contigues de ces deux étages superposés, c. à d. **d 5 — e 1**, sont parfaitement concordantes entre elles. Nous louons hautement M. Krejči de cet acte de sincérité et nous regrettons vivement qu'il n'ait pas observé partout ailleurs avec les mêmes yeux.

Par exemple, si le lecteur veut bien comparer les extrémités opposées des deux sections de M. Krejči que nous reproduisons (Pl. 1. fig. 4—5) il verra qu'à Tachlovitz les couches de l'étage **E** sont figurées en complète discordance avec celles de **d 5**. Cependant, nous trouvons dans la réalité, que les relations entre ces formations contigues sont complètement identiques, c. à d. qu'à Tachlovitz comme à Radotin, la bande **d 5** et l'étage **E** sont parfaitement conformables. Cette concordance existe de même tout autour de notre bassin calcaire, c. à d. dans toute la zone coloniale.

En présence de ce fait général, il nous est impossible de concevoir, comment M. Krejči a pu supposer dans la bande **d 5** les plis et discordances qu'il lui prête gratuitement, dans ses profils: 6—7—8—9—11—12—13—14—15, constituant environ les deux tiers des sections officiellement publiées à l'appui de son mémoire allemand. *(Jahrb. d. k. R. A. XII. Pl. 4. 1862.)* Par exception, nous retrouvons en quelques points sur ces profils, la bande **d 5** avec sa stratification véritable, c. à d. en concordance avec l'étage **E**, comme aux environs de Radotin, sur le profil 10, reproduit sur notre Pl. 1. fig. 5.

29. Au droit de la section de **d 5** près Radotin, nous montrons, par un petit profil parallèle, la position occupée dans cette bande par la colonie de Lahovska, à la distance d'environ 1400 mètres vers le Nord-Est. La description de cette Colonie ne peut entrer dans notre travail actuel. Nous nous réservons de faire connaître plus tard les circonstances remarquables de sa position stratigraphique, en harmonie avec celles que nous offrent d'autres enclaves coloniales, qui nous restent également à décrire. Mais le lecteur ne manquera pas d'observer la symétrie qui existe dans la position des colonies de Tachlovitz et de Lahovska, sur les bords opposés de notre division supérieure. Ce fait général, que nous signalons en passant, sera convenablement mis en lumière dans les documens que nous préparons.

30. En somme, la section entre Tachlovitz et Radotin nous offre des exemples multipliés des dislocations diverses, qu'ont subies les étages de notre division supérieure, occupant la partie centrale de notre bassin.

Par contraste, cette même section nous fournit l'occasion de constater la régularité générale de la stratification dans la zone des Colonies, c. à d. dans l'ensemble des dépôts qui pourraient être considérés comme constituant une sorte de transition entre nos étages **D — E**. Cette régularité mérite d'autant plus notre attention, que les bandes contiguës **d 5 — e 1** sont précisément celles qui présentent la trace des déversemens de trapps les plus fréquens dans notre terrain.

Après avoir exposé sur la section entre Tachlovitz et Radotin, le plus grand développement vertical et horizontal de notre étage **G**, dans la partie centrale de notre division supérieure, nous nous transportons vers l'extrémité

Nord-Est du bassin calcaire, pour montrer ce même étage réduit à deux lambeaux isolés de sa bande inférieure **g 1**, situés sur la rive droite de la Moldau à 3 ou 4 Kilomètres en amont de Prague.

Dans ce but, nous présentons la section Pl. 1. fig. 2, passant par les carrières de Dvoretz et de Branik, qui ont fourni tant de fossiles connus des savans. L'étude de cette section prolongée vers le Sud à travers la bande **d 5**, nous offrira l'occasion de signaler la position de certaines colonies, dont nous n'avons pas fait mention jusqu'à ce jour.

Mais avant de quitter le vallon de Tachlovitz à Radotin, nous donnons le tableau annoncé ci-dessus et destiné à montrer l'identité des moulins connus successivement sous divers noms.

Noms des moulins situés dans le vallon de Tachlovitz à Radotin.

Noms actuels.	Noms anciens.
1. Moulin de Tachlovitz, à l'aval du village.	*Mittlere Mühle* sur les deux cartes de l'Etat major.
2. M. Kalina (1) ou Kalinovitz, un peu à l'amont de Cheynitz.	*Untere Mühle* sur les deux cartes.
3. M. Gelinek, vis-à-vis Cheynitz.	Non marqué sur les deux cartes.
4. M. Burian.	*Malo Mleynsky* sur la carte du levé. — Marqué mais non nommé sur la carte réduite.
5. M. Dvoržak.	*Dubecky Mleyn* sur la carte réduite. — Marqué mais non nommé sur la carte du levé.

Noms actuels.	Noms anciens.
6. M. de Chotecz.	Non marqué et non nommé sur les deux cartes.
7. M. Vesely.	*Miechurer Mleyn* sur les deux cartes.
8. M. Zimmermann ou *Cvrč-kovsky Mleyn*.	*Radiner Mühle* sur la carte du levé. — Non figuré et non nommé sur la carte réduite.
9. M. Kalina (2) ou Kalino-vitz (2).	*Voržecher Mühle* sur les deux cartes.
10. M. Vavra ou Vavrovitz.	Non figuré, non nommé sur les deux cartes.

Entrée du vallon de Hinter Kopanina.

11. M. Urban, jadis Brejka.	*Bregcay* sur les deux cartes.
12. M. Rutice.	*Ruticke Mühle* sur les deux cartes.
13. M. Hora.	*Hora Mühle* sur les deux cartes.

Carrières de marbre de Slivenetz.

14. M. Scherbok.	*Zeman Mühle* sur les deux cartes.
15. M. ů Drnů, au droit et sous Lochkov.	Marqué, non nommé sur les deux cartes.
16. M. ů Hadrů.	*Hadrů Mühle* sur les deux cartes.
17. Radotin.	

II. Section suivant les carrières de Dvoretz et Branik, prolongée vers le Sud-Est jusqu'au vallon de Lhotka.

Pl. 1. fig. 2.

Cette section transverse est un peu oblique au grand axe de notre bassin calcaire. Elle est tracée à peu près parallèlement au cours de la Moldau, suivant des lignes brisées, afin de rencontrer les points les plus instructifs du terrain.

L'un des premiers problèmes stratigraphiques qui nous ont occupé en Bohême, a été l'interprétation des apparences que présente cette section aux environs de Dvoretz et de Branik. Cette explication paraît bien simple aujourd'hui, d'après notre profil, sur lequel la nature différente de chaque formation est indiquée. Cependant, elle ne s'est complètement manifestée à notre esprit qu'après la recherche prolongée et la comparaison des fossiles de toutes les subdivisions, durant plusieurs années.

En 1843, nous avons exposé cette interprétation à notre illustre maître et ami, Sir Rod. Murchison, et au Prof. Zippe, qui nous accompagnait dans notre excursion. L'un et l'autre l'ont trouvée satisfaisante.

En 1849, nous avons communiqué notre explication à M. Krejči, qui a bien voulu mentionner ce fait d'une manière aussi honorable pour lui que pour nous, dans les termes suivans, que nous traduisons:

„On trouve sur la rive droite de la Moldau, près des villages de Podol, Dvoretz et Branik une des dislocations les plus remarquables et les plus instructives. M. Barrande qui l'avait reconnue et étudiée depuis longtemps, me l'expliqua il y a environ dix ans, et elle me servit principalement de point de départ pour rechercher les autres dislocations de la division silurienne supérieure." *(Jahrb. d. k. R. A. XII. — p. 276. 1862.)*

Ce passage nous fait vivement regretter que M. Krejči, converti par nous à la croyance des dislocations du terrain, se soit laissé entraîner par son zèle de néophyte à voir partout des dislocations dans notre zone des Colonies, où elles n'existent pas. On pourrait vraiment nous reprocher de lui avoir mal enseigné à distinguer une dislocation véritable de toute autre apparence stratigraphique inattendue comme celle de nos enclaves coloniales.

Dans tous les cas, le croquis que donne M. Krejči à l'appui de sa description des environs de Dvoretz et de Branik, doit être considéré comme dérivant de nous, et nous sommes par conséquent responsable des erreurs qu'il contient et que nous allons signaler. Nous reproduisons ce croquis sur notre Pl. 1 fig. 1, d'après l'original inséré dans le texte de M. Krejči. *(Jahrb. d. k. R. A. XII. p. 276. 1862.)*

Toutes les apparences s'expliquent très-aisément dans cette localité, si l'on reconnaît avant tout l'existence d'une ligne de fracture, dirigée à peu près suivant l'axe longitudinal de notre bassin, et située contre les grandes carrières de Branik, immédiatement à l'aval du village. Cette fracture est indiquée sur notre section Pl. 1. fig. 2, et pour la distinguer de toute autre, nous la nommons faille de Branik.

La fracture admise, on peut concevoir que les deux parties disjointes de notre bassin, au lieu d'être relevées avec des inclinaisons synclinales, comme les deux parois du vallon de Hlubočep, ou avec des inclinaisons anticlinales, comme les hauteurs de Divči Hrady, (Pl. 2 fig. 1) ont été redressées presque parallèlement l'une à l'autre, avec une inclinaison semblable vers le Nord-Ouest, et sous un angle peu différent.

7*

Nous ajoùterons, que les mouvemens de ces deux masses ont été facilités par une autre fracture beaucoup plus considérable, transverse au bassin, et dans laquelle coule la rivière de la Moldau, le long des villages de Branik et Dvoretz, justement au pied des escarpemens que nous figurons.

Par l'effet naturel de la faille de Branik, toutes les formations présentes dans cette partie de notre terrain, c. à d. sur la rive droite de la Moldau, se reproduisent régulièrement deux fois, suivant l'ordre naturel de leur superposition, que nous allons rappeler.

La formation la plus profonde, ramenée par le redressement à la surface du sol, est notre bande **d 5**, que l'on voit à gauche de la ligne de fracture, et dont les couches relevées ont l'air de reposer sur la masse calcaire de notre étage **G — g 1**. C'est dans cette masse schisteuse, peu résistante, qu'a été creusé le petit vallon qui sépare Branik de Dvoretz.

En partant de la faille, si nous remontons la série vers la gauche, nous rencontrons successivement au dessus de la bande schisteuse **d 5**, couronnant notre étage **D**, les divers étages de notre division supérieure, suivant l'ordre de superposition que nous figurons par les lignes suivantes :

5. **G — g 1** Calcaires à *Dalman. Hausmanni.*
4. **F.** Calcaires à *Bront. umbellifer.*
3.   e 2 Calcaires à *Cardiola interrupta,* à Céphalopodes &c.
2. **E.**   e 1 Schistes à Graptolites, à sphéroides calcaires et alternant avec des coulées de trapp.
1. **D** **d 5** Schistes gris jaunâtres, alternant avec des lits de quartzites.

Ligne de fracture, à la base.

Nous rappelons en passant, que les deux bandes **g 2** et **g 3** manquent complètement sur cette rive de la Moldau, comme nous l'avons constaté ci-dessus et comme nous le montrerons dans la seconde partie de cette étude. L'étage **H** y manque également, ainsi que nous allons le démontrer tout à l'heure.

A partir de la même faille, si nous descendons la série vers la droite, nous traverserons les mêmes formations, dans le même ordre de superposition que nous venons d'indiquer à partir de la bande **g 1** jusqu'à notre étage **D**. Seulement, nous remarquerons un amoindrissement dans l'épaisseur de l'étage **E**, tandis que les dépôts de notre bande **d 5** se montrent dans la plénitude de leur puissance, au delà de **Branik**, vers le Sud-Est.

Il serait aussi possible que l'étage **F** indiqué sur notre section, mais dont l'affleurement est caché sous le sol, eût réellement déjà disparu au droit de Branik, en s'amincissant vers le bord du bassin calcaire.

La répétition des étages que nous signalons est nettement figurée sur le croquis de M. Krejči, et expliquée dans son texte, sauf deux erreurs, que nous lui avons transmises en 1849, avec notre explication. Elles dérivent de ce que la ligne de fracture nous semblant alors correspondre au *Thalweg* du vallon, nous considérions les schistes placés à gauche de cette ligne comme appartenant à notre bande **d 4**, tandis qu'à la droite de la même fracture, nous admettions la présence d'un lambeau de **H**, reposant comme ailleurs sur les calcaires de l'étage **G**. Les apparences pétrographiques de ce lambeau se prêtaient à notre illusion.

Nos études depuis 1849 nous ont démontré notre double erreur, et nous constatons maintenant, que les schistes et quartzites attribués par nous à la bande **d 4** et à l'étage **H**, appartiennent tous également à notre bande **d 5**. Nous allons donc assigner aujourd'hui à la ligne de fracture sa véritable position.

Déjà en 1860, dans notre mémoire intitulé *Colonies (Bull. soc. Géol. XVII. p. 616. 1860)* nous avons expliqué et rectifié notre erreur relative à la bande **d 4** indiquée au lieu de **d 5** dans toute cette partie de notre bassin. **M.** Krejči aurait donc pu faire la même rectification en 1862. Excusons son oubli.

Quant à l'étage **H** que nous avions supposé représenté par la série des schistes et quartzites placés immédiatement au dessus des calcaires de **G** à Branik, notre erreur ne s'est manifestée à nous, que lorsque nous avons découvert dans cette série un fait bien inattendu. Ce fait consiste dans la présence d'une colonie, que nous nommons *Colonie de Branik*, et sur laquelle nous appelons pour un instant toute l'attention des géologues.

Colonie de Branik.

Les couches de schistes gris et de quartzites impurs, reposant sur la masse calcaire de Branik, sont presque entièrement dépourvues de fossiles. Cette circonstance rend encore plus remarquable la présence des espèces coloniales dans quelques couches irrégulièrement disséminées entre les schistes gris, et dont l'épaisseur varie de 6 à 15 centimètres. Les unes sont schisteuses et noirâtres; les autres compactes et grisâtres, offrent au premier coup d'oeil l'apparence de quartzites impurs et terreux. Toutes contiennent une forte proportion de carbonate de chaux. Il existe aussi dans les mêmes schistes quelques sphéroides de calcaire noir, comme ceux dont nous avons signalé la présence dans diverses colonies.

Les limites exactes entre lesquelles ces couches fossilifères sont distribuées n'ont pas pu être jusqu'ici déterminées, à cause des circonstances dérivant du voisinage immédiat des habitations. Mais elles comprennent un espace vertical de 30 à 40 mètres et peut-être plus.

Ces couches sont interstratifiées dans la masse des schistes gris avec une telle régularité, qu'on ne peut les distinguer qu'à l'aide de leurs fossiles.

Nous n'avons aperçu dans cette série aucune trace de trapp, tandisque les deux lambeaux de l'étage **E** qu'on voit sur la même section, présentent chacun la répétition de deux coulées distinctes et semblablement placées, suivant l'ordre stratigraphique.

Les principaux fossiles recueillis dans cette colonie sont :

Orthoceras originale	Barr.
Orthoceras valens	Barr.
Orthoceras socium	Barr.
Cardiola interrupta	Sow.
Graptolites colonus	Barr.
Fucoides Hostinensis	Barr.

On sait que tous ces fossiles se trouvent également dans les dépôts inférieurs de notre étage **E**.

Ainsi, toutes les circonstances stratigraphiques et paléontologiques concourent à démontrer l'origine coloniale des espèces renfermées dans ces couches, au milieu d'une si puissante masse presque dépourvue de fossiles.

Pour que chacun puisse immédiatement rencontrer cette enclave, sans perte de temps, nous dirons qu'elle est située principalement derrière la sixième petite maison à partir du vallon de Dvoretz, dans la rangée parallèle à la Moldau, c. à d. vers le milieu de cette rangée. Cette maison porte le Nr. 113 et ses habitans sont très disposés à montrer à tout venant les couches fossilifères, dont nous leur avons révélé l'existence. Ces couches s'étendent derrière les maisons voisines.

Du fait nouveau que nous venons de signaler, dérivent évidemment à nos yeux les conclusions suivantes:

1. Puisque la série de schistes et quartzites, reposant sur les calcaires de Branik, renferme une Colonie, cette série appartient à la zone coloniale, c. à d. à notre bande **d 5**.

Si l'on voulait persister à considérer cette même série comme représentant un lambeau de notre étage **H**, il faudrait inévitablement admettre une réapparition extrêmement arriérée des Graptolites.

Pour donner une idée de cette intermittence, nous constatons qu'en Bohême les espèces graptolitiques se trouvent rarement vers le sommet de notre étage **E**. Ce n'est que par une rare exception qu'elles se propagent jusque dans les couches schisteuses, alternant dans quelques localités avec les calcaires noirs, à la base de notre étage **F**, comme dans les environs de Lochkov (p. 91).

Il est inoui jusqu'à ce jour, qu'une trace quelconque de Graptolite ait été trouvée, ni dans les calcaires blancs de notre étage **F**, ni dans les formations calcaires ou schisteuses de notre étage **G**. Ces deux étages ayant ensemble une épaisseur de 400 à 500 mètres, dont la plus grande partie est composée de calcaires compactes, le temps nécessaire pour leur dépôt représenterait l'intervalle entre les deux apparitions successives des Graptolites.

Or, cet intervalle de temps embrasse l'existence totale et l'extinction de deux phases bien distinctes de notre faune troisième, renfermées dans les deux étages **F — G**, et offrant chacune des preuves de diverses rénovations secondaires, très-marquées, comme dans les bandes **g 1 — g 2 — g 3**.

Par conséquent, la réapparition des Graptolites dans notre étage **H** constituerait un fait de *migration et retour* bien autrement merveilleux et bien plus fatal aux doctrines soi-disant orthodoxes, que le fait analogue, constaté par nos colonies ; car, nos colonies et notre étage **E** ne représentent ensemble qu'une seule et même phase de notre faune troisième.

D'après ces considérations, et même sans invoquer des observations pétrographiques, qui trouveront leur place ailleurs, nous sommes autorisé à conclure, que la série des schistes et quartzites reposant immédiatement sur les calcaires de notre étage **G**, à Branik, appartient à notre bande **d 5** et non à notre étage **H**, comme nous le supposions en 1849.

2. Par conséquent aussi, la ligne de fracture que nous avions d'abord conçue comme dirigée suivant le *Thalweg* du petit vallon, entre Dvoretz et Branik, doit être reportée là où nous la figurons aujourd'hui, c. à d. contre la masse des calcaires de **G**, exploitée dans les plus anciennes carrières, à l'aval de ce dernier village.

Continuons maintenant notre marche sur la section fig. 2, en descendant à travers les étages, au -dessous de la ligne de fracture de Branik.

Après avoir traversé pour la seconde fois les formation **g 1** — **F** — **e 2** — **e 1**, nous retrouvons sous la surface de ce village les schistes et quartzites de **d 5**, exposés avec toutes leurs apparences, dans les côteaux qui dominent les habitations vers le Nord-Est, hors de notre ligne de section.

Près des limites de Branik, nous rencontrons un mamelon de trapp, à moitié rasé par des carrières depuis que nous le connaissons, et dont le sommet encore saillant au dessus de la plaine, porte plusieurs constructions.

Colonie de Hodkoviček.

Ces trapps forment le prolongement des coulées qui font partie de la Colonie de Hodkoviček, clairement visible dans une section naturelle et dans des carrières, au promontoire qui domine la vallée de la Moldau, un peu à l'aval de ce village. Il est aisé de s'assurer de la continuité de ces masses trappéennes, à partir de ce promontoire jusqu'au mamelon de Branik, en suivant le bord des côteaux revêtus par les roches plutoniques. Sur une longueur d'environ 1000 mètres, elles décrivent une ligne un peu courbe, et concave vers la rivière.

Mais tandis que, près de Hodkoviček, les schistes à Graptolites de cette Colonie se montrent aussi bien au dessus qu'au dessous des trapps, avec lesquels ils alternent plusieurs fois, leur présence ne peut être constatée, ni près du mamelon de Branik, ni le long des côteaux aboutissant au promontoire de Hodkoviček. Ce fait est en harmonie avec l'extension ordinairement très-limitée des dépôts coloniaux.

Cependant, on trouve entre le mamelon de trapp et le côteau voisin des traces de schistes noirs très-fissiles, et parmi lesquels peuvent bien exister quelques couches à Graptolites.

Pourrait-on considérer les Colonies de Branik et de Hodkoviček comme les parties d'une même enclave primitive, démembrée par les dislocations du terrain?

Jusqu'ici cette conception nous paraît sans vraisemblance, d'après les motifs suivans:

1. Les trapps manquent complètement dans la Colonie de Branik. Ils prédominent au contraire dans la Colonie comparée.

2. Les couches qui renferment les Graptolites à Branik, contrastent par toutes leurs apparences avec les schistes graptolitiques noirs, partiellement rubannés, de la Colonie de Hodkoviček.

3. En évaluant la profondeur relative de ces deux enclaves, au dessous de la limite inférieure de notre étage **E**, on reconnaît que la Colonie de Hodkoviček est placée sur un horizon notablement inférieur à celui de la Colonie de Branik.

D'après ces considérations, nous persisterons à regarder ces deux Colonies comme distinctes dans leur origine, jusqu'à ce que le fait contraire soit démontré.

L'existence de la Colonie de Hodkoviček, depuis longtemps connue de tout le monde, a été indiquée par **M.** Krejči dans son mémoire allemand p. 259, 1862, et aussi sur sa carte, 1860.

Reprenons maintenant notre marche.

A partir du mamelon de trapp de Branik, nous nous dirigerons en ligne droite vers un point du terrain très-aisé à reconnaître, et situé dans le petit vallon latéral, qui descend du village de Lhotka, vers la vallée de la Moldau. Ce petit vallon, très-ouvert dans sa partie supérieure, éprouve vers le bas un rétrécissement brusque, qui le réduit à une gorge de 20 à 30 mètres de largeur, entre les deux côteaux abruptes qui le resserrent de chaque côté. Le point vers lequel nous dirigeons notre section est précisément à la sortie de cette gorge du côté d'aval, et au pied du côteau droit, en descendant. Ce côteau se termine en cet endroit sous la forme d'un promontoire assez escarpé, formant la limite des bois, qui couvrent les hauteurs nommées *na Hajkach*. Quiconque visitera cette localité, se trouvera immédiatement orienté, d'après ces seules indications.

La direction que nous suivons étant ainsi déterminée, nous ferons d'abord remarquer, qu'elle est un peu oblique à celle des couches de **d 5**, que nous traversons.

La première colline que nous rencontrons est composée de quartzites plus ou moins purs, qui prédominent sur les lits des schistes argileux gris, avec lesquels ils alternent. Ces quartzites sont exploités dans une série de carrières, alignées sur la tranche des roches. A mesure que nous avançons vers le Sud, les quartzites deviennent moins fréquens et au contraire, les schistes gris en se multipliant, finissent par constituer à eux seuls tout le terrain.

Toutes ces couches offrent une direction uniforme et normale. Il en est de même de leur inclinaison, sauf quelques troubles partiels, dus à la compression, et dont nous avons voulu donner une idée sur le dessin de notre section, sans nous astreindre à reproduire minutieusement ces accidens sans importance.

Colonie de Vinice sous Modržan.

En arrivant près du promontoire dit *na Hajkach*, dont nous venons de parler, on trouve, sur le chemin même, les premières traces des schistes à Graptolites, en partie cachés sous les débris. Mais en explorant les talus de cette colline, on reconnaît aisément la présence d'une masse considérable de cette formation, qui est à découvert dans divers petits ravins, au sommet desquels elle disparaît sous le sol végétal. Les schistes sont noirs, très-fissiles, et présentent seulement de rares empreintes de Graptolites. Ils ne nous ont montré aucune trace de calcaire. Leur puissance peut être évaluée à 40 ou 50 mètres.

Des fragmens de trapp épars sur la surface du terrain, mais assez rares, indiquent l'existence d'une coulée, sans doute peu considérable, et dont l'affleurement est

caché. En outre, dans une carrière placée immédiatement
au dessous des schistes Graptolitiques, à l'entrée de la
gorge du vallon de Lhotka, nous avons observé quelques
couches minces de trapp, entre les lits de quartzites. Il
paraît donc certain, que la Colonie renferme quelques
trapps dans cette localité, comme sur d'autres points de
son étendue, où ils sont à découvert.

La masse des schistes noirs traverse obliquement le
petit vallon de Lhotka, et s'éléve en écharpe sur le talus
cultivé du côteau gauche, sur lequel nous avons d'abord
reconnu l'existence de cette Colonie. Malgré divers intervalles où elle disparaît sous le sol végétal, ou sous le diluvium des plateaux, elle peut être suivie en ligne droite
jusqu'au promontoire de Vinice, à l'aval de Modržan,
c. à d. sur une longueur d'environ 1000 mètres.

Sur le sommet de ce promontoire, dominant la vallée
de la Moldau, les trapps de cette enclave ont été exploités
dans des carrières où l'on peut constater, malgré divers
troubles locaux, qu'ils alternent deux à trois fois avec les
schistes à Graptolites. D'autres carrières plus considérables
dans la partie inférieure des escarpemens, sont ouvertes
dans des bancs de quartzites qui recouvrent la Colonie.
Au dessous de celle-ci, on ne peut reconnaître qu'une
grande masse de schistes gris, renfermant quelques lits
minces de quartzites, et qui s'étend vers Modržan. Le sol
végétal et les débris qui recouvrent le versant Ouest de
ce promontoire, empêchent de voir si cette Colonie se
prolonge plus loin dans la vallée de la Moldau.

Au premier aspect, en considérant la position stratigraphique des deux colonies de Hodkoviček et de Vinice
sous Modržan, on peut se demander si elles ne résultent
pas du redressement répété d'une même enclave primitive. Cette interprétation serait très-admissible, si elle
pouvait être appuyée par quelques observations posi-
tives. Mais au contraire, toutes les circonstances que nous

avons pu étudier tendent à nous détourner de cette supposition.

1. D'abord, si l'on compare le promontoire de Hodkoviček au promontoire de Vinice, où les sections des deux Colonies sont le mieux exposées, on voit dans le premier, que les masses de quartzite sont recouvertes par la Colonie, tandis que dans le second, la Colonie est au dessous des quartzites.

2. Au promontoire de Hodkoviček, les schistes à Graptolites sont en partie durcis et rubannés, et ils renferment quelques couches minces de calcaire. Rien de semblable ne se voit dans les schistes analogues, au promontoire de Vinice.

3. Dans la Colonie de Vinice, les Graptolites sont très-rares. Ils sont beaucoup plus fréquens dans la Colonie de Hodkoviček.

4. Les quartzites et schistes gris reposant sur la colonie de Vinice, renferment des globules remarquables, dont la grosseur varie à partir de celle d'un pois jusqu'à celle d'une forte noisette. Ces globules ne paraissent pas exister dans les couches de Hodkoviček.

5. Sur la carte de M. Krejči, édition de 1863, les quartzites de Hodkoviček sont coloriés comme couches de Kossov, c. à d. comme appartenant à notre bande **d 5,** tandis que les quartzites de Vinice sont figurés comme appartenant à notre bande **d 2.** Abstraction faite de toute erreur, cette distinction contribue à montrer, que ces roches ne paraissent pas identiques, ni dérivant d'un même dépôt.

6. En suivant l'enclave de Vinice vers le Nord-Est, on voit augmenter notablement l'épaisseur des schistes Graptolitiques, tandis que les trapps alternant avec eux

se réduisent beaucoup, et finissent par presqne s'évanouir au droit du vallon de Lhotka.

Au contraire, à partir du promontoire de Hodkoviček, en allant vers Branik, les schistes à Graptolites disparaissent à peu de distance, tandis que la masse trappéenne persiste et paraît même augmenter en épaisseur.

7. Enfin, si la grande puissance que présente la bande **d 5** au droit de notre section, semble prêter un appui à l'idée d'un redressement répété, nous ferons remarquer, que cette bande possède une puissance semblable dans toute son étendue, autour du bord Sud-Est de notre bassin calcaire. C'est un fait qui sera démontré par toutes les sections que nous avons préparées, pour la description des colonies placées dans cette contrée.

Ainsi, sans offrir une certitude absolue, toutes nos observations tendent à confirmer l'indépendance des Colonies de Hodkoviček et de Vinice, sous le rapport de leur origine. Nous avons établi ci-dessus la même indépendance pour la Colonie de Branik. Par conséquent, les immigrations coloniales se seraient répétées au moins trois fois dans cette partie de notre bassin, durant la dernière phase de notre faune seconde. Si on remarque qu'un seul observateur comme nous est dans l'impossibilité de scruter une à une toutes les couches de la bande **d 5,** on concevra que ce chiffre est vraisemblablement au dessous de la réalité.

Dans tous les cas, nous constatons à cette occasion, que nous connaissons aussi, au moins trois répétitions successives des dépôts graptolitiques, dans la hauteur de la zone des Colonies, sur d'autres points de notre bassin, où les circonstances stratigraphiques démontrent, que ces dépôts ont été réellement espacés dans la série des temps.

La Colonie de Vinice sous Modržan n'a pas été observée par nos contradicteurs. En passant au pied du promontoire où ils ont vu les quartzites, qu'ils attribuent par erreur à notre bande **d 2**, ils ont négligé de gravir le sommet des escarpemens, où les schistes à Graptolites et les **trapps** sont à découvert dans des carrières. Ils n'ont pas songé davantage à étudier les côteaux du petit vallon de Lhotka, où cette Colonie n'est pas moins reconnaissable.

III. Tracé des affleuremens des bandes g 1 — g 2 — g 3.

Pour exposer à nos savans lecteurs d'une manière claire et intelligible l'étendue horizontale occupée par les étages **G — H**, objets de cette étude, il serait indispensable de mettre sous leurs yeux une carte figurant les contours de ces formations. Cette carte étant encore en voie de préparation, comme nous l'avons annoncé ci-dessus, nous nous bornerons à indiquer sommairement le tracé topographique des bandes **g 1 — g 2 — g 3**, et la position des principaux lambeaux de **H**.

La formation schisteuse **g 2**, partout où elle **existe**, étant invariablement intercalée entre les bandes calcaires **g 1 — g 3**, le tracé des affleuremens de cette bande intermédiaire indiquera en même temps la présence et la direction des deux autres bandes concomitantes. De cette manière, la surface de l'étage **G** sera esquissée. Malheureusement la bande **g 2** n'existe pas dans toute l'étendue de cet étage, ainsi que nous allons le constater.

Avant tout, nous rappellerons que la bande **g 2** se reconnaît aisément partout:

1. Par ses schistes de couleur variée, mais renfermant des sphéroides calcaires, sans aucune couche de quartzite.

2. Par ses fossiles faciles à trouver en quelques instans et en toute localité.

3. Par la présence presque constante des couches bigarrées qui la recouvrent, et dont les vives couleurs appellent l'attention.

4. Par la dépression longitudinale du sol, qui indique habituellement sa position entre les masses calcaires saillantes $g\,1 - g\,3$, lors même que ses roches sont cachées sous la surface du terrain.

5. Par son intercalation régulière et conformable entre les bandes calcaires $g\,1 - g\,3$. En effet, elle recouvre toujours la première, et elle est toujours recouverte par la dernière, tandis que les schistes de l'étage **H** ne sont nulle part recouverts par aucun dépôt Silurien, ni par l'effet normal de la sédimentation originaire, ni par le résultat accidentel d'une perturbation mécanique quelconque.

Suivons maintenant les affleuremens des bandes de l'étage **G**.

1. Le point de départ de notre exploration est naturellement l'extrémité Nord-Est de notre bassin calcaire, qui est située dans les environs de Prague. Pour la bande $g\,2$ en particulier, comme pour la bande $g\,3$ et pour l'étage **H**, cette extrémité se trouve figurée sur la carte des environs de Hlubočep, que nous offrons aujourd'hui à nos lecteurs Pl. 2. Ils reconnaîtront, au premier coup d'oeil, la disposition concentrique des trois bandes superposées de notre étage **G**, et en même temps l'étage **H**, occupant la partie centrale et supérieure suivant l'ordre vertical.

La pointe extrême de la bande $g\,1$, s'étendant jusque sur la rive droite de la Moldau, se trouve en dehors du cadre de cette carte. Mais cette circonstance n'empêche pas de bien voir, dans le voisinage de Hlubočep, la série parfaitement régulière des formations, confirmée d'ailleurs par notre section, Pl. 2, fig. 1.

Affleurement marginal Sud-Est des bandes
g1 — g2 — g3.

2. En nous éloignant de Hlubočep, si nous suivons d'abord l'affleurement marginal du côté du Sud-Est du bassin, les bandes **g2** et **g3** disparaissent sous le sol végétal et sous les dépôts quaternaires couvrant le plateau qui s'étend vers Lochkov. La bande **g1** peut être suivie un peu plus loin, mais elle disparaît aussi à son tour sous le même manteau, pour reparaître auprès de ce village. Là elle se montre seule, vraisemblablement par suite des dénudations, qui ont eu lieu avant la naissance de la faille de Lochkov, indiquée sur notre section Pl. 1 fig. 6. Mais nous allons la retrouver avec les autres élémens du même étage, à quelques centaines de mètres plus loin, dans la même direction.

3. En effet, sur le côteau opposé, ou côteau droit du vallon de Radotin, en montant vers Kozorz, nous voyons en place, non seulement la bande **g1** très-développée, mais aussi la bande **g2**, très-bien caractérisée par ses roches et ses fossiles répandus sur les champs du plateau. Le village lui même est bâti sur la tranche de ses couches, à travers lesquelles descend un profond ravin. Mais un peu plus loin la bande **g2**, comme les bandes calcaires **g1 — g3**, se cache de nouveau sous le sol.

4. Aux environs de Trzebotov les trois bandes **g1 — g2 — g3** reparaissent dans leur ordre de superposition, à découvert. La première constitue la haute montagne nommée *Kitiva Hora* ou *Kuliva Hora*, au Sud-Est du village, tandis que la bande **g3** forme les collines opposées vers le Nord-Ouest. La dépression large et profonde dans laquelle la plus grande partie des habitations sont placées, a été creusée sur la tranche des schistes de **g2** et de la formation bigarrée.

5. A partir de Trzebotov, jusqu'au moulin de Pekarek ou Pekarkovitz, situé dans le vallon de Solopisk, les trois bandes de **G** sont très-aisées à suivre à la surface du sol.

6. Entre ce moulin et celui de Franta, situé à l'amont, ces trois formations restent également accessibles, et passent obliquement du côteau gauche au côteau droit de ce vallon.

7. Au bout supérieur de l'étang du moulin de Franta on peut voir de plus l'étage **H**, reposant régulièrement sur les couches de **g 3**. Ce point est remarquable, parce qu'un pli anticlinal très-distinct de cette bande, s'aplatissant brusquement, a permis aux schistes de **h 1** de s'étendre sur le côteau droit du vallon, et de se rapprocher un peu de l'affleurement de la bande **g 2**, que nous suivons. Mais il n'existe aucun point de contact entre ces formations, qui sont là comme ailleurs aussi distinctes par leur position stratigraphique que par leurs caractères pétrographiques et paléontologiques.

8. Au droit et au Sud de la ferme de Franta, située au dessus du moulin de ce nom, en allant vers le village dit Roblin ou Rubrin, les bandes **g 2** — **g 3** se cachent sous le sol de la forêt, qui s'étend sur les hautes collines nommées *V Zaboržinach*. Ces hauteurs formant le prolongement vers le Sud-Ouest de la montagne Kitiva Hora, doivent également leur existence à l'affleurement marginal de la puissante bande calcaire **g 1**.

9. En se donnant la peine d'examiner les ravins et chemins creux qui sillonnent cette forêt, on peut y trouver la trace des schistes de **g 2**. Mais après avoir suivi les hauteurs à quelques centaines de mètres au Sud de Roblin, qui est bâti sur les schistes de **H**, cette trace devient de plus en plus apparente, à mesure qu'on descend dans le vallon qui se dirige vers Karlik.

Au fond de ce vallon, à environ 300 mètres à l'aval du moulin de *Unter Rubrin*, les schistes de la bande **g 2** se montrent pleinement à découvert avec leurs sphéroides calcaires, au pied du côteau gauche. On peut les suivre aisément vers l'amont, à la faveur d'une coupe qui a eu lieu récemment dans ces bois. Mais il faut laisser vers le midi un mamelon assez élevé qui, par sa saillie, force le vallon à décrire un coude dans une fracture à travers la bande **g 1.**

10. Au moulin de Unter Rubrin on voit en place, non seulement les schistes de **g 2,** mais encore les couches bigarrées qui les recouvrent, et qui sont exposées par leurs débris au pied du côteau gauche, près de l'étang. Ces formations sont immédiatement recouvertes par la masse calcaire de **g 3,** dont les couches presque verticales forment une crête très-saillante, brusquement coupée par le vallon qui remonte vers Unter Rubrin. Cette crête porte un nom très-significatif en langue Bohême, *Velké Skaly,* c. à d. grands rochers.

Le petit village de Unter Rubrin est bâti lui même au fond de ce vallon, presque aux pieds des escarpemens nus des calcaires de **g 3,** sur les affleuremens des couches de l'étage **H.**

On retrouve, donc dans cette localité, comme à Trzebotov, toute la série très-distincte des divers horizons, qui sont l'objet de la présente étude, et on peut s'assurer de leur concordance stratigraphique.

11. Au droit du moulin de Unter Rubrin, la bande **g 2,** comme toutes les autres formations, traverse obliquement le vallon, mais on peut encore la suivre et retrouver ses fossiles dans des lits de schistes entre les calcaires, sur les talus du chemin qui monte vers Gross-Moržin. Vers le sommet de la rampe, cet affleurement de **g 2** disparaît entièrement sous le sol végétal. Cependant, ce voile

jeté sur la surface de cette bande n'affaiblit nullement les traces de sa présence, ni les signes certains de sa direction, aux yeux d'un géologue.

En effet, nous venons de faire remarquer la crête saillante formée par les calcaires de la bande **g 3**, entre le moulin de Unter Rubrin et le village de même nom. Nous avions signalé un peu auparavant (8) la chaîne des hautes collines, Kitiva Hora et v Zaboržinach, constituant l'affleurement marginal de la bande calcaire **g 1**.

Maintenant, si nous suivons vers le Sud-Ouest la direction de nos formations à partir du moulin de Unter Rubrin, nous voyons s'ouvrir devant nous une dépression longitudinale très prononcée. Cette dépression occupée par des terres cultivées est régulièrement bordée de chaque côté par des hauteurs parallèles, formées par des roches calcaires à découvert ou entamées çà et là par des carrières, surtout en approchant de Gross-Moržin. Il est clair que ces hauteurs ne sont que les prolongemens évidens de celles qui représentent vers le Nord-Est les affleuremens de **g 1 — g 3**. Ainsi, la dépression longitudinale interjacente représente, avec la même évidence, la tranche de la bande schisteuse **g 2**, creusée par les anciennes dénudations. On peut même reconnaître les couches rouges de la formation bigarrée, à la partie supérieure de cette subdivision de l'étage **G**.

En arrivant par cette dépression à l'extrémité Sud de Gross Moržin, qui est entièrement bâti sur les couches de **H**, nous voyons les hauteurs calcaires entre lesquelles nous cheminons, s'affaiser à la fois sur une distance de 200 à 300 mètres, figurant un col, dans lequel s'élève la chaussée conduisant à Klein-Moržin. Mais ces deux affleuremens de **g 1 — g 3** reprennent tout leur relief au-delà du col, en se dirigeant parallèlement vers le Sud-Ouest, et laissant entre eux une dépression longitudinale de plus en plus profonde.

Du côté Nord, la bande **g 3** constitue une crête accidentée et très-élevée qui porte divers noms, savoir: Skalka et Viska près Gross-Moržin, et Bučina vers son extrémité voisine de Karlstein.

Du côté Sud, la bande **g 1** forme la crête parallèle, nommée Pfaffenberg, qui va aboutir au voisinage immédiat de ce château, en le laissant un peu vers le midi.

Dans la profonde dépression longitudinale, encaissée entre ces hauteurs, couvertes de bois, est située la chaussée qui conduit de Gross-Moržin à Karlstein. Elle est presque rectiligne dans cette partie, et elle repose sur la tranche de **g 2**, encore invisible sous les débris accumulés.

12. Après avoir parcouru sur cette chaussée la longue rampe descendante, l'explorateur de la bande **g 2**, parvenu au point où la route s'incline vers la gauche, doit, au contraire, persister dans la direction rectiligne. En pénétrant dans la forêt par le chemin d'exploitation qui s'ouvre devant lui, il se trouvera bientôt sur un col séparant les affleuremens élevés des bandes calcaires, c. à d. les hauteurs de Pfaffenberg et de Bučina. La surface de ce col est entièrement à découvert et occupée par des champs. Là, les yeux d'un géologue rencontreront déjà des traces de la formation schisteuse. Mais s'il descend en ligne droite sur la pente rapide des vergers, jusqu'au fond de la gorge étroite où coule le ruisseau, vers Budnian, sa foi stratigraphique sera pleinement récompensée.

En effet, après avoir franchi ce petit ruisseau, au droit de la maison *Dudek*, il se trouvera en face d'une section naturelle de la bande **g 2**, exposée dans la paroi verticale de cette gorge, sur la rive droite. Cette section montre les schistes de **g 2** avec leur direction et leur inclinaison normales, entre les bandes calcaires **g 1 — g 3**. Ces couches schisteuses apparaissent là comme partout ailleurs, avec leurs rangées caractéristiques de sphéroides calcaires, et nous n'avons pas besoin de dire, sans traces de quartzites. En quelques instans, on peut y recueillir des fragmens de la plupart des espèces propres à cette formation.

Pour que rien ne manque à l'évidence de cette section de **g 2**, si l'explorateur veut bien faire quelques pas en remontant le ruisseau, il trouvera sur la paroi opposée à celle que nous quittons, c. à d. sur la rive gauche, la tranche de la formation bigarrée, composée de couches à petits nodules calcaires. La couleur rouge très-prononcée de ces couches appelle l'attention, et donne occasion à tout observateur, de constater en ce point comme aux environs de Prague, le passage graduel exposé ci-dessus (p. 9) entre les bandes **g 2** — **g 3**.

En y comprenant les couches bigarrées, nous évaluons à plus de 120 mètres la largeur occupée en ce point par la bande **g 2**, dont l'inclinaison est très-rapprochée de la verticale.

Comme la localité de Tržebotov, et comme le vallon de Unter Rubrin, la gorge où nous sommes permet de voir distinctement la section complète du grand affleurement marginal des étages que nous étudions, et la concordance de leur stratification.

En effet, à partir des couches rouges constituant le sommet de **g 2** et la base de **g 3**, si on continue à remonter le ruisseau, on traverse en quelques instans la masse calcaire **g 3**, c. à d. la tranche du Mt. Bučina par la gorge que nous suivons. En arrivant au four à chaux, situé à l'entrée supérieure de cette gorge, on voit les roches de cette bande recouvertes par les schistes de notre étage **H**, sans aucune alternance, ni transition, ni sphéroides calcaires.

Après cette excursion, revenons au droit de la maison Dudek, pour reprendre la trace de la bande **g 2**.

13. En regardant vers le Sud-Ouest, il est aisé de reconnaître la direction suivie par l'affleurement de cette bande. D'abord, elle est suffisamment indiquée par l'apparence du sol, et par un ravin qui, venant de l'Ouest, débouche dans la gorge où nous sommes, entre les limites que nous venons d'assigner à la formation schisteuse **g 2** et aux couches bigarrées qui la recouvrent.

D'ailleurs, nous devons faire remarquer, que les escarpemens très-élevés, formant la paroi droite de cette gorge, nous montrent le prolongement des hauteurs parallèles qui nous ont servi de guides jusqu'au point où nous sommes.

Du côté Nord, c. à d. dans la direction et la continuation du Mt. Bučina, nous voyons la tranche des couches calcaires de la bande **g 3**, figurant un pli anticlinal aigu, dont la section est parfaitement à découvert. Malheureusement, ce pli s'affaisant dans son prolongement vers le Sud-Ouest, la trace de la bande **g 3** disparaît, du moins dans un certain intervalle, sous le sol végétal du plateau sur lequel nous allons nous élever, en continuant notre marche.

Du côté Sud, l'affleurement de la bande **g 1** se maintient, au contraire, avec tout son relief, dans la direction et le prolongement du Mt. Pfaffenberg. Ce prolongement vers le Sud-Ouest, à partir de la gorge que nous quittons, porte le nom de Mt. Javorka, et s'étend en ligne droite jusqu'à la rencontre de la Béraun, un peu à l'aval de Srbsko. Bien que la hauteur de cette crête, d'abord très-élevée sur une grande longueur, s'abaisse graduellement en approchant de cette rivière, elle reste toujours distincte, et montre l'affleurement de la bande calcaire **g 1**, sans qu'on puisse s'y méprendre. Ses roches en ont aussi fourni les fossiles.

D'après ces circonstances, c'est le Mt. Javorka qui va nous diriger, et nous suivrons le pied de son talus

Nord, à la lisière des bois, car cette ligne semble aussi correspondre à la limite entre les bandes **g 1 — g 2**. A quelques centaines de mètres de la gorge d'où nous sortons, nous voyons apparaître parallèllement au Mt. Javorka vers le Nord, une colline semblable, mais moins élevée, qui se nomme Mt. Czihovy, et qui est aussi composée de calcaires noduleux. Cette hauteur pourrait représenter la bande **g 3**, c. à d. le prolongement du Mt. Bučina dont nous avons indiqué tout à l'heure la disparition sous le sol. Mais, cet affleurement de **g 3** serait notablement rejeté vers le Nord, puisqu'il est séparé du pied du Mt. Javorka par une dépression de 300 à 400 mètres de largeur. Tout cet espace est couvert par des champs nouvellement défrichés, et qui cachent complètement la formation sous jacente, dont les débris ne sont pas mêlés à la terre végétale. Il est cependant évident que l'affleurement de la bande **g 2** doit occuper au moins une partie de cette largeur, qui dépasse de beaucoup sa puissance, telle que nous l'avons observée jusqu'ici.

On pourrait encore concevoir, que le Mt. Czihovy est formé par un affleurement secondaire de **g 1**, parallèle à l'affleurement marginal du Mt. Javorka. Dans ce cas, la large dépression qui sépare ces deux hauteurs serait un pli synclinal, occupé par deux nappes opposées de **g 2**. Cette combinaison serait en harmonie avec la disposition stratigraphique que nous allons observer tout à l'heure, sur la rive gauche de la Béraun, à l'aval de Srbsko.

14. Sans nous arrêter à ces détails purement locaux, la position que nous assignons dans tous les cas à la bande **g 2**, dans la dépression mentionnée, se trouve complètement justifiée lorsque après avoir suivi le pied du talus Nord du Mt. Javorka, nous arrivons au vallon de la Béraun, en un point très-facile à reconnaître. C'est celui où le chemin des voitures, qui conduit de Karlstein à Srbsko, s'élève en lacets à partir du fond de ce vallon jusque sur le plateau. Au lieu de suivre ces lacets, si on

prend l'ancien chemin des piétons pour descendre vers la rivière, on rencontre un lambeau de la bande **g 2**, fortement raviné, sur le penchant du côteau. Ce lambeau montre les schistes ordinaires de **g 2**, avec leurs sphéroides calcaires caractéristiques, et leurs fossiles. Les couches, quoique troublées par des glissemens, présentent cependant, en somme, la direction et l'inclinaison normales, comme celles de la bande calcaire **g 1**, sur lesquelles elles reposent. Ce lambeau est compris dans un pli synclinal de cette bande, qu'on peut aisément reconnaître, en observant ce côteau du haut du côteau opposé. C'est la disposition stratigraphique à laquelle nous venons de faire allusion. (13.)

Franchissons maintenant la Béraun, qui coule à quelques pas.

15. Considérons d'abord, que la vallée étroite de cette rivière représente l'une des plus fortes fractures éprouvées par notre bassin calcaire, suivant une direction transverse, mais oblique à son grand axe. Par suite de cette fracture, la partie du grand massif calcaire située sur la rive droite de la Béraun, est devenue indépendante de la partie que nous venons de parcourir sur la rive gauche, et elle a éprouvé des mouvemens un peu différens, dans le redressement de ses lambeaux.

Nous en voyons une première preuve en abordant le côteau rive droite, car sa paroi nue et à pic est composée des couches de **g 1**, presque verticales, c. à d. beaucoup plus fortement redressées que celles de la rive gauche. En pénétrant dans ce côteau par le ravin dit *Klenova Rokle*, qui débouche un peu à l'aval de la maison du gardien Nr. 30, et en montant dans la branche de ce ravin presque parallèle au chemin de fer, nous sommes immédiatement en contact avec les trois bandes **g 1 — g 2 — g 3**. Ces trois formations superposées en parfaite concordance montrent leurs tranches à nu dans ce ravin, creusé principalement aux dépens de **g 2** et **g 3**. Mais, dans cette localité, les couches du grand affleurement marginal au lieu de pencher vers le Nord-Ouest, comme sur tout le reste du contour parcouru, sont inclinées vers le Sud-Est. Cependant cette inclinaison renversée pourrait nous faire soupçonner, que nous sommes ici sur un affleurement secondaire, tandis que le véritable affleurement marginal aurait été rejeté plus loin vers le Sud, par l'effet de la grande fracture oblique où coule la Béraun. Le sol n'étant pas suffisamment à découvert dans l'étendue nécessaire pour pouvoir étudier cette question, nous nous bornons à l'indiquer, sans pouvoir la résoudre en ce moment.

La paroi droite, presque verticale de Klenova Rokle expose très-clairement les schistes de **g 2**, d'une couleur verte prononcée, et également caractérisés par leurs sphéroides calcaires et par leurs fossiles habituels, qu'on peut rencontrer en quelques instans. Ces schistes sont recouverts par les couches bigarrées, montrant leurs couleurs vives, et le sommet de l'escarpement est couronné par les calcaires noduleux de **g 3**, avec des teintes jaunes et rouges. L'apparence de cette paroi est si caractérisée par les couleurs de ses diverses roches, qu'on la remarque à 3000 mètres de distance, en regardant vers l'Ouest, lorsqu'on se trouve à la station de Karlstein. Nous recommanderons aux géologues la visite un peu pénible mais très-instructive de ce ravin. Ils pourront même, après avoir atteint le plateau, retrouver un petit lambeau des schistes de notre étage **H**, reposant sur les calcaires de **g 3**, qui forment des crêtes saillantes entre les surfaces cultivées. Ainsi, cette localité, comme plusieurs autres déjà citées, permet de reconnaître en place toute la série des dépôts qui sont l'objet de la présente étude.

16. Au sommet du ravin Klenova Rokle les schistes de la bande **g 2** disparaissent sous la terre végétale. Mais en suivant la direction générale des formations à travers le plateau, sur quelques centaines de mètres, on retrouve cette formation à découvert. Elle est exposée sur les

parois d'un nouveau ravin, qui descend rapidement dans la gorge profonde nommée *Dlauhé Meyto*, aboutissant elle même à la Béraun, un peu à l'aval du vallon latéral de Koda. Dans ce ravin, les schistes de **g 2** et les couches bigarrées reproduisent toutes les apparences que nous venons de décrire, et se voient semblablement intercalés entre les bandes calcaires **g 1** — **g 3**. Seulement, ils nous avertissent par la diminution rapide de leur épaisseur, que nous approchons de la limite de leur étendue horizontale. Ces formations plongent toutes également vers le Sud-Est, comme dans Klenova Rokle.

Cet affleurement de **g 2** est visible sur une étendue d'environ 400 mètres, et traverse très-obliquement la partie supérieure de Dlauhé Meyto. A partir de la ruine située au droit du ravin par lequel nous descendons, les couches schisteuses s'élevant en écharpe sur l'escarpement du côteau gauche de cette gorge, disparaissent bientôt sous les débris, tandis que les couches bigarrées continuent à nous servir de guides. On peut les suivre à découvert jusqu'au sommet de cet escarpement, où leur tranche se cache sous la terre végétale. Mais la couleur rouge de leurs débris nous permet encore de reconnaître leur présence dans la même direction et assez loin sur le plateau qui s'étend vers Koda et Tobolka.

17. Sur la surface de ce plateau, nous voyons entre des zones cultivées, plusieurs faibles hauteurs incultes et parallèles. Leur forme alongée suivant la direction générale de nos formations concourt avec les apparences des couches calcaires dont elles sont composées, à nous indiquer les affleuremens des bandes **g 1** — **g 3**. Ces affleuremens peuvent être suivis jusqu'à 400 ou 500 mètres de Tobolka, où ils disparaissent sous le sol végétal. C'est la limite extrême de notre étage **G** dans cette direction. Les dépressions entre les hauteurs étant occupées par des champs, il est impossible de constater si elles représentent là comme ailleurs, la position de la bande schisteuse **g 2**,

car nous n'avons plus aucun moyen de vérification vers le Sud-Ouest.

La bande calcaire **g 3** peut être bien distinguée près de la limite indiquée, parce que nous la retrouvons avec l'inclinaison normale vers le Nord-Ouest, près du sommet du ravin qui descend du voisinage de Tobolka vers Koda. Elle est immédiatement recouverte en cet endroit par les schistes de l'étage **H**, en stratification concordante.

18. En résumé, l'affleurement marginal Sud-Est de notre étage **G** peut être suivi sans difficulté à partir de Hlubočep, près Prague, jusqu'au voisinage de Tobolka, situé sur le plateau au delà et sur la rive droite de la Béraun. La distance entre ces deux points est d'environ 25 Kilomètres en ligne droite, dont cet affleurement s'écarte très-peu.

Dans cette étendue, les parties de la bande **g 2** qui sont à découvert, sont reliées entre elles presque partout par des dépressions longitudinales du terrain, qui montrent d'une manière continue sa position et sa direction, entre les affleuremens saillans des deux bandes calcaires concomitantes, **g 1 — g 3**, partout reconnaissables par leurs caractères établis ci-dessus.

Sur plusieurs points intermédiaires, il existe des sections naturelles, qui permettent de voir à découvert la série normale et complète des trois bandes de l'étage **G** et l'étage **H**, régulièrement superposés en stratification concordante.

Partout où la bande **g 2** apparaît au jour, elle présente les mêmes caractères pétrographiques, les mêmes sphéroïdes calcaires sans quartzites, et les mêmes fossiles.

Enfin, dans l'étendue des 25 Kilomètres de cet affleurement, il est impossible de signaler un seul point, où la bande **g 2** puisse être confondue avec les formations de l'étage **H**, soit par les apparences pétrographiques, soit par une obscurité stratigraphique quelconque, dérivant des perturbations du terrain, soit par ses caractères paléontologiques.

Revenons maintenant à notre point de départ près Hlubočep, pour parcourir de la même manière l'affleurement marginal opposé de l'étage **G**, suivant le bord Nord-Ouest de notre bassin calcaire.

Affleurement marginal Nord-Ouest des bandes
g 1 — g 2 — g 3.

19. Notre carte Pl. 2. indique la direction presque rectiligne de cet affleurement, à partir du sommet du bassin correspondant, et notre section fig. 1 montre les relations stratigraphiques des étages **G — H**. Dans cette localité, la bande **g 2** offre matière à diverses observations, que le lecteur trouvera exposées dans la seconde partie de cette étude, Chap. 7.

Au-delà des limites de notre carte, la direction de **g 2** se prolonge sans déviation notable vers le Sud-Ouest, en passant immédiatement au Nord de Klukovitz. Dans cette étendue, la bande **g 2** est exposée d'une manière presque continue, parce que son affleurement est placé sur le côteau droit du vallon de St. Procop, qui est très-accidenté et sillonné par des ravins. Il est donc facile de reconnaître immédiatement cette formation, soit par la nature de ses roches et par ses fossiles, soit par son interposition régulière et concordante entre les bandes **g 1 — g 3**, également à découvert. Partout aussi on peut voir les schistes de **H** en place, sur la bande **g 3**.

20. Après avoir dépassé le village de Klukovitz, bâti en partie sur la tranche de la bande calcaire **g 3** et à la limite des couches de **H**, plongeant également vers le Sud-

Est, nous rencontrons une dislocation qui a causé un remarquable déplacement des affleuremens que nous suivons, sans modifier cependant ni leurs relations, ni leur inclinaison normale.

Ce déplacement peut se reconnaître immédiatement par l'observation de la bande **g 3**, qui, constamment placée entre deux bandes schisteuses **g 2** — **h 1, a** le privilège de figurer une crête saillante et le plus souvent très-élevée au dessus du sol environnant. Elle se montre au droit de Klukovitz sous ces apparences encore très-prononcées, malgré les brèches incessantes que produisent les carrières au sommet de la tranche de ses couches presque verticales et isolées.

Or, en franchissant le ravin qui descend du plateau de Slivenetz et passe immédiatement sous les dernières maisons de Klukovitz vers l'Ouest, nous trouvons sur sa rive gauche une hauteur arrondie et inculte, nommée *Homol*, bordant le vallon de St. Procop. Cette hauteur forme le prolongement évident et en ligne droite de la crête de **g 3**, que nous venons de quitter à Klukovitz sur la rive droite du même ravin, car les couches calcaires dont elle est formée sont immédiatement recouvertes comme dans ce village par les couches de l'étage **H.**

Mais à environ 250 ou 300 mètres de Klukovitz, la colline Homol est interrompue par un second ravin, parallèle au premier et descendant en ligne droite vers le vallon de St. Procop. Au-delà de ce ravin vers l'Ouest, on voit une série de hauteurs calcaires très-saillantes, formant le côteau rive droite de ce vallon, et qu'on prend, au premier coup d'oeil, pour le prolongement évident de la bande **g 3**, à cause de leur direction semblable, et de l'identité apparente des roches. Cependant, ce n'est qu'une illusion.

En effet, en étudiant ce second ravin, on est surpris de trouver le long de sa paroi gauche, les schistes de **g 2** avec leurs sphéroides calcaires, reposant sur le prolongement supposé de **g3**, tandis que sur la paroi droite, on voit la véritable bande **g3** formant la colline Homol, régulièrement recouverte par les schistes de **H**, très-reconnaissables, ainsi que nous venons de le constater.

Lorsqu'on arrive au sommet de ce ravin, cette énigme s'explique clairement, car on retrouve sur sa paroi gauche le véritable prolongement de **g3**, reposant sur les schistes de **g2** et recouvert à son tour par les schistes de **H**. Ces derniers s'étendent sur la paroi droite et sur le plateau, sans aucune trace quelconque de calcaire, dans cette direction. Ce prolongement de **g3**, que nous voyons surgir brusquement à la surface du sol, forme une nouvelle crête calcaire, dont le relief va croissant vers l'Ouest, et qui est exploitée par une série de carrières. Cette crête se nomme *za Brka* et elle est figurée sur notre section Pl. 1 fig. 3. Nous avons recueilli dans ces carrières les fossiles les plus caractéristiques de la bande **g3**.

Ainsi, cette bande **g3**, et avec elle toutes les autres bandes superposées, ont éprouvé un rejet horizontal, à la distance d'environ 100 à 150 mètres vers le Sud. Ce chiffre représentant aussi la largeur occupée en cet endroit par la bande **g2**, il résulte de cette circonstance fortuite, que la bande **g1**, par suite du même rejet, a été reportée exactement au droit et sur le prolongement de la colline Homol, c. à d. de la bande **g3**. Toutes ces formations ont conservé leur inclinaison régulière vers le Sud-Est.

La ligne de fracture qui a permis à ce rejet horizontal d'avoir lieu, et que nous nommons faille de Klukovitz, est par conséquent représentée par le second ravin à l'Ouest de ce village. Le prolongement de cette fracture vers le midi contribue sans doute aux perturbations que nous observons au-delà du plateau de Slivenetz.

Dans sa direction vers le Nord, la faille de Klukovitz coincide avec le petit vallon de Neudorf, dans sa partie moyenne. Nous observons dans ce vallon les mêmes effets du rejet des formations qu'il traverse, mais qu'il serait hors de propos de décrire aujourd'hui.

Nous avons cru nécessaire d'expliquer en détail cette perturbation dans la direction des affleuremens que nous suivons, afin d'éviter que quelque passant ne vienne à *découvrir* un jour en ce point, que nos deux bandes **g 2** — **h 1** forment le prolongement horizontal l'une de l'autre. A cette occasion, nous engageons les explorateurs à se placer sur les hauteurs du côteau gauche, c. à d. qui s'élèvent vers Vohrada, afin de mieux saisir les traits du terrain que nous venons d'esquisser, et ceux qui nous restent encore à décrire, sur le côteau droit du vallon de St. Procop. Voici ce qu'ils reconnaîtront d'un seul coup d'oeil.

21. La crête za Brka représentant **g 3** et les hauteurs parallèles plus massives qui constituent l'affleurement de **g 1,** figurent ensemble un double chevron, dont l'angle s'ouvre vers le midi, et dont le sommet est placé dans le côteau gauche du vallon de St. Procop, à peu près au droit et au Nord de Holin, un peu à l'amont du moulin nommé *Novy Mlyn.* Ce sommet correspond à une partie entamée par des carrières, dans la bande **g 1,** sur les escarpemens nommés *Vopatržilka.*

A partir de ce sommet, on voit distinctement ces affleuremens parallèles se diriger d'un côté vers la faille de Klukovitz, et du côté opposé, vers le Sud-Ouest, jusqu'à une distance d'environ 1500 mètres, où leur trace semble disparaître sous la surface du plateau qui s'étend vers Voržech.

Le point que nous indiquons en ce moment comme limite des branches occidentales du double chevron, est un grand ravin descendant de ce plateau vers le vallon de St. Procop, à peu près vis-à-vis et au midi de Vohrada.

N'ayant pas trouvé l'occasion d'apprendre son nom, nous le désignerons par celui de *ravin des explorateurs*.

Or, dans toute l'étendue entre la faille de Klukovitz et ce ravin, c. à d. sur une longueur développée d'environ 2000 mètres, on voit une dépression longitudinale très-marquée et séparant régulièrement les affleuremens saillans et parallèles de **g 1 — g 3.** Cette dépression occupée par des terres cultivées, indique l'affleurement caché de **g 2.** On peut s'assurer de ce fait par deux observations directes.

D'abord, au sommet du chevron, la dépression que nous signalons coincidant avec le fond du vallon de St. Procop, on voit les schistes de **g 2** clairement exposés au pied du côteau rive droite, et caractérisés par leurs sphéroides calcaires.

Ravin des explorateurs.

22. Si nous nous transportons maintenant au ravin des explorateurs, ses parois nous montrent à découvert une belle section des trois bandes de notre étage **G.** Cette section, très-instructive, remonte même dans la série jusqu'à la base de **H,** qu'on peut reconnaître au sommet du ravin. Si nous descendons à partir de ce sommet, nous rencontrons sous les schistes de **H** la bande calcaire **g 3,** dans le prolongement de son affleuremens visible et saillant sur le sol, à partir de la crête za Brka. Elle est couronnée par des couches minces, feuilletées, siliceuses et blanches, sous lesquelles apparaissent les couches solides des calcaires noduleux, jaunes et rouges, coupés à pic par le ravin. La puissance des calcaires n'atteint par 20 mètres, mais les couches feuilletées sont plus épaisses, et leur limite est indistincte vers le haut.

Sous les calcaires rouges, nous voyons les couches bigarrées avec leurs apparences les plus caractéristiques décrites ci-dessus (p. 9) et elles occupent par leurs alternances très-serrées une hauteur d'environ 30 mètres.

Sous ces couches bigarrées, et sans qu'on puisse assigner des limites tranchées, nous traversons une masse de schistes alternativement rouges, jaunes, gris, &c., caractérisés par des rangées plus ou moins espacées de sphéroides calcaires, et offrant une puissance d'environ 150 mètres. C'est la masse principale de la bande **g 2**, que nous voyons reposer par sa base sur la bande calcaire **g 1**, barrant en travers le ravin dans lequel nous descendons vers le Nord. Comme cette puissante masse calcaire a opposé une forte résistance aux érosions, ce ravin a été infléchi vers l'Est, et s'est ouvert un chemin plus facile sur l'affleurement des schistes de **g 2**, en longeant la bande **g 1**. Nous le suivons ainsi en revenant sur nos pas, et parallèlement au vallon de St. Procop. Mais après avoir parcouru environ 250 mètres, le ravin rencontrant une brèche à travers les hauteurs formées par **g 1**, se recourbe brusquement vers le Nord et tombe dans ce vallon par une chute très-rapide.

Ce retour sur nos pas nous fournit l'occasion de faire remarquer, dans la masse de **g 1**, entre des zones jaunâtres ou bleuâtres, une zone d'un rouge sanguin, et qui offre une puissance d'environ 60 mètres, entre des limites distinctes, sur la tranche naturelle de cette bande, au point où elle est traversée par le ravin des explorateurs. Cet exemple confirme d'autant mieux les observations exposées ci-dessus (p. 10) qu'il est aisé, en passant sur le côteau gauche du vallon de St. Procop, d'y reconnaître en place au dessous de **g 1**, les calcaires de **F**, caractérisés par leurs fossiles, et régulièrement superposés à l'étage **E**.

Ainsi, cette localité dont nous recommandons la visite aux géologues, présente une section complète de notre division supérieure, sans aucune lacune.

9*

23. En continuant notre marche à partir du ravin des explorateurs vers le Sud-Ouest, nous perdons bientôt la trace visible des formations que nous étudions, parce qu'elles disparaissent successivement sous le sol du plateau, en approchant de Voržech. C'est l'étage **H** qui se cache le premier, et ensuite par ordre descendant, chacune des bandes **g 3** — **g 2** — **g 1**. Puis l'étage **F** et l'étage **E**, avec ses masses trappéennes, disparaissent aussi à leur tour. Mais leur direction et leur puissance nous permettent de fixer, d'une manière très-approchée, la position que doit occuper l'affleurement marginal des étages supérieurs, sur l'espace où ils sont invisibles.

D'après notre estimation, ces affleuremens se trouveraient entre Voržech et la bergerie située à 600 ou 700 mètres au Sud de ce village. Cette position nous paraît d'autant plus vraisemblable, qu'au droit de la tuilerie, qui est à 1500 mètres au midi de Voržech, nous voyons en place un affleurement secondaire de **g 1**, très-développé et plongeant vers le Nord-Ouest, c. à d. à l'opposé de celui que nous suivons. Cet affleurement secondaire est exposé au sommet du grand ravin, Panaczkova Rokle, dont nous avons mentionné la partie inférieure, dans notre description ci-dessus (p. 85) Pl. 1 fig. 6.

24. En nous éloignant de Voržech suivant la direction générale des formations, nous aboutissons au vallon de Tachlovitz, dans l'espace compris entre le moulin situé sous ce village et le moulin Kalina (1). Or, notre section Pl. 1 fig. 6 nous montre précisément dans cet espace l'affleurement marginal des bandes **g 1** — **g 2** — **g 3**, dans leur succession normale, et un peu plus loin, c. à d. auprès du moulin Gelinek, l'affleurement de l'étage **H**.

Ainsi, malgré l'intervalle d'environ 5000 mètres, entre le ravin des explorateurs et le vallon de Tachlovitz, nous pourrons considérer l'affleurement marginal de notre étage **G**, et en particulier celui de notre bande **g 2**, comme tracé d'une manière satisfaisante, à partir des environs de Hlubočep.

25. Après avoir franchi le vallon de Tachlovitz, un peu à l'amont du moulin de Kalina (1), nous retrouvons sur le côteau droit la bande **g 1** exploitée dans des carrières, qui nous montrent qu'elle n'a rien perdu ni de ses apparences pétrographiques, ni de sa puissance. Mais·les bandes **g 2** et **g 3** disparaissent sous la terre végétale, et à partir de ce vallon, il nous est impossible de distinguer leur trace dans le prolongement de l'étage **G** vers le Sud-Ouest. Cette disparition pourrait s'expliquer de deux manières.

On peut d'abord concevoir, que la bande schisteuse **g 2** en s'amincissant rapidement dans la direction que nous suivons, est la seule qui s'évanouit complètement, dans l'intervalle couvert qui s'étend entre le côteau que nous quittons et les hauteurs de Hoch-Augezd, où nous voyons reparaître les calcaires de **G** traversant ce village. Selon cette supposition, la bande **g 3** continuerait à exister vers le Sud-Ouest, mais elle ne pourrait plus être distinguée de la bande **g 1**, avec laquelle elle constituerait une seule masse, présentant les mêmes apparences pétrographiques dans toute son épaisseur.

Il nous semble cependant qu'on peut admettre avec plus de vraisemblance, que la bande **g 3** a réellement disparu en s'affaiblissant graduellement, comme la bande **g 2**. En effet, si nous poursuivons notre marche sur l'affleurement des calcaires de **G**, au-delà de Hoch-Augezd, nous le trouvons à nu et entamé par des carrières espacées sur une ligne presque droite de 7000 à 8000 mètres de longueur. Cette ligne, laissant les villages de Lužetz et de Bubovitz à 400 ou 500 mètres vers le Sud, aboutit au village de Hostin, bâti au pied des couches presque verticales de cet étage, plongeant vers le Sud-Est.

Or, nos recherches depuis vingt cinq ans dans cette région ne nous ont jamais fourni la moindre preuve paléontologique de l'existence de **g 3**, car nous n'y avons découvert aucune trace des Céphalopodes, ni des autres fossiles propres à cette bande. Au contraire, les calcaires des environs de Lužetz, de Bubovitz et de Hostin nous ont présenté un grand nombre des formes les plus caractéristiques de la bande **g 1**, comme divers *Dalmanites*, *Phacops*, *Bronteus* &c. indiqués avec le nom de ces localités, sur les tableaux de distribution ci-dessus, Chap. 2. Ainsi, tous les faits connus jusqu'à ce jour tendent à nous montrer, que c'est uniquement la bande **g 1** qui apparaît dans cette contrée. Elle couronne les hauteurs, et en approchant du vallon de St. Ivan elle forme des crêtes escarpées, par les tranches de ses couches plus ou moins redressées. Ces couches exposent les couleurs par fois très-prononcées, que nous avons signalées sur d'autres points du même affleurement, comme à l'Ouest de Holin (p. 131).

Remarquons maintenant, que le grand affleurement marginal de notre division supérieure, dans cette contrée, reste complet et composé des mêmes élémens stratigraphiques qui le constituent partout ailleurs, à l'exception des deux bandes **g 2 -- g 3**, qui ont disparu. C'est ce qui résulte de deux observations très-aisées.

D'abord, en suivant à partir de Hoch-Augezd vers le Sud-Ouest, la puissante masse des calcaires de **G**, dès que nous approchons de Lužetz, il est aisé de reconnaitre qu'elle est recouverte par les schistes de l'étage **H**, offrant eux-mêmes une grande épaisseur. Les terres cultivées empêchent d'abord de voir le contact entre ces deux formations, mais au droit de Bubovitz leur superposition immédiate et concordante se montre à découvert et reste visible, non seulement jusqu'à Hostin, mais encore au-delà, dans la même direction vers la Béraun.

En second lieu, sur le même parcours, il n'est pas moins facile de constater, au dessous des calcaires de **G**, la présence de l'étage **F**, et encore mieux celle des deux subdivisions extrêmement développées de notre étage **E**. C'est en effet dans cette contrée, que sont situées diverses localités fossilifères de cet étage, depuis longtemps exploitées par nos ouvriers, et qui ont fourni un si grand nombre de fossiles, dont la provenance est attribuée à des villages plus ou moins éloignés, comme Lužetz, Bubovitz, Lodenitz, Sedletz et St. Ivan. Le fait est qu'à l'exception des deux derniers, tous les autres sont situés assez loin des affleuremens de notre étage **E**, qui occupe la surface d'un côteau boisé, très-élevé, penchant vers le Nord-Ouest, et entièrement dépourvu d'habitations quelconques.

Tous les étages de notre division supérieure, et même une partie de notre étage **D**, régulièrement superposés avec une inclinaison semblable vers le Sud - Est, sont exposés dans le prolongement de ce même côteau, formant la rive gauche du ruisseau qui coule de Lodenitz vers St. Ivan et Hostin. On peut embrasser d'un seul coup d'oeil cette section grandiose, en se plaçant sur les points les plus élevés au sommet du côteau, rive droite, du même cours d'eau.

Les environs de Hostin nous fournissent une double preuve de la disparition complète de la bande **g 2**. En effet, les calcaires de **G** formant dans cette contrée un grand pli synclinal, parallèle à l'axe du bassin et dans lequel les schistes de **H** sont semblablement reployés, les deux nappes de ce pli sont également coupées, presque à pic, le long du ruisseau, l'une à l'amont, l'autre à l'aval de ce village. Ainsi, en parcourant ce vallon à partir de St. Ivan jusqu'au point où il débouche dans la Béraun, on traverse deux fois toute l'épaisseur de l'étage **G**, sans retrouver aucune trace distincte de la bande schisteuse **g 2**.

Au-delà de Hoŝtin vers le Sud-Ouest, si nous continuons à suivre l'affleurement marginal de l'étage **G**, nous rencontrons une lacune d'environ 3 Kilomètres, qui correspond à la vallée de la Béraun. On conçoit aisément que cette lacune résulte à la fois de la grande fracture où coule la rivière et des dénudations qui ont suivi la dislocation du terrain, et qui, entraînant les étages supérieurs, ont mis à nu l'étage **E**, avec de grandes masses trappéennes.

26. Après avoir franchi la vallée de la Béraun, si nous gravissons les hauteurs situées à l'Ouest de Tetin et nommées Mt. *Damil* ou *Damiely*, nous retrouvons en place les calcaires de **g 1**. C'est le dernier lambeau de cette bande et de l'étage **G**, qui existe sur l'affleurement marginal que nous suivons. Cette circonstance doit rehausser beaucoup à nos yeux la valeur des caractères paléontologiques, qui nous montrent l'identité de cet horizon sur les points les plus éloignés où nous puissions le comparer. En effet, entre Dvoretz, près Prague, où nous avons signalé un lambeau extrême de **g 1**, vers le Nord-Est (p. 100) et le Mt. Damil, près Tetin et Béraun, où nous observons le lambeau extrême de la même bande vers le Sud-Ouest, il y a une distance d'environ 27 Kilomètres en ligne droite.

Or, les calcaires noduleux du Mt. Damil comme ceux de Dvoretz se distinguent surtout par la fréquence des *Dalmanites* et de quelques autres formes propres à cet horizon, comme *Cheirurus gibbus* &c. Bien qu'ils renferment aussi d'assez nombreuses espèces d'Orthocères mal conservés, nous n'y avons jamais rencontré la trace ni d'un *Goniatites*, ni d'un *Phragmoceras*, ni des autres Céphalopodes qui sont propres à l'horizon supérieur du même étage, c. à d. à la bande **g 3**. Ainsi, aux deux extrémités comparées, la bande **g 1** nous présente exactement les mêmes caractères, soit positifs, soit négatifs, constatant son identité parfaite, et l'absence semblable des deux autres bandes **g 2 — g 3**.

27. Parvenu à cette limite de l'affleurement marginal Nord-Ouest de notre étage **G**, nous ferons remarquer, que l'existence de ses trois subdivisions **g 1 — g 2 — g 3**, est manifeste sur plus de la moitié de son étendue, c. à d. à partir des environs de Prague jusqu'au vallon de Tachlovitz. Partout où nous retrouvons les affleuremens de ces trois bandes entre ces deux points, nous constatons qu'elles conservent leurs relations stratigraphiques, leurs apparences pétrographiques et leurs fossiles distinctifs, comme sur l'affleurement marginal opposé, ou Sud-Est, décrit ci-dessus.

Au contraire, dans la seconde moitié de l'affleurement Nord-Ouest, à partir du vallon de Tachlovitz jusqu'au delà de la Béraun, nous ne pouvons reconnaître que la subdivision inférieure **g 1**, maintenant constamment ses apparences pétrographiques et ses caractères paléontologiques.

Considérant d'un autre côté, que dans l'étendue de cette seconde moitié, les calcaires de l'étage **G** sont immédiatement recouverts par les formations schisteuses de l'étage **H**, nous sommes induit à admettre, que l'absence de nos bandes **g 2 — g 3** dans cette contrée, ne saurait être attribuée aux dénudations, mais qu'elle dérive simplement de l'absence primitive de ces dépôts, sur cette partie de notre bassin calcaire.

Cette inégalité dans l'étendue horizontale de nos formations se manifeste d'une manière analogue, mais inverse, pour les subdivisions de notre étage **F**. En effet les calcaires cristallins blancs et rouges constituant la bande **f 2**, sont très-développés dans toute la portion Sud-Ouest de notre division supérieure, tandis que nous les trouvons à peine représentés sur quelques points, dans le centre et vers l'extrémité Nord-Est, où la bande **f 1**, aux calcaires noirs, est au contraire presque uniformément interposée entre les calcaires de la bande **e 2** et ceux de la bande **g 1**.

Nous allons maintenant jeter un coup d'oeil sur les affleuremens secondaires de notre étage **G**, dans l'intérieur de la surface comprise entre les deux affleuremens principaux que nous venons de parcourir, sur les bords opposés de notre bassin.

Affleuremens secondaires des bandes g 1 — g 2 — g 3.

28. L'ellipse très-alongée qui représente la surface occupée par nos étages **G — H**, et dont nous avons signalé la troncature vers l'extrémité Sud-Ouest, c. à d. au-delà de la Béraun (p. 60), présente encore dans le sens de son grand axe une longueur d'environ 27 Kilomètres, ainsi que nous venons de le dire. Afin de compléter les élémens de cette surface, dont l'extrémité Nord-Est est figurée sur notre Pl. 2, nous ajouterons, que sa plus grande largeur, mesurée perpendiculairement au grand axe, varie entre 3500 et 4500 mètres. Cette dimension est très-considérablement accrue sur notre section transverse Pl. 1 fig. 6, à cause de l'obliquité du vallon que nous avons suivi.

Au droit de Hostin et Srbsko, c. à d. dans la région où la Béraun traverse notre division supérieure, l'ellipse figurée par les affleuremens marginaux de notre étage **G**, présente encore une largeur d'environ 4000 mètres.

Enfin, cette ellipse au droit de sa troncature, entre le Mt. Damil et les environs de Tobolka, n'a pas moins de 3000 mètres de largeur.

Après avoir exposé ces dimensions horizontales, nous rappelons que la puissance totale de nos étages **G — H**, ne peut pas être évaluée en moyenne au dessous de 500 mètres, et celle de l'étage **G** en particulier au dessous de 300 mètres.

D'après ces données, il est très-aisé de reconnaître, que le nombre des affleuremens secondaires de notre étage

G doit être très-limité sur la surface du bassin qu'il occupe. Pour nous faire une idée du maximum qu'aurait pu atteindre ce chiffre, nous supposerons deux conditions extrêmes, savoir: Que l'étage **H** a été complêtement enlevé par les dénudations, et que la masse de l'étage **G**, rendue indépendante de toute formation sous-jacente, a été reployée a plis serrés et juxtaposés, de manière à placer toutes ses couches suivant une inclinaison verticale, abstraction faite de toute faille &c.

Dans ce cas imaginaire, il est clair que pour connaitre le nombre des plis synclinaux, il suffirait de chercher combien de fois le double de la puissance moyenne de l'étage **G**, c. à d. 600, est contenu dans le diamètre transverse maximum de l'ellipse figurant ses contours, c. à d. 4500. On obtient ainsi en nombre rond, le chiffre de 7 plis, ou bien de 14 affleuremens répétés de l'étage **G**, dans la largeur du bassin correspondant. C'est évidemment une limite supérieure et impossible dans les conditions réelles qui existent dans notre bassin. Considérons en effet que:

a. L'étage **H**, loin d'être totalement absent, se voit en plusieurs points interposé entre les nappes redressées de l'étage **G**, comme le montrent nos sections Pl. 1 et 2.

b. Les couches de **G**, au lieu d'être redressées verticalement, offrent des inclinaisons très-variables, dont la moyenne ne dépasse guère 45°, comme nous l'avons admis pour plus de simplicité dans nos sections. Ces sections montrent en même temps des surfaces sur lesquelles les couches de cet étage sont ondulées et non redressées.

ç. Les dislocations qui ont eu lieu dans notre bassin ont atteint non seulement les étages supérieurs **G** — **H**, mais elles ont agi à une profondeur assez grande pour ramener à la surface par des plis ou des failles, les étages sous-jacens **E — F** de notre division supérieure. Nous avons déjà indiqué ce fait en passant (p. 60) et notre section Pl. 1 fig. 6 en présente un exemple très-marqué, au droit de Lochkov.

D'après ces considérations, nous ne pouvons pas nous attendre à trouver 7 plis synclinaux formés par l'étage **G** dans la largeur qu'il occupe, et selon toute apparence, ce chiffre doit être réduit de près de moitié. En effet, notre section à travers le bassin calcaire ne présente la trace que de 4 plis, et encore ne sont-ils pas tous assez prononcés, pour que la tranche des trois subdivisions de cet étage soit partout complétement exposée. A ces quatre plis s'ajoutent deux failles parallèles à ce même système de perturbations, et que nous avons déjà signalées dans notre description de la section Pl. 1 fig. 6. Ainsi, le nombre de ces dislocations réelles montre l'infériorité à laquelle nous devions nous attendre, par rapport à la limite purement idéale que nous avons calculée ci-dessus.

En suivant la marche adoptée pour décrire la section transverse de notre bassin calcaire, si nous partons de Tachlovitz, nous rencontrons les quatre plis synclinaux et les deux failles dans l'ordre suivant, qu'on peut reconnaître sur notre profil Pl. 1 fig. 6, en attendant notre carte.

I. Pli synclinal dont l'axe passe par le moulin Gelinek.

II. Pli synclinal, dont l'axe indéterminé passe à l'aval du moulin Dvoržak.

Faille de Dvoržak.

III. Pli synclinal dont l'axe passe par Chotecz, et qui présente un petit repli dans la même localité.

IV. Pli synclinal dont l'axe passe par le vallon des carrières, à l'amont de Lochkov.

Faille de Lochkov.

Sans le secours d'une carte, il serait impossible d'indiquer clairement le tracé de ces plis et failles dans notre bassin. Nous nous bornerons donc en ce moment à ajouter quelques mots au sujet de leur direction.

29. Le pli synclinal au droit du moulin de Gelinek est formé par un double affleurement des deux étages **G — H**, ainsi que nous l'avons fait remarquer ci-dessus (p. 75). Nous avons également constaté (p. 133) qu'à partir du vallon de Tachlovitz jusqu'à l'extrémité Sud-Ouest de notre bassin calcaire, les bandes **g 2 — g 3** ne peuvent plus être distinguées, et que la bande **g 1** paraît seule constituer les affleuremens de l'étage **G**. Nous ferons observer de plus, que les deux nappes opposées de ce pli étant très-rapprochées, il est posible qu'il ne s'étende pas à une grande distance, ni vers le Sud-Ouest, ni vers le Nord-Est, car le bassin va en se rétrécissant graduellement dans ces deux directions contraires. Dans tous les cas, le terrain étant couvert, nous ne pouvons suivre ce pli d'une manière certaine, ni dans un sens, ni dans l'autre, à partir de la localité où son existence est évidente sur l'étendue de quelques centaines de mètres, parallèlement au grand axe de notre massif calcaire.

30. Le pli synclinal au droit du moulin Dvoržak n'est pas aussi complet que le précédent, parce que l'étage **H** manque au centre, et que la seconde nappe a été tronquée par la faille signalée à l'aval de cette localité. Par compensation, l'étendue longitudinale et la direction de ce pli, sont relativement mieux indiqués. En effet, du côté du Sud-Ouest, si nous traversons le vallon, nous trouvons vers le sommet du côteau droit, un peu au dessus du village de Cheynitz bâti sur son versant, une coulée de trapp d'environ 25 mètres d'épaisseur, et paraissant former le prolongement de celle qui est intercalée dans la bande **g 2**, au droit du moulin Dvoržak. Elle est associée à des couches calcaires à petits nodules jaunes et rouges, qui représenteraient les couches bigarrées ou les couches infé-

rieures de **g 3.** La surface du sol ne permet pas de bien distinguer en ce point toute la série des formations. On peut voir cette coulée sur une longueur de 300 mètres dans la même direction, à la faveur d'un chemin creux entre les champs. Le point où elle disparaît est à environ 1000 mètres du moulin Dvoržak. Plus loin vers le Sud-Ouest, on ne peut suivre aucune formation sous les terres qui couvrent le plateau.

Dans le sens opposé, c. à d. en partant du moulin Dvoržak, vers le Nord-Est, nous avons déjà constaté que l'affleurement de **g 2,** et par conséquent la nappe du pli dont il fait partie, se prolonge visiblement à quelques centaines de mètres, de sorte qu'on peut évaluer à 1500 mètres l'étendue sur laquelle ce pli synclinal peut être reconnu.

Il est vraisemblable que le pli anticlinal compliqué d'une faille et figuré entre le moulin Dvoržak et Chotecz, se prolonge vers le Nord-Est à travers le grand ravin Panaczkova Rokle, vers le sommet du petit vallon latéral de Hinter Kopanina et Zmrzlik. Dans ces deux localités, nous retrouvons les formations inférieures à l'étage **G** ramenées au jour, et notamment les couches fossilifères de l'étage **E,** avec *Orthoc. Bohemicum,* un grand nombre de Céphalopodes &c. &c. Mais la connexion entre les lambeaux isolés de ces affleuremens est difficile à constater à travers les plateaux couverts par la terre végétale, sans trace ni fragmens des roches sous-jacentes. Cependant, leurs directions comparées sur notre carte fourniront à ce sujet des données très-rapprochées de la vérité.

31. Le pli synclinal au droit de Chotecz, combiné avec un petit repli que nous avons figuré, présente également dans ses deux nappes la série complète des trois bandes de l'étage **G,** surmontées par des lambeaux de l'étage **H.** On peut reconnaître chacune des bandes calcaires, non seulement sur les côteaux, mais encore au fond du vallon, où elles se montrent sous la forme de bar-

rages naturels, qui ont été ouverts de main d'homme, pour faciliter le passage des eaux.

Dans la direction vers le Nord-Est, le pli synclinal de Chotecz peut être aisément suivi, du moins par l'une de ses nappes. C'est celle qui s'incline vers le Nord-Ouest, et dans la direction de laquelle se prolonge notre section, à partir du moulin Zimmermann jusqu'au petit vallon latéral de Hinter Kopanina, c. à d. sur une distance d'environ 3000 mètres, ainsi que nous l'avons expliqué ci-dessus (p. 84). Les sinuosités du vallon principal, à l'aval de Chotecz, ayant fortement entamé cette nappe sur plusieurs points, les côteaux présentent des sections transverses très-instructives. Nous citerons particulièrement celle qui est exposée au droit de l'étang du moulin de Vavrovitz, et qui montre la tranche de trois bandes **g 1 — g 2 — g 3** dans leur ordre naturel de superposition, et plongeant régulièrement vers le Nord-Ouest.

Le petit vallon latéral de Hinter-Kopanina forme la limite jusqu'à laquelle nous pouvons reconnaître le pli de Chotecz.

Dans la direction opposée, c. à d. Sud-Ouest, les nappes du pli de Chotecz peuvent être suivies jusqu'au sommet du côteau droit, où elles se cachent sous les terres du plateau. Notre carte fournira cependant les moyens de reconnaître, par diverses traces intermédiaires, leur connexion avec les masses calcaires qui reparaissent à la surface du sol, dans les environs de Klein Kucharz, Gross Kucharz, Trno-Augezd, Bubovitz &c. &c. et qui se prolongent jusqu'à la vallée de la Béraun.

Malgré l'intervalle d'environ 12,000 mètres qui s'étend dans cette direction, sans aucune apparition des bandes **g 2 — g 3** qu'on puisse assigner au prolongement du pli de Chotecz, nous devons mentionner ici les affleuremens de ces deux bandes qui sont visibles à Srbsko, sur les deux bords opposés de la Béraun, comme pouvant représenter la même ligne de dislocation, ou une ligne très rapprochée.

L'un de ces affleuremens de **g** 2 est placé à l'entrée de Srbsko, du côté de Karlstein. Il repose visiblement sur les calcaires de **g** 1 et il peut être suivi jusqu'à la prairie bordant la rivière. Il est caractérisé, non seulement par les schistes propres à la bande **g** 2, mais encore par les couches bigarrées, exposées immédiatement au dessus, et passant sous les premières maisons. Ces couches fortement colorées sont recouvertes à leur tour, par les calcaires de **g** 3, qui s'élèvent en collines sur la rive gauche du ruisseau qui traverse le village. Ainsi, toute la série des formations de l'étage **G** est exposée sur cette ligne, qui est très rapprochée du grand affleurement marginal décrit ci-dessus (p. 121).

La bande schisteuse **g** 2 qui nous sert de guide, reparaît sur le côteau droit de la Béraun, vis-à-vis Srbsko, sur les talus du grand chemin montant vers Tetin. L'intercalation régulière de cette formation, entre les bandes calcaires **g** 1 — **g** 3 est très apparente le long de ces talus, comme sur ceux du chemin de fer placé au dessous. Elle est d'ailleurs très visible sur les escarpemens de la haute montagne *na Zvisle*, qui dominent et complétent cette section naturelle.

Outre la présence des sphéroides calcaires dans les schistes de **g** 2, nous avons recueilli dans cette localité la plupart des fossiles caractéristiques de cette bande, soit sur le bord du chemin, soit dans la cave du gardien No. 31, creusée dans la masse schisteuse, contre le chemin de fer.

Bien que tout cet affleurement de **G** sur la rive droite soit un peu rejeté vers le Nord, par rapport à celui que nous venons de décrire sur la rive gauche, à l'entrée de Srbsko, il est probable qu'ils ont formé originairement le prolongement l'un de l'autre. Le rejet horizontal qui a rompu leur alignement. primitif s'expliquerait aisément par l'effet de deux fractures voisines, savoir: la grande fracture transverse et oblique où coule la Béraun et la fracture longitudinale dont la trace est bien marquée dans le petit vallon de Koda, c. à d. au pied Sud du Mt. na Zvisle, que nous venons de mentionner.

32. Le quatrième pli synclinal que nous avons indiqué ci-dessus est celui dont l'axe correspond au grand ravin des carrières, un peu en amont de Lochkov. Les circonstances locales ne permettent pas de suivre les nappes de ce pli sur le côteau boisé qui s'élève sur la rive droite du vallon, ni sur le plateau qui s'étend au-delà vers le Sud-Ouest. Mais dans la direction opposée, ou Nord-Est, le ravin remontant vers la plaine élevée de Slivenetz nous montre que le pli se dirige à peu près vers ce village, probablement sans l'atteindre. Deux circonstances concourent à faire naître cette oppinion. D'abord, les parois de ce ravin se rapprochent rapidement dans la direction Nord-Est. Ensuite, les calcaires qui forment les parois sont ceux de la bande **g 1**, qui reste seule dans cette contrée. Nous rappelons que nous avons déjà signalé ci-dessus (p. 90) la disparition semblable des deux bandes **g 2 — g 3** au droit de la faille de Lochkov. D'après ces apparences, le pli des carrières ne saurait avoir beaucoup de profondeur, ni par conséquent une grande étendue horizontale.

33. En somme, les affleuremens secondaires des bandes **g 1 — g 2 — g 3**, relativement beaucoup moins prolongés que leurs affleuremens marginaux, contribuent cependant à nous montrer la constance dans les caractères pétrographiques et paléontologiques de chacune d'elles, sur toute son étendue horizontale. Ils nous fournissent en même temps des données très-utiles pour la détermination de cette étendue, évidemment inégale sur la surface de notre bassin. Enfin, leur direction constamment concentrique à celle des grands affleuremens marginaux est une

preuve de la régularité des dislocations principales, subies par notre massif calcaire, par l'effet des compressions latérales, dirigées à peu près normalement à l'axe longitudinal du bassin.

IV. Indication des principaux lambeaux de l'étage H.

Nous connaissons trois lambeaux principaux de l'étage H, et plusieurs autres relativement beaucoup plus petits, mais dont la position peut être aisément indiquée dans des localités déjà mentionnées ci-dessus.

Affleurement marginal Nord-Ouest.

1. En commençant par l'extrémité Nord-Est de notre bassin, le premier des trois lambeaux principaux est celui qui est figuré en partie sur notre carte Pl. 2. Il nous montre à la fois le sommet du bassin correspondant à cet étage, et ses affleuremens marginaux. L'affleurement sur le bord Sud-Est se cache à peu de distance sous les terres du plateau de Slivenetz, où il est recouvert par les dépôts quaternaires. Mais l'affleurement opposé ou Nord-Ouest, peut être suivi le long de la bande calcaire g 3, à partir de Hlubočep jusqu'au-delà du ravin des explorateurs, c. à d. sur une étendue d'environ 5,000 mètres en ligne droite. Nous avons déjà appelé l'attention des géologues sur les belles sections naturelles de l'étage H, qui sont exposées dans une série de grands ravins, descendant du plateau de Slivenetz vers le vallon de St. Procop, à partir de Holin, en allant vers le Sud-Ouest (voir Pl. 1. fig. 3.).

2. Après un intervalle couvert déjà signalé ci-dessus, dans la contrée de Voržech, cet affleurement de H se retrouve dans le pli situé au droit du moulin Gelinek, mais il n'est visible que sur quelques centaines de mètres de longueur. Ce lambeau se montre là fort à propos pour former comme un trait d'union entre deux restes principaux de H.

3. En effet, si nous suivons la même direction jusqu'aux environs de Hoch-Augezd, et avant d'arriver à Lužetz, nous retrouvons cet étage représenté par le second de ses plus grands lambeaux, sur une longueur d'environ 6,000 mètres. Son affleurement marginal suit régulièrement celui de l'étage **G**, ainsi que nous l'avons constaté ci-dessus. En outre, ce lambeau est nettement limité sur son bord opposé ou interne, par une série de collines plus ou moins élevées et représentant les redressemens ou plissemens des calcaires de **g 1**, qui s'étendent parallèlement à l'axe du bassin jusqu'à la Béraun. Ces hauteurs portent divers noms: *Kulankovy vrch*, dans le voisinage de Kozolup; *Mt. Czeržinka*, près Bubovitz; *Mt. Dautnacz*, au droit de la maison forestière Baubova &c. Entre Bubovitz et Hostin, une haute colline boisée et formée uniquement par les couches de **H**, nous permet d'apprécier la puissance primitive de cette formation schisteuse, et les effets des dénudations qui l'ont enlevée sur la plus grande partie de la surface de notre bassin calcaire. Le même lambeau se prolonge sans interruption à travers le vallon de Hostin, le long du chemin conduisant à Béraun, en s'appuyant des deux côtés, d'une manière continue, sur les calcaires de **g 1**, formant le pli synclinal signalé ci-dessus (p. 135). Au-delà de son extrémité dans la même direction, nous trouvons encore une petite parcelle détachée de **H**, au sommet d'un ravin qui descend du chemin que nous suivons, vers la Béraun. Mais, sur la rive droite de cette rivière, où nous avons constaté la présence de la bande **g 1**, au Mt. Damil près Tetin, nous ne rencontrons plus aucune trace de **H**, sur cet affleurement marginal. Nous allons les retrouver, au contraire, sur l'affleurement marginal opposé, entre Koda et Tobolka.

Revenons maintenant au point de départ près Hlubočep, pour parcourir de la même manière l'affleurement marginal Sud-Est de l'étage **H**.

Affleurement marginal Sud-Est.

4. Nous venons de constater qu'à peu de distance du sommet du bassin cet affleurement se cache comme celui des trois bandes de **G**, sous les dépôts quaternaires qui couvrent le plateau vers Slivenetz et Lochkov. Nous avons également fait remarquer que, dans les environs de Lochkov, sur la rive gauche du vallon, les bandes **g 2 — g 3** ont été enlevées par les dénudations. Par conséquent, les formations de **II** ont nécessairement subi le même sort. Sur la rive droite du même vallon, s'étend un plateau semblable à celui de Slivenetz, dans l'espace compris entre Kozorz et Trzebotov. Cette surface occupée par des terres cultivées, sans aucun accident de terrain, dérobe entièrement à nos observations les roches sous-jacentes. C'est seulement en approchant de Trzebotov, que nous retrouvons successivement les traces de toutes les formations constituant le grand affleurement marginal des deux étages que nous étudions.

Si nous suivons la bande calcaire **g 3**, à partir de Trzebotov vers le moulin Franta, les fragmens des roches de **II**, épars sur les champs, nous avertissent d'abord de la présence de cet étage, sous la surface du sol. Mais bientôt nous trouvons cette formation très-bien exposée dans une section naturelle, sur un côteau qui, barrant en travers le petit vallon descendant de Klein Kuchař, rejette le ruisseau dans l'étang de Franta. A partir de ce point, l'étage **II** peut être observé d'une manière à peu près continue jusqu'au pied du Mt. Bučina dans le voisinage de Karlstein, c. à d. sur une longueur d'environ 6000 mètres. Dans cette étendue, on peut reconnaître, sur le bord Sud-Est ou externe, son contact avec le grand affleurement marginal de la bande calcaire **g 3**, principalement aux environs de Roblin ou Rubrin, de Unter Rubrin et de Gross Moržin. De plus, cette partie de **II** est clairement limitée sur son bord interne ou Nord-Ouest, par une série

de collines formées par les redressemens ou par les plissemens multipliés et parallèles des calcaires de **G**. Cette
série de hauteurs occupant dans cette région la partie
médiane de notre bassin, est précisément la même que
nous venons d'indiquer comme bordant le côté interne du
grand lambeau de **H** passant par Lužetz, Bubovitz et
Hostin. Ainsi ces deux parties principales de l'étage **H**
sont à peu près parallèles entre elles et à l'axe longitudinal du bassin.

Mais, tandis que le lambeau passant par Lužetz et
Hostin peut être suivi d'une manière continue presque
jusqu'au bord de la Béraun, celui qui se dirige par Roblin
et Gross Moržin échappe à nos observations un peu au-
delà du Mt. Bučina, c. à d. au point où nous pénétrons
dans la grande forêt, qui couvre toute la surface triangulaire comprise entre Karlstein, Bubovitz et Srbsko. Il est
très-vraisemblable, que des restes de **H** se trouvent dans
les bas fonds, entre les collines parallèles nommées *Czihovy
Vrch, Drzinova Hora, Velká Hora* &c., formées par les
calcaires de **G**, et courant à travers ce triangle vers le
Sud-Ouest, comme l'axe de notre bassin. Ces bas fonds,
récemment défrichés en partie, ne nous permettent pas
de voir les roches sous-jacentes, ensevelies sous les débris
et la terre végétale. Nous ne retrouvons nos formations
clairement exposées au jour, que lorsque nous atteignons
la limite de cette forêt, dans la partie inférieure du vallon
qui descend de Bubovitz vers Srbsko, en coupant profondément mais obliquement, les plis ou redressemens des
calcaires de **G**.

5. Des restes de **H** se montrent d'abord vers le pied
Sud-Ouest de Drzinova Hora, un peu au dessous de la
source nommée *Kralovska Studna* ou fontaine royale,
qui a reçu sans doute ce nom si distingué, parce qu'elle
est la seule dans cette contrée déserte et inhospitalière.
Les schistes de **H** resserrés entre les masses calcaires,
sont morcelés et irrégulièrement distribués sur les deux

côteaux du vallon, où ils occupent une longueur de 150 à 200 mètres. Le petit lambeau très-caractérisé par ses schistes et quartzites, qui est au pied du côteau gauche, est remarquable par la disposition de ses couches, butant presque à angle droit contre les strates calcaires très-fortement redressés.

En approchant de Srbsko, à 300 mètres environ au Nord de ce village, nous rencontrons le long du côteau droit, un autre petit lambeau de **H**, qui présente une disposition stratigraphique semblable, par rapport aux couches calcaires, et qui se prolonge jusqu'au bord de la Béraun. Les schistes de **h 1**, exposés dans un petit ravin, vers le sommet de la rampe du grand chemin conduisant vers Hostin, sont remarquables par leurs apparences, rappelant celles des schistes à graptolites.

Nous ferons observer, que les diverses parcelles de l'étage **H** situées dans le vallon de Srbsko, ne reposent pas immédiatement sur l'affleurement marginal de l'étage **G**, décrit ci-dessus, mais qu'elles sont placées un peu au-delà, vers l'intérieur du bassin.

Franchissons maintenant la Béraun, pour chercher sur sa rive droite les restes de **H**, qui sont très-réduits en nombre et en étendue.

6. Celui de ces petits lambeaux qui se rapproche le plus du grand affleurement marginal du bassin calcaire, offre à peine des diamètres de 100 à 150 mètres. Il est situé entre des crêtes de **g 3**, vers le sommet et au midi du ravin Klenova Rokle, signalé ci-dessus à l'attention des explorateurs, à cause de la belle section que présentent ses parois (p. 123).

Deux autres parcelles un peu plus considérables des schistes de **H** existent dans le petit vallon de Koda, débouchant dans la vallée de la Béraun, un peu à l'aval de Srbsko.

7. L'une se voit en position normale sur les calcaires de **G,** formant le côteau droit, immédiatement à l'entrée de ce petit vallon, et on peut la suivre jusqu'au voisinage de la maison forestière de Koda, où elle disparaît sous le sol boisé.

8. L'autre est située vers le sommet du ravin profond qui remonte de Koda vers Tobolka, à travers les bois. Ce dernier lambeau de **H** est très-bien exposé sur les parois de la partie supérieure de ce ravin, vers la limite des champs. On peut aussi aisément reconnaître, qu'il repose comme le précédent en stratification concordante sur les calcaires de l'étage **G,** ainsi que nous l'avons déjà dit ci dessus (p. 125). Sa surface, quoique partiellement cachée sous le sol, peut être reconnue sur les chemins qui traversent la forêt dans la direction vers Tetin, et elle s'étend jusque dans le second ravin formant la branche principale du petit vallon de **Koda.**

Au-delà de ce lambeau, nous ne connaissons plus aucun reste des schistes de **H,** sur la surface de notre terrain.

9. Parvenu à cette limite, nous rappelons qu'elle est aussi la limite extrême du grand affleurement marginal de l'étage **G,** sur le bord Sud-Est de notre bassin calcaire. Ainsi, tout nous porte à croire que les deux étages **G — H,** qui sont l'objet de la présente étude, ont eu originairement une semblable étendue, dans des bassins concentriques, offrant entre eux sur tous leurs contours, les mêmes relations que notre carte montre aux environs de Hlubočep. La disparition de l'étage **H,** sur une grande partie de la surface où nous retrouvons encore l'étage **G,** ne doit être attribuée qu'à la faible résistance que les roches schisteuses du premier ont opposée aux dénudations, tandis que les calcaires du second, formant des couches dures et compactes, ont été seulement entamés le long des lignes de fracture, qui sillonnent le terrain.

10. Après avoir indiqué la position des lambeaux de **II** sur les contours du bassin correspondant, nous n'avons à signaler dans l'intérieur de cette surface que de petites parcelles indépendantes. Les plus notables sont celles qui ont été déjà mentionnées aux environ de Chotecz, comme s'étendant sur quelques centaines de mètres, sur les deux côteaux opposés du vallon. Enfin, une autre parcelle isolée est renfermée entre des crêtes calcaires, à 200 ou 300 mètres à l'Ouest de Trno-Augezd.

V. Coup d'oeil sur la carte géologique de M. le Prof. Krejči.

Nous avons sous les yeux deux éditions successives, mais également coloriées à la main, de la carte représentant les observations de l'Institut Impérial géologique dans notre bassin Silurien.

L'une nous a été livrée en septembre 1860, longtemps après notre demande.

L'autre appartient à la Direction des travaux publics de la Bohême et porte la date de février 1863. Elle a été libéralement mise à notre disposition par l'honorable directeur de cette administration, M. Schenkel, a qui nous exprimons tous nos remerciemens à ce sujet.

Nous sommes heureux de pouvoir constater, que cette seconde édition offre quelques notables rectifications et améliorations par rapport à la première.

Une amélioration de nature purement graphique, mais qui contribue beaucoup à faciliter les recherches, consiste en ce que chacune des formations est indiquée par un numéro d'ordre, qui concourt encore plus que la couleur à montrer la nature des petites parcelles.

Une rectification très-importante a fait disparaître l'une des plus graves erreurs de M. Krejči.

Cette erreur déjà signalée par nous dans notre *Défense I.* p. 26, provenait de ce que M. Krejči, en quête d'une dislocation pour justifier son interprétation de nos Colonies, avait considéré toutes les zones de quartzites, diversement étagées dans notre bande **d 5**, comme appartenant à notre bande des quartzites **d 2**. Il avait donc figuré les quartzites de **d 5** comme des lambeaux des quartzites de **d 2**, poussés de bas en haut à travers les bandes schisteuses **d 3 — d 4 — d 5**, et perçant isolément le terrain, à peu près commé l'os d'un membre brisé perce les chairs enveloppantes.

Cette singulière conception, exprimée par les couleurs et la légende, sur les feuilles que nous avons reçues en 1860, rendait absolument inintelligibles les relations stratigraphiques entre les diverses bandes de notre étage **D,** comme entre cet étage et l'étage **E,** immédiatement superposé.

M. Lipold ayant aisément reconnu cette erreur, l'a rectifiée sur la seconde édition, en restituant les quartzites en question à la bande **d 5**, sous le nom de *couches de Kossov.*

Cette rectification paraîtra encore plus complète, lorsque la couleur indiquant cette formation sera modifiée de manière à pouvoir être immédiatement distinguée de celle qui représente notre étage **H,** avec laquelle on pourrait la confondre dans cette nouvelle édition.

Un autre rectification, en rapport direct avec notre présente étude, consiste en ce qu'une partie très-considérable de l'étendue sur laquelle notre étage **G** se montre à la surface du sol, avait été coloriée comme appartenant à l'étage **E,** sur les feuilles que nous possédons. Le texte de M. Krejči montre que cette erreur graphique ne dérivait pas de ses observations et ne devait être attribuée qu'aux dessinateurs. L'étendue de l'étage **G** rectifiée et telle que nous la trouvons indiquée sur les feuilles de la seconde édition, peut donc être considérée comme correcte dans son ensemble; malheureusement, nous ne pouvons pas dire dans ses détails. Pour ne citer qu'un seul exemple, nous signalons les environs de Hinter Kopanina et de Zmrzlik qui sont coloriés comme appartenant à notre étage **G,** tandis qu'ils constituent réellement un de ces affleuremens isolés et secondaires de notre étage **E,** auxquels nous avons fait allusion ci-dessus (p. 60). Ces localités, exploitées par nous depuis 1841, nous ont fourni de très-nombreux fossiles, à partir des Graptolites jusqu'aux Céphalopodes et Trilobites, représentant tous la première phase de notre faune troisième.

Après avoir signalé avec plaisir les rectifications et améliorations principales que nous remarquons dans la seconde édition de cette carte, nous exprimons notre sincère regret d'avoir à y indiquer des taches, que l'on ne s'attendrait pas à y rencontrer, mais que nous espérons voir bientôt effacées, dans une prochaine édition.

Sur les feuilles de 1860, M. Krejči, tout en appliquant à nos Colonies l'étrange procédé d'élimination que nous avons signalé ci-dessus (p. 69), avait laissé aux environs de Litten, la trace largement marquée de l'insuffisance de ses observations dans cette contrée. On pouvait aisément excuser une semblable lacune, qui restait ouverte à la vérité.

Au lieu de la vérité, M. Lipold a introduit dans cette lacune les courbes fantastiques de trapps, par lesquelles il prétend montrer la continuité matérielle entre nos Colonies et les formations semblables de notre étage **E.** Ces courbes sont prolongées sans interruption à partir de Vscheraditz, par Litten, jusqu'à Karlik et Vonoklas, c. à d. sur une étendue d'environ 16 Kilomètres.

Nous avons déjà protesté en 1862 (*Déf. II. p. 6*) contre l'introduction de ces élémens imaginaires dans des documens officiels, et nous renouvelons notre protestation à ce sujet, à la suite de la présente étude.

On conçoit que, par l'effet du procédé d'élimination appliqué en 1860 par M. Krejči, sur une partie des contours de notre bassin calcaire, et par l'addition en 1863 des courbes fantastiques tracées par M. Lipold sur une autre partie de la zone coloniale, les véritables limites de nos étages **D—E**, très-distinctes dans la nature, ont été de plus en plus défigurées sur la carte officielle. Par là, les fossiles les plus caractéristiques de notre faune seconde se trouvent englobés dans la faune troisième; de sorte que pour maintenir la prétendue orthodoxie, de la distinction et séparation absolue des faunes, on établit leur confusion.

Il résulte de ces combinaisons artificielles, que la surface attribuée à notre étage **E** est complètement inexacte. Nous indiquerons les rectifications indispensables à cet égard, dans les documens que nous préparons.

Quant à notre étage **F**, la manière dont il a été figuré sur les deux éditions de la carte officielle de M. Krejči, et sur la carte spéciale des Colonies, dessinée par M. Lipold, pourrait faire croire que c'est un horizon néfaste pour nos deux contradicteurs.

Sur la carte de M. Krejči, en 1860, nous le voyons représenté par 6 zones étroites ou affleuremens, auxquelles une septième zone semblable a été ajoutée en 1863. Malheureusement, la plupart de ces zones n'appartiennement pas à notre étage **F**. Elles consistent simplement dans les dépôts de calcaires rouges, dont nous avons signalé l'existence sur divers niveaux, dans les bandes calcaires **g 1—g 2—g 3** (p. 10). M. Krejči, trompé par cette couleur, a cru voir notre étage **F** partout où il l'a rencontrée. Nous avons déjà constaté cette méprise à l'occasion des *carrières de marbre*, dans notre description ci-dessus (p. 88) et nous aurons plus tard l'occasion de signaler chacune des autres localités, où nous reconnaissons la même erreur. Cette énumération nous entraînerait aujourd'hui hors des limites de cette étude.

La malencontre de M. Lipold avec notre étage **F** est encore plus fâcheuse. En effet, nous excusons volontiers un observateur qui, ne cultivant pas la paléontologie, confond comme M. Krejči des calcaires rouges avec d'autres calcaires d'une couleur analogue, bien que les uns soient cristallins et les autres compactes. Mais, lorsqu'un géologue en chef, armé de sa *Markscheidekunst*, figure sur sa carte spéciale des Colonies, sous le nom de calcaires de Konieprus, c. à d. sous le nom de notre étage **F**, une puissante masse uniquement composée de trapp, il nous est vraiment difficile d'improviser une excuse en sa faveur.

Cette transmutation d'une masse de trapp en une formation purement calcaire, a été pratiquée par **M.** Lipold à Solopisk.

Entre les rangées de maisons de ce village vers le Nord, s'élève une haute colline presque complètement dénuée de culture, et formée par une épaisse coulée de trapp, qu'on peut suivre à découvert dans les deux sens. Cette coulée est supérieure à trois ou quatre autres coulées exposées à l'aval dans ce même vallon, entre les roches de la bande **e 1**. Elle est régulièrement intercalée entre les bandes **e 1 — e 2** de notre étage **E**. Quant aux couches de l'étage **F**, elles existent à leur place normale, dans la partie supérieure de cette série, c. à d. au dessus de la bande **e 2**, très-développée dans cette localité.

Or, M. Lipold voulant, nous ne savons pour quel motif, tracer un affleurement de l'étage **F** à travers Solopisk, lui a incorporé la coulée de trapp en question, sans que cet affleurement soit aucunement dévié de sa direction générale sur la carte. Puis il le prolonge jusque dans le village de Kozořz, bâti sur la tranche de notre bande **g 2.** Ainsi, l'affleurement assigné par ce géologue en chef à notre étage **F,** entre ces deux villages éloignés de 3500 mètres, se compose d'une formation interne de notre étage **E,** unie avec la bande centrale de notre étage **G.**

Un autre affleurement parallèle de l'étage **F,** que M. Lipold figure sur la même carte, à travers le village de Trzebotov, n'est autre chose que la zone des calcaires rouges de la formation bigarrée, couronnant la bande **g 2,** et dont nous avons déjà signalé l'existence dans cette localité (p. 114). Cette erreur rentre dans la catégorie de celles qui existent sur la carte de M. Krejčí.

Après cet aperçu général, revenons à l'objet principal de cette étude, pour rectifier les prétendues intercalations mécaniques de notre étage **H** dans notre étage **G,** intercalations que M. Krejči a cru voir presque partout dans notre bassin, et avec les quelles il a construit un de ses plus puissans argumens contre nos Colonies. Dans ce but, nous allons passer en revue tous les lambeaux figurés par M. Krejči comme appartenant à notre étage **H.**

VI. Revue des surfaces figurées par M. le Prof. Krejči comme des lambeaux de notre étage H.

M. le Prof. Krejči a figuré comme des lambeaux de l'étage **H** tous les affleuremens de notre bande schisteuse **g 2** qu'il a rencontrés sur son chemin. C'est ce que constatent également le texte de son mémoire descriptif, ses diverses sections du terrain et la carte officielle, dite de détail, coloriée d'après ses observations. Tous ces documens, en ce moment sous nos yeux, nous montrent les localités où l'erreur est manifeste, et doit être rectifiée.

Nous suivrons les groupes des lambeaux de **H** d'après l'ordre adopté par M. Krejči dans son mémoire publié en 1862, dans les volume XII. du *Jahrbuch* de l'Institut géologique impérial de Vienne p. 273 et 274.

1. Groupe, aux environs de Hluboček.

1. M. Krejčí mentionne d'abord un lambeau de **H** qui existerait à Branik, près Prague, sur la rive droite de la Moldau et sur le talus Nord des rochers calcaires, notamment sous la rangée des petites maisons parallèles à la rivière. C'est une erreur, dont l'origine remonte à nous, ainsi que nous l'avons expliqué ci-dessus (p 104). Ce lambeau appartient réellement à notre bande **d 5**.

2. La carte et le texte de M. Krejči indiquent, à partir de Hluboček, deux lambeaux distincts et parallèles de **H**. Le premier, commençant derrière ce village, du côté du Nord, traverse un peu plus loin le vallon de St. Procop et a été figuré comme une zone étroite et rectiligne jusque près de Voržech, sur une étendue d'environ 7000 mètres.

Cette zone, dans toute sa longueur, représente uniquement un des affleuremens de notre bande schisteuse **g 2.** Nous la décrirons en détail dans la seconde partie de cette étude, Chap 7.

3. L'autre zone parallèle, figurée au Sud de Hluboček et sur le plateau qui s'étend vers Slivenetz et Holin, est composée de deux parties hétérogènes et situées sur des horizons géologiques différents. L'une de ces parties appartient réellement à l'étage **H** et l'autre est simplement l'affleurement de notre bande **g 2**, symétriquement opposé au premier, et dont nous allons révéler l'existence, en décrivant les environs de Hluboček (voir Pl. 2. fig. 1).

2. Groupe, aux environs de Chotecz et de Cheynitz.

4. M. Krejči figure une zone étroite et rectiligne de **H,** d'environ 5000 mètres de longueur, qui, partant du voi-

sinage de Hinter Kopanina se dirige vers Chotecz, traverse le vallon au droit du moulin *Miechurer mlyn*, et s'étend encore assez loin dans le plateau sur la rive droite du ruisseau, en passant au Nord de l'église de Ste. Catherine.

Cette prétendue zone de **H** résulte comme la précédente de l'association de deux parties hétérogènes et non contemporaines. En effet, la partie principale entre Hinter Kopanina et le moulin *Miechurer mlyn* appartient à notre bande schisteuse **g 2.** C'est l'affleurement secondaire de cette bande décrit ci-dessus (p. 85).

Or, d'après l'ordre naturel de superposition établi dans cette étude, il se trouve sur la surface de la bande **g 3,** dans cette localité, quelques petits lambeaux de **H.** Ils sont bien faciles à distinguer des schistes de **g 2,** par l'absence des sphéroides calcaires, par la présence des lits de quartzites à une certaine hauteur, et surtout par l'interposition évidente de la masse très-épaisse des calcaires de la bande **g 3** entre ces deux formations schisteuses. L'un de ces lambeaux est situé sur le côteau gauche près du moulin *Miechurer mlyn*, et les autres s'étendent au pied du côteau droit, sous le village de Chotecz et jusque sous l'église Ste. Catherine. Ce sont ces restes véritables de **H** que M. Krejči a annexés à l'affleurement de la bande **g 2,** pour figurer la zone allongée qui nous occupe.

5. Vis-à-vis le village de Chotecz, c. à d. sur le côteau gauche du vallon, M. Krejči figure une autre zone étroite de **H** parallèle à la précédente, mais beaucoup plus courte.

Ce lambeau tout entier est un affleurement de **g 2** déjà signalé ci-dessus (p. 82). Il présente des schistes avec des sphéroides calcaires, et on voit même au dessus des schistes la formation bigarrée, surmontée par la bande calcaire **g 3.**

6. En continuant à remonter le vallon entre Chotecz
et Cheynitz, nous voyons sur la caite de M. Krejči un
lambeau de **II,** sur le côteau gauche, auprès du moulin
Dubecky mlyn ou *Dvoržak.*

Ce lambeau tout entier est encore un affleurement
de notre bande **g 2,** signalé ci-dessus (p. 79) et parfaitement caractérisé sous tous les rapports.

7. Un peu plus loin et vis-à-vis Cheynitz, M. Krejči
figure un autre lambeau de **II** également situé sur le côteau gauche du même vallon, près du moulin de *Gelinek,*
non marqué sur sa carte.

Ce lambeau appartient réellement à l'étage **H,** ainsi
que nous l'avons constaté ci-dessus (p. 75).

3. Groupe, dans la direction de Trzebotov, Karlstein et Srbsko.

8. Le plus grand lambeau représentant l'étage **H** sur
la carte de M. Krejči s'étend à partir de Trzebotov vers
le Sud-Ouest.

Cette indication est correcte dans son ensemble. Mais
malheureusement elle présente encore une annexion hété-
rogène, aux depens de la bande **g 2.**

C'est l'appendice étroit et soudé à la masse principale au droit du moulin de Franta, non loin de Trzebotov, vers le Sud-Ouest. Nous rappelons que cet appendice
fait partie de l'un des affleuremens de **g 2** décrits ci-dessus, (p. 115) et qu'il offre tous les caractères pétrographiques et paléontologiques de cette bande.

9. A peu près dans le prolongement de la véritable
partie de **II** que nous venons de mentionner, M. Křejči
figure, au pied du Mont Javorka, près Karlstein, un lam-

beau de **H**, qu'il définit comme pincé entre les calcaires de **G**.

Ce lambeau est simplement une partie de l'affleurement de **g 2** signalé ci-dessus (p. 118) et qui est mis à découvert par la profonde entaille où coule le petit ruisseau de Gross-Moržin à Budnian.

Le texte de M. Krejči indique encore dans la même direction les trois lambeaux suivants, savoir:

10. Un lambeau qui s'étend à partir du village de Srbsko jusque près de la source nommée *Source royale*, dans les forêts de Karlstein. Il existe en effet des restes de **H** dans l'intervalle ainsi désigné, mais ils ne forment pas une seule masse comme le texte de M. Krejči le ferait supposer. Ce sont au contraire deux petits lambeaux, très-distinctement séparés sur le terrain. Nous devons de plus faire remarquer, que le seul lambeau figuré sur la carte de M. Krejči, sous la forme d'un arc entourant Srbsko vers Sud-Est et commençant à l'entrée de ce village vers Karlstein, renferme un affleurement de **g 2**, qui apparaît précisément en ce point sur le chemin. Cet affleurement, signalé ci-dessus (p. 144) montre les schistes de la bande **g 2**, à quelques pas desquels on voit les couches rouges de la formation bigarrée, apparaissant suivant l'ordre naturel de leur superposition.

11. Le lambeau indiqué par M. Krejči près de la Béraun sur le chemin de Srbsko à Karlstein, n'appartient nullement à l'étage **H**, auquel il est attribué, mais au contraire à la bande **g 2**. Il est composé de schistes renfermant les sphéroides calcaires caractéristiques de cette bande et fait partie des affleuremens décrits ci-dessus (p. 122).

12. Quant au dernier lambeau de ce groupe que M. Krejči indique et figure comme situé près de l'embouchure du ruisseau de Lodenitz dans la Béraun, sur les

talus des montagnes calcaires de l'étage **G,** nous constatons
que ne l'ayant jamais rencontré dans nos explorations antérieures, nous avons fait récemment plusieurs excursions
spéciales pour le découvrir; mais sans succès. La surface
sur laquelle ce lambeau est placé sur la carte est réellement occupée par une masse épaisse de diluvium à gros
galets roulés, et qui borde le sommet des escarpemens
presque verticaux, formés par les calcaires, aussi bien le
long de la Béraun que du ruisseau de Lodenitz qu'elle
reçoit en ce point.

Nous avons seulement remarqué sur ces talus, que
les menus débris résultant de la décomposition des calcaires prennent une teinte rougeâtre, analogue à celle de
certaines couches de notre formation bigarrée, dont nous
venons de signaler la présence à l'entrée de Srbsko. Cette
couleur n'auvrait-elle pas trompé M. Krejči?

Nous pourrions peut-être encore expliquer l'énigme
de ce lambeau introuvable pour nous, en supposant qu'il
résulte de la transposition, soit d'une véritable partie de
H, qui existe presque à la sortie de Srbsko, vers le Nord-
Ouest en allant vers Hostin, soit d'une autre partie de cet
étage qu'on rencontre également, mais beaucoup plus
loin, sur le chemin de Srbsko à Hostin, c. à d. sur la
rampe fortement inclinée qui descend vers ce dernier village. D'après la proximité, cette dernière supposition serait
la plus concevable. Dans tous les cas, une transposition
paraîtrait d'autant plus possible, que les deux parties de
H en question n'ont été indiquées ni l'une, ni l'autre sur
la carte de M. Krejči.

4. Groupe, dans la direction de Lužetz et Hostin.

13. Cette partie de **H,** la plus étendue après celle
du Nr. 8 ci-dessus, n'est pas exacte dans ses contours, sur
la carte de M. Krejči. Ainsi, entre Bubovitz et Hostin elle
est figurée trop étroite, car en réalité elle s'étend en lar-

geur sous la surface entière de Bubovitz, sous le hameau de Baubova et sur les talus Nord-Ouest du Mont Dautnacz, jusqu'à une grande hauteur sur le chemin montant de Hostin vers Srbsko.

5. Groupe, sur la rive droite de la Béraun.

14. M. Krejči indique sur sa carte, un lambeau de **H**, vis-à-vis Srbsko, à l'entrée de la gorge de Koda, sur le côteau gauche de cette gorge.

Le lambeau en question n'est pas réellement placé à l'entrée de la gorge de Koda, à l'endroit où il est figuré, et où il n'existe qu'une grande masse de débris, couvrant le sol. Il faut le chercher à 200 ou 300 mètres plus loin, sur la rampe du chemin de Tetin, comme l'indique le texte de **M. Krejči**.

En second lieu, ce lambeau n'appartient pas à l'étage **H**, mais au contraire à un affleurement de la bande **g 2**, mentionné ci-dessus (p. 144).

15. Un autre lambeau de **H** est figuré par M. Krejči sur le côteau droit du petit vallon de Koda, près de la vallée de la Béraun. Cette indication est exacte.

16. Il en est de même du lambeau de **H** figuré par M. Krejči vers le haut du même vallon de Koda, entre ce hameau et le village de Tobolka.

En résumé, les 16 lambeaux figurés sur la carte de M. Krejči et énumérés dans son texte, comme représentant les restes de notre étage **H**, se classent comme il suit:

1 Lambeau appartenant à notre bande **d 5**, à Branik.

6 Lambeaux appartenant totalement aux affleuremens notre bande schisteuse **g 2**, étage **G**.

4 Lambeaux hétérogènes, c. à d. appartenant en partie à l'étage **H**, et en partie aux affleuremens de la bande **g 2.**

1 Lambeau de **H**, transposé.

4 Lambeaux de **H** correctement indiqués suivant leur nature et leur position topographique.

___

16

___

Ces chiffres parlent assez clairement. Nous ajouterons ce qu'ils ne disent pas.

La plupart des 16 lambeaux passés en revue occupent sur notre terrain une surface très-restreinte. Ainsi, pour rencontrer sur ses pas ceux dont nous ne lui avions pas signalé l'existence, M. Krejči a dû se donner quelque peine. En lui rendant justice de grand coeur, nous devons d'autant plus déplorer la fatale préoccupation, qui l'a invariablement rendu insensible aux contrastes multipliés, existant partout entre la formation schisteuse de **g 2** et la formation schisteuse de **H**, placées d'ailleurs sur des horizons très-distincts.

Telle a été la funeste influence d'une seule pensée anticoloniale. Que Dieu nous préserve de toute préoccupation en faveur de nos colonies!

VII. Sections de M. Krejči.

En reproduisant sur nos deux planches ci-jointes cinq des sections figurées par M. Krejči, nous fournissons aux savans le moyen de les juger par eux mêmes et de les comparer avec nos propres sections, en visitant le terrain. Nous aurons successivement l'occasion d'en reproduire plusieurs autres, afin que chacun puisse se convaincre des erreurs ou lacunes qu'elles présentent, et que notre devoir nous oblige à signaler, comme nous le faisons aujourd'hui dans les descriptions relatives à notre étude.

Ces erreurs sont d'abord celles dont nous venons de constater l'existence sur la carte correspondante. Mais elles ne sont pas les seules, car les sections représentent non seulement l'étendue horizontale des formations suivant une direction donnée, mais encore leurs relations dans le sens vertical, que la carte ne saurait figurer. Or, ces relations ont été méconnues ou arbitrairement transformées par M. Krejči, en divers points importants.

Ainsi, nous avons déjà fait remarquer ci-dessus (p. 94) que dans les section 6—7—8—9—11—12—13—14—15 sur la Pl. 4, accompagnant le mémoire allemand de M. Krejči, la bande **d 5** avait été presque partout figurée soit comme reployée, soit en stratification discordante avec notre étage **E**, tandis qu'à nos yeux ces plis n'existent pas, et les bandes **d 5—e 1** sont à peu près partout concordantes. Le reploiement de cette bande paraît avoir été supposé par M. Krejči, pour dissimuler la puissance gênante de **d 5**, et les discordances avec l'étage **E**, pour préparer un appui aux interprétations anticoloniales.

Nous avons également signalé en passant l'erreur de M. Krejči, qui consiste à figurer comme représentant notre étage **F** des dépôts de calcaires rouges, situés à diverses hauteurs dans les bandes **g 1—g 2—g 3**. Cette erreur, répétée sur plusieurs des sections officielles, intervertit l'ordre réel de superposition de nos étages, et s'oppose à l'intelligence du terrain.

Une semblable interversion résulte de l'erreur commise par M. Krejči en confondant partout notre bande schisteuse **g 2** avec notre étage **H**. Cette erreur répétée un grand nombre de fois dans les cinq sections que nous reproduisons, et dans d'autres, altère profondément les relations verticales entre nos deux étages supérieurs. Mais

elle avait l'avantage de fournir à **M. Krejči** un de ses
plus redoutables argumens contre nos Colonies.

Nous n'insistons pas sur les dislocations réellement
existantes, que **M. Krejči** n'a pas toujours aperçues, tandis qu'il en a supposé d'autres dont il n'existe aucune
trace. Nous le félicitons, au contraire, de n'avoir pas introduit dans ses sections tous les plissemens imaginaires
que **M. Lipold** a accumulés dans les siennes, pour créer
un fondement idéal à son système.

Enfin, il est fort à regretter, que les profils de **M.**
Krejči soient dépourvus de toute échelle, et que leur tracé
ne soit indiqué que d'une manière vague entre deux
villages, dont la position n'est pas même fixée, et sans
aucune mention des points intermédiaires.

Dans un terrain aussi accidenté que celui qui nous
occupe, de semblables sections ne seraient que des guides
bien insuffisans pour un géologue explorateur. Elles ne
peuvent pas d'ailleurs fournir des élémens certains pour
l'étude, au savant qui voudrait sérieusement acquérir la
connaissance de notre bassin, sans le visiter.

Ainsi, en somme, ces sections sont bien loin des
sections typiques que nous avions rêvées, à l'instar de
celles du *Geological survey* d'Angleterre, pour représenter
aux yeux du monde savant les résultats des explorations
officielles de l'Institut Impérial Géologique d'Autriche, sur
un bassin, dont les principaux traits caractéristiques
avaient été depuis longtemps esquissés par un simple observateur.

Chapitre quatrième.

Recherches sur la représentation de nos étages G — H, dans les autres contrées paléozoiques.

Nos étages **G — H** étant nettement définis par leurs élémens paléontologiques, exposés ci-dessus (Chap. 2.), il nous reste à chercher, si les âges qu'ils représentent peuvent être distinctement reconnus dans des subdivisions correspondantes ou équivalentes, déjà établies dans les autres contrées paléozoiques, scientifiquement explorées. Dans ce but, nous allons successivement parcourir l'Angleterre, la Russie, la Suède, la Norwége, la Thuringe, la Saxe, la Franconie, le Harz, la France, l'Espagne, la Sardaigne et les Etats-Unis d'Amérique.

D'après les doctrines actuellement régnantes dans la science, les espèces identiques ou représentatives, qui existent à la fois dans des régions géographiquement séparées, sont considérées comme indiquant la contemporanéité des dépôts dans lesquels elles se trouvent. Conformément à ces doctrines, nous allons rapprocher, dans les tableaux qui suivent, les principales formes soit spécifiques, soit génériques, qui peuvent être regardées comme identiques ou représentatives en Bohême et dans chacun des pays comparés. Nous y ajouterons l'indication de quelques types très-caractéristiques, qui se trouvent exclusivement dans l'une ou l'autre des régions en parallèle et contribuent puissamment à établir un contraste entre leurs faunes, même contemporaines.

En comparant la distribution verticale de ces élémens paléontologiques, nous reconnaîtrons la véritable mesure de la correspondance qui peut être rationnellement admise, d'après l'état actuel de la science, entres les subdivisions ou étages établis dans les divers bassins Siluriens.

I. Angleterre.

1846. Dans notre *Notice préliminaire* nous avons essayé de mettre en parallèle les étages de notre bassin avec ceux du terrain Silurien d'Angleterre. Cet essai nous a fourni l'occasion de faire ressortir les différences considérables, que présente le développement de nos grandes faunes, et nommément de notre faune troisième, avec celui des faunes correspondantes dans la région comparée.

Ces contrastes, sommairement indiqués, étage par étage, nous ont conduit dès lors à des conclusions générales, formulées dans les termes suivans:

„Nous avons reconnu une correspondance complète entre les grandes divisions des terrains Siluriens de Bohême et des Iles Britanniques.

„La comparaison plus détaillée des faunes locales nous a démontré, que les étages distincts dans chaque pays ne se correspondent pas d'une contrée à l'autre.

„Il y a donc unité dans l'ensemble du Système Silurien, comme il y a diversité dans les détails.“ *(Not. Prélim. p. 96.)*

1852. Dans notre *Esquisse Géologique, Syst. Sil. de Boh. I.*, nous avons confirmé ces conclusions, en comparant les principaux élémens zoologiques qui constituent chacune des trois faunes générales en Bohême et en Angleterre. Pour ce qui concerne la faune troisième en particulier, le résumé de nos observations a été exprimé comme il suit (p. 85).

„Sans pousser plus loin ces considérations, sur lesquelles nous reviendrons un jour, il nous semble que les

fossiles qui caractérisent la division supérieure en Angleterre et en Bohême, considérés dans leur ensemble, constituent par leurs analogies et identités, soit génériques,
soit spécifiques, une seule et même faune générale, que
nous nommons *faune troisième*. A l'époque de son apparition dans chacun des deux pays, cette faune offre les
rapports et les connexions les plus intimes. Par suite de
circonstances locales, ou autres causes également inappré-
ciables, la faune troisième, dans chaque contrée, a subi
une évolution différente, ainsi que le montrent, d'un côté,
la marche inégale du développement de chaque classe, et
de l'autre côté, les modifications résultant de l'extinction
et du renouvellement progressif des espèces. La divergence
sensible entre les formes substituées aux plus anciennes
s'accroissant successivement avec le temps, les formations
qui couronnent la division supérieure en Angleterre et en
Bohême sont liées entre elles par le minimum de rapports
paléontologiques.

Il résulte de ces observations, que les étages distincts par leurs fossiles, dans la division supérieure, en
Bohême et en Angleterre, sont uniquement des subdivisions
locales, et *qu'on ne saurait établir entre eux aucun parallélisme individuel*, bien que leur ensemble soit compris
dans une même période de temps, durant le dépôt du
Système Silurien. Cette conclusion est parfaitement en
harmonie avec les vues exprimées à diverses reprises par
Sir Roderick Murchison, et déjà confirmées dans notre
Notice préliminaire (p. 96)."

Depuis que ces considérations ont été publiées, c. à
d. depuis douze ans, toutes nos découvertes en Bohême
et toutes nos études comparatives, embrassant les divers
terrains qui représentent cette période paléozoique sur le
globe, ont constamment tendu à confirmer et à étendre
nos convictions dans le même sens. Le cadre limité de la
présente étude ne nous permet pas d'exposer le résumé
général de nos vues, d'après l'ensemble des faits aujour-

d'hui acquis à la science. Nous aurons l'occasion de revenir sur ce sujet si important, dans un autre travail que nous préparons.

Pour le moment, nous nous bornons à indiquer les faits principaux, qui établissent un éclatant contraste entre la faune troisième de Bohême et la faune correspondante en Angleterre, durant leurs dernières phases. Ces faits sont fondés sur la représentation des diverses classes zoologiques, c. à d. les Poissons, les Crustacés, les Céphalopodes &c.

On remarquera dans le tableau suivant, que le nombre des espèces identiques dans les deux pays est peu considérable, surtout pour certaines classes, par rapport à la richesse totale de la faune troisième, qui a fourni au moins 500 espèces en Angleterre et 2000 en Bohême. Mais le travail de la détermination et de la comparaison des espèces est loin d'être achevé, notamment pour les Gastéropodes et les Acéphalés, très-nombreux dans notre bassin. On doit donc considérer notre tableau comme incomplet et comme devant s'enrichir un jour d'un plus grand nombre de formes identiques. On conçoit aussi, que les connexions entre les faunes comparées paraîtraient bien autrement multipliées, si nous avions énuméré dans notre tableau tous les genres communs à la division silurienne supérieure en Angleterre et en Bohême. Ce serait, en effet, une grande partie des types appartenant à la faune troisième. Nous avons cru pouvoir en faire abstraction en cette circonstance, car nous avons suffisamment signalé ailleurs la coexistence des genres caractéristiques, dans chacune des trois grandes faunes siluriennes, sur la surface du globe.

Toutes les données relatives à l'Angleterre ont été empruntées au tableau de la distribution verticale des espèces, publié dans la classique *Siluria* 1859; ouvrage dans lequel notre illustre maître et ami, Sir Rod. Murchison a si nettement formulé les documens fondamentaux, pour la classification des terrains paléozoiques de la Grande Bretagne. On sait que le tableau en question, constituant l'un des plus importans et des plus utiles de ces documens, ~~est~~ dû principalement aux travaux de M. M. Salter et Morris.

Classes, genres et espèces	Division inférieure	Angleterre Faune trois. — Wenlock	Ladlow	Passage Beds	Bohême Faune troisième — E	F	G	H	Observations
Poissons.									Horizons de la div. inf. en Angl.
Auchenaspis . Egert	.	.	.	2	.	.	.	.	
Cephalaspis . . Ag.	.	.	.	2	.	.	.	.	
Onchus . . . . Ag.	.	.	3	1	.	.	.	.	
Plectrodus . . Ag.	.	.	2	1?	.	.	.	.	
Pteraspis . . . Kner.	.	.	2	1?	.	.	.	.	
Sphagodus . . Ag.	.	.	1	.	.	.	.	.	
Coccosteus . . Ag.	.	.	.	.	.	1	1	.	
Asterolepis . . Eichw.	.	.	.	.	.	.	1	.	
Gompholepis . Pand.	.	.	.	.	.	.	1	.	
Ctenacanthus . Ag.	.	.	.	.	.	.	1	.	
Crustacés.									
Calymene . . Brongn.									
Blumenbachi . Brongn.	+	+	+	.	+	+	.	.	Caradoc-Llandovery.
Deiphon . . . Barr.									
Forbesi . . . . Barr.	.	+	.	.	+	.	.	.	
Sphaerexochus Beyr.									
mirus . . . . . Beyr.	+	+	.	.	+	.	.	.	Caradoc-Llandovery?
Staurocephalus Barr.									
Murchisoni . . Barr.	+	+	.	.	+	.	.	.	Caradoc.
Ampyx . . . . Dalm.									
parvulus . . . . Forb.	.	+	+	.	.	.	.	.	seules formes repré-
Rouaulti . . . Barr.	.	.	.	.	+	.	.	.	sentatives dans la faune troisième.
Encrinurus . . Emmr.	4	1	1	.	.	.	.	.	formes représentativ.
Cromus . . . Barr.	.	.	.	.	4	.	.	.	Caradoc-Llandovery.
Illaenus (Bumast.) Dalm.									
Barriensis . . . Murch.	.	+	.	.	.	.	.	.	formes représentativ.
Bouchardi . . . Barr.	.	.	.	.	+	.	.	.	
Ceratiocaris } / **Leptocheles** } M'Coy.	.	.	10	.	2	1	.	.	
Pterygotus . . Ag. } / **Hymantopterus** Salt. }	1	.	10	4	1	?	.	.	Llandovery.
Eurypterus . . Dek.	.	.	6	4	1	?	.	.	

Classes, genres et espèces	Division inférieure	Angleterre Faune trois.			Bohême Faune troisième				Observations
		Wenlock	Ludlow	Passage Beds	E	F	G	H	
Céphalopodes.									
Ascoceras . . Barr.	·	·	1	·	14	·	·	·	Espèces différentes dans les deux pays.
Cyrtoceras . . Goldf.									
arcuatum . . Sow. } Murchisoni . . Barr. }	·	·	+	·	+	·	·	·	
Orthoceras . . Breyn.									Il existe diverses autres espèces très-analo-
annulatum . . . Sow.	·	+	+	·	+	·	·	·	gues dans les deux
apollineum . . . Barr.	·	+	·	·	+	·	·	·	pays et semblable-
originale . . . Barr.	·	+	·	·	+	·	·	·	ment distribuées.
Phragmoceras Brod.									
imbricatum . . Barr.	·	+	·	·	+	·	·	·	
ventricosum . . Sow. } Broderipi . . . Barr. }	·	+	+	·	+	·	+	·	
espèces diverses . . .	·	·	5	·	25	·	9	·	
Goniatites . . de Haan	·	·	·	·	·	5	15	1	
Ptéropodes.									
Conularia . . Mill.									Espèces représentativ.
Sowerbyi . . . Defr.	+	+	+	·	·	·	·	·	Caradoc-Llandovery.
Proteica . . . . Barr.	·	·	·	·	+	·	·	·	Espèces différentes.
Pterotheca . . Salt.	2	·	·	·	1	·	·	·	Caradoc.
Gastéropodes.									
Euomphalus . Sow.									
funatus . . . Sow.	+	+	+	·	+	·	·	·	Llandovery.
Acroculia (Capul.) Phill.									
haliotis . . . Sow. } priscus . . . . Barr. }	+	+	·	·	+	·	·	·	Llandovery.
Acéphalés.									
Avicula . . . Lamk.									
mira . . . . Barr.	·	·	+	·	+	·	·	·	
Cardiola . . . Brod.									
fibrosa . . . . Sow. } interrupta . . Sow. }	+?	+	+	·	+	·	·	·	Caradoc.
Brachiopodes									
Athyris . . . . M'Coy.									
Circe . . . . . Barr.	·	+	·	·	·	+	·	·	

Classes, genres et espèces	Division inférieure	Angleterre Faune trois.			Bohême Faune troisième				Observations
		Wenlock	Ludlow	Passage Beds	E	F	G	H	
Atrypa . . . . Dalm.									
marginalis . . . Dalm.	+	+	.	.	+	.	.	.	Caradoc-Llandovery.
Cyrtia . . . . Dalm.									
trapezoidalis . . Linn.	+	+	+	.	+	.	.	.	
Discina . . . . Lamk.									
rugata . . . . . Sow.	.	+	+	.	+	.	.	.	Llandovery.
Leptaena . . . Dalm.									
sericea . . . . Sow.	+	+?	.	.	+	.	.	.	Llandovery. / Llandeilo-Caradoc.
transversalis . . Dalm.	+	+	.	.	+	.	.	.	Caradoc-Llandovery.
Lingula . . . . Brug.									
cornea . . . . . Sow.	.	.	+	+	.	.	+	+	
Merista . . . . Suess.									
tumida . . . . . Dalm.	+	+	.	.	+	.	.	.	Llandovery.
Orthis . . . . . Dalm.									
elegantula . . . Dalm.	+	+	+	.	+	+	.	.	Llandovery. / Llandeilo-Caradoc.
hybrida? . . . . Sow.	+	+	.	.	+	.	.	.	Caradoc-Llandovery.
Pentamerus . . Sow.									
galeatus . . . . Dalm.	.	+	+	.	.	+	.	.	
Knighti . . . . Sow.	.	+	+	.	+	.	.	.	
linguifer . . . . Sow.	+?	+	.	.	+	+	+	.	Llandovery.
Retzia . . . . . King.									
Barrandei . . . Dav.	.	+	.	.	+	.	.	.	
cuneata . . . . Dalm.	.	+	.	.	+	.	.	.	
Rhynchonella . Fisch.									
compressa . . . Sow.	.	+	.	.	.	+	.	.	
deflexa . . . . . Sow.	.	+	.	.	+	.	.	.	
navicula . . . . Sow.	.	+	+	.	+	.	.	.	
obovata . . . . Sow.	.	+	+	.	+	+	+	.	
upsilon . . . . Barr.	+	.	.	.	+	.	.	.	Caradoc.
Wilsoni . . . . Sow.	+	+	+	.	.	+	.	.	Llandovery.
Spirifer . . . . Sow.									
sulcatus / crispus . . . . His.	+	+	+	.	+	.	.	.	Llandovery.
Spurius . . . . Barr.	.	+	.	.	+	.	.	.	
Spirigerina . . d'Orb.									
reticularis . . . Linn.	+	+	+	.	+	+	+	.	Llandovery
Strophomena . Rafin.									
depressa . . . . Sow. / rugosa . . . . Dalm.	+	+	+	.	+	+	.	.	Caradoc-Llandovery.
euglypha . . . Dalm.	+	+	+	.	+	.	.	.	Llandovery.
funiculata . . . M'Coy	+	+	.	.	+	.	.	.	Llandovery.
pecten . . . . . Linn.	+	+	.	.	+	.	.	.	Caradoc-Llandovery.
Phillipsi . . . . Barr.	.	+	.	.	+	.	.	.	
Trematis . . . Sharpe	1	.	.	.	1	.	.	.	Caradoc —espèces représent.

Classes, genres et espèces	Division inférieure	Angleterre Faune trois.			Bohême Faune troisième				Observations
		Wenlock	Ladlow	Passage Beds	E	F	G	H	
Bryozoaires.									
Graptolithus . . Linn.									
Nilssoni . . . . Barr.	+	.	.	.	+	.	.	.	Llandeilo.
priodon . . . . Bronn.	+	+	+	.	+	.	.	.	Caradoc-Llandovery.
Rastrites . . . Barr.									
peregrinus . . . Barr.	+	.	.	.	+	.	.	.	Llandeilo.
Retiolites . . . Barr.									
Geinitzianus . . Barr.	.	+	.	.	+	.	.	.	
Ischadites . . Murch.									
Koenigi . . . . Murch.	.	.	+	.	+	.	.	.	
Annélides.									
Cornulites . . Schlot.									
serpularius . . Schlot.	+	+	+	.	+	+	.	.	Llandovery.
Spirorbis . . . Lamk.									
Lewisi . . . . Sow.	.	+	+	.	+	.	.	.	
Polypiers.									
Favosites . . . Lamk.									
alveolaris . . . Blainv.	+	+	+	.	+	.	.	.	Caradoc-Llandovery.
Gothlandica . . Linn.	+	+	.	.	+	+	.	.	Llandovery.
polymorpha . . Goldf.	+	+	.	.	+	.	.	.	Llandovery.
fibrosa . . . . Goldf.	+	+	+	.	+	.	.	.	Caradoc.
Halysites . . . Fisch.									
catenulatus . . Linn.	+	+	.	.	+	.	.	.	{Llandovery. / Llandeilo-Caradoc.
Heliolites									
insterstinctus ? . Wahl.	+	+	.	.	+	.	.	.	Caradoc-Llandovery.

Le tableau suivant résume numériquement la distribution verticale des 57 espèces reconnues comme identiques dans les deux pays comparés.

Classes	Division inférieure	Angleterre Faune trois.			Bohême Faune troisième				Espèces distinctes
		Wenlock	Ludlow	Passage Beds	E	F	G	H	
Poissons	.	.	.	.	.	.	.	.	.
Crustacés	3	4	1	.	4	1	.	.	4
Céphalopodes . . .	.	5	3	.	6	.	1	.	6
Ptéropodes	.	.	.	.	.	.	.	.	.
Gastéropodes . . .	2	2	1	.	2	.	.	.	2
Acéphalés	1?	2	3	.	3	.	.	.	3
Brachiopodes . . .	16	27	13	1	23	9	4	1	29
Bryozoaires	3	2	2	.	5	.	.	.	5
Annélides	1	2	2	.	2	1	.	.	2
Polypiers	6	6	2	.	6	1	.	.	6
	32	50	27	1	51	12	5	1	57

Analysons maintenant en peu de mots les différences que constate notre tableau entre les phases de la faune troisième en Angleterre et en Bohême.

1. Parmi les 57 espèces communes à la faune troisième des pays comparés, 32 avaient déjà existé plus ou moins longtemps dans la division inférieure, ou dans la faune seconde d'Angleterre, tandis qu'elles n'ont pas apparu dans la faune seconde en Bohême.

Sans nous arrêter à considérer ce fait, nous ferons remarquer, qu'il démontre à lui seul la possibilité de nos Colonies, car ces 32 espèces, coexistant avec notre faune seconde, ont pu immigrer dans notre bassin et y séjourner temporairement, durant l'existence de cette faune. Nous avons déjà constaté la présence de quelques unes de ces espèces dans nos Colonies. (*Colonies 1860. Bull. Soc. géol. XVII. p. 645.*)

2. En Angleterre, parmi les 57 espèces qui nous occupent, 50 se trouvent dans l'étage de Venlock et 27 se pro-

pagent dans l'étage de Ludlow. Une seule s'elève dans les *Passage beds*. Ces chiffres sont en harmonie avec les observations que nous avons déjà présentées ailleurs, sur les nombreuses connexions qui lient entre eux les deux étages principaux de la division supérieure, dans la Grande Bretagne.

3. En Bohême, parmi ces 57 espèces, 51, c. à d. environ dix onzièmes du chiffre total, se trouvent dans notre étage **E**.

C'est aussi dans ce même étage que nous retrouvons la plupart des formes représentatives de toutes les classes qui sont indiquées sur notre tableau, et dont nous pourrions aisément augmenter beaucoup le nombre.

4. Un nombre comparativement petit des mêmes espèces identiques, savoir: 1 Trilobite, 1 annélide et 10 Brachiopodes, ensemble 12 espèces, reparaissent dans notre étage calcaire moyen **F**.

5. Un nombre plus petit encore et représenté seulement par un Céphalopode et par 4 espèces de Brachiopodes, très-persistantes, se propage dans notre étage calcaire supérieur **G**.

6. Enfin, 1 de ces mêmes espèces de Brachiopodes apparaît dans les dépôts inférieurs de notre étage des schistes culminans **H**, et figure parmi les derniers survivants de la faune troisième en Bohême.

En somme, notre étage **E** concentre à lui seul presque toutes les connexions paléontologiques reconnues jusqu'ici entre la faune troisième de Bohême et celle d'Angleterre.

La fraction de ces connexions qui se reproduit dans nos trois autres étages **F — G — H** semble seulement destinée à nous montrer, qu'ils sont bien réellement des parties constituantes de la même division silurienne supérieure, c. à d. qu'ils renferment aussi des phases de notre faune troisième.

Ainsi, dans le cas où ces trois étages n'existeraient pas, aucun géologue n'hésiterait à reconnaître, que la faune troisième d'Angleterre, abstraction faite des *Passage beds*, est représentée d'une manière satisfaisante dans l'étage **E** de la Bohême. Dans ce cas même, l'absence des *Passage-beds* paraîtrait bien naturelle, puisque notre terrain Silurien n'est pas recouvert par des couches de l'âge du vieux grès rouge, vers lesquelles ces dépôts forment la transition.

En traduisant cette considération en d'autres termes, on pourrait donc dire, que les trois étages **F — G — H** de notre bassin, et principalement les deux derniers, ne sont pas *explicitement* représentés en Angleterre.

Pour donner à ces termes un sens plus précis et à l'abri de toute interprétation contraire à nos vues, nous devons rappeler les principaux élémens paléontologiques, qui caractérisent particulièrement notre étage calcaire supérieur **G**, le plus important dans ce parallèle, puisqu'il renferme à lui seul, presque toute la dernière phase de notre faune troisième (p. 54). Ces élémens consistent:

1. Dans la prédominance des trilobites et surtout des *Dalmanites* offrant 8 espèces, et des *Bronteus*, qui en ont fourni 12, sur l'horizon de la bande **g 1**. Il faut ajouter la présence des *Calymene*.

2. Dans la réapparition inattendue sur l'horizon de la bande **g 3**, des Céphalopodes, dont l'ouverture est contractée à deux orifices, c. à d. des *Phragmoceras* et *Gomphoceras*, qui avaient disparu depuis la fin des dépôts de notre étage **E**.

3. Dans le développement relativement considérable des *Goniatites*, analogues aux *Goniatites* dévoniens, et qui avaient déjà apparu sous quelques formes rares dans notre étage **F**.

4. Dans l'apparition sporadique des poissons cuirassés, *Coccosteus* et *Asterolepis*, généralement considérés jusqu'ici comme exclusivement propres à la période dévonienne et dont notre étage **F** montre déjà un premier avant coureur, complètement isolé.

Ces élémens sont précisément ceux qui manquent totalement en Angleterre, non seulement dans les deux étages de Wenlock et de Ludlow, mais encore dans les *Passage beds*.

En effet, aucun horizon en Angleterre ne nous montre la prédominance des trilobites et en particulier celle des *Dalmanites* et *Bronteus*, qui caractérise la bande **g 1**, c. à d. la base de notre étage **G**.

Aucun horizon en Angleterre ne présente la réapparition des Céphalopodes à ouverture contractée, avec les amples formes qui existent dans la bande **g 3**, couronnant ce même étage en Bohême.

Enfin, pour trouver les représentants de nos Goniatites et de nos poissons cuirassés, il faut remonter jusque dans le coeur des formations typiques du système dévonien. Mais là, ils se présentent entourés par une tout autre faune, contrastant à son tour avec la faune Silurienne de Bohême et se refusant ainsi à toute assimilation. Ce contraste n'est pas moins grand, si l'on compare nos étages **F — G — H** avec les formations dévoniennes du continent, ainsi que nous le constatons dans le chapitre suivant.

D'après ces faits, si l'on veut maintenir aux élémens paléontologiques la valeur qui leur a été jusqu'ici attribuée dans la classification des terrains et surtout dans la comparaison des bassins géographiquement séparés, il faut évidemment avouer, qu'il n'existe dans la division silurienne supérieure, en Angleterre, aucune subdivision distincte, qu'on puisse. considérer comme représentant spécialement notre étage **G** de la Bohême.

Cette conclusion s'applique en même temps à notre étage **H,** dont la faune n'est que la faible continuation de celle de l'étage **G,** en voie d'extinction finale, ainsi que nous l'avons constaté ci-dessus (p. 54).

En présence de tels résultats de nos rapprochemens, si la faune troisième d'Angleterre doit continuer à être considérée comme occupant dans la série des âges la même étendue approximative que celle de la Bohême, il faut trouver pour les dernières phases de celle-ci des équivalents tout autres que des subdivisions spéciales, entre des limites stratigraphiques nettement définies.

Les principales hypothèses qu'on peut faire à ce sujet, nous semblent se réduire aux trois suivantes:

1. On peut supposer, que les phases locales de la faune troisième, représentées en Angleterre par les étages de Wenlock et de Ludlow, ont eu une durée absolue beaucoup plus longue que celle de la phase paléontologiquement semblable, que renferme l'étage **E** en Bohême. Cette hypothèse serait en harmonie avec les idées que nous avons déjà émises sur la *contemporanéité relative*, en diverses occasions, et notamment dans notre *Parallèle entre la Scandinavie et la Bohême* (p. 33—1856). Notre illustre maître Sir Rod. Murchison en admettant, que *les mêmes espèces ont eu une plus longue existence dans une région que dans une autre,* a hautement confirmé notre conception. *(Sil. Rocks of Norway. Quart. Journ. Febr. 1858.)*

2. On peut admettre que, dans la série verticale des formations Siluriennes en Angleterre, il existe une lacune,

dont la position serait à chercher au dessus de l'étage de Ludlow.

Cette lacune ne paraît annoncée par aucune discordance stratigraphique, et ne semble pas même avoir été soupçonnée par M. le Prof. Ramsay, qui s'est appliqué à faire ressortir tous les faits tendant à indiquer la discontinuité des faunes sur le sol anglais, durant les périodes paléozoïques et secondaires. Mais l'idée d'une pareille interruption dans la chaîne des êtres Siluriens concorderait parfaitement avec les vues générales émises par cet éminent stratigraphe, dans ses deux discours anniversaires, en qualité de Président de la société géologique de Londres, en 1863 et 1864.

3. On pourrait penser, que le complément des âges qui reste à découvrir, dans la durée de la faune troisième en Angleterre, est suffisamment représenté, d'abord, par le *Bone bed* originairement signalé vers le sommet de l'étage de Ludlow par Sir Rod. Murchison, et ensuite par la formation dite *Tilestone*, occupant un horizon supérieur et couronnant le système Silurien. En effet, on sait qu'en y comprenant les *Pteraspis* qui apparaissent dans le *grey Ludlow rock*, c. à d. au dessous du *Bonebed* de Ludlow, (*Siluria* p. 269) la partie supérieure de cet étage présente 8 espèces de poissons, énumérées dans le tableau de la *Siluria* p. 552. Ces poissons sont associés à divers fossiles caractéristiques de l'étage de Ludlow, et qui descendent même assez profondément dans le Système. (*Siluria p. 157. Note.*)

D'autres couches semblables avec des restes de poissons et divers fossiles également siluriens ont été successivement observés dans le *Tilestone*, en diverses localités. (*Siluria p. 149—153.*)

M. le Prof. Phillips avait même signalé des traces de poisson sur l'horizon de contact entre le calcaire d'Aymestry et le Ludlow supérieur, mais ce fait n'est pas reproduit dans la *Siluria.*

En somme, il existe dans les formations culminantes de la division supérieure en Angleterre au moins deux *Bone beds* distincts et décrits dans la *Siluria,* comme renfermant de nombreux débris de poissons, mêlés avec divers fossiles d'origine évidemment Silurienne.

Or, il est généralement admis, que les couches dites *Bone beds,* malgré leur épaisseur souvent très-réduite, peuvent correspondre à une longue durée de temps et représenter à elles seules des dépôts contemporains, puissamment développés dans d'autres régions. Nous avons entendu fréquemment émettre cette opinion, au sujet des *Bone beds* du Trias, du Lias &c. &c.

Par conséquent, si l'on considère que l'apparition des poissons, soit dans les roches quelconques, soit spécialement dans le *Bone bed* primitif de Ludlow, ne peut pas être très-éloignée de l'époque où des formes de la même classe se sont montrées, soit dans notre étage **F**, soit à la base de notre étage **G**, on pourrait concevoir, que cet étage **G** et l'étage **H** sont représentés dans l'échelle des temps par ·ce premier *Bone bed,* et par toute la formation du *Tilestone,* où les premiers poissons anglais se reproduisent, avec de nouveaux types de la même classe.

A l'appui de cette conception, nous devons faire remarquer, que l'un des fossiles communs à nos étages **G** et **H** nous paraît identique avec *Lingula cornea,* dont Sir Rod. Murchison signale la présence, aussi bien dans le *Bone bed* inférieur ou primitif, que dans le *Bone bed* le plus élevé, aux environs de Ludlow. *(Siluria p. 156.)*

En exposant ces diverses combinaisons hypothétiques, il nous semble qu'il ne serait pas rationnel d'adopter l'une quelconque d'entre elles à l'exclusion des deux autres, car aucune d'elles n'est dépourvue d'une certaine vraisemblance. Nous serions donc plutôt disposé à admettre, que chacune de ces causes idéales, sans en exclure d'autres qui nous sont inconnues, peut avoir partiellement contribué à produire l'inégalité apparente des phases de la faune troisième en Angleterre et en Bohême.

S'il ne nous est pas donné de pouvoir résoudre les difficultés inhérentes à ces questions, du moins les faits qui viennent d'être exposés démontrent suffisamment, que toute tentative tendant à identifier un à un les étages de la division supérieure en Angleterre et en Bohême et à plus forte raison l'idée d'assimiler une à une les subdivisions de ces étages, trahirait au moins l'ignorance des documens existans, et dont le premier remonte à l'année 1846. *(Notice prélim.)*

Ainsi, les pages que M. le géologue en chef Lipold a consacrées à établir un parallélisme complet, un à un, entre tous les étages des deux divisions siluriennes de ces deux pays, et même entre toutes leurs subdivisions quelconques, doivent être comptées parmi les plus regrettables qu'il ait publiées dans les annales de la géologie officielle en Autriche. *(Jahrb. d. k. R. A. XII. p. 284—1862).* Malheureusement, il a invoqué la collaboration de Sir Rod. Murchison et de M. le Doct. Anton Fritsch à cette singulière conception. La négation de la collaboration de notre maître à ce parallèle était déjà clairement annoncée par l'omission de l'étage de Llandovery dans la série Silurienne d'Angleterre, servant de base au travail de M. Lipold. D'ailleurs, Sir Rod. Murchison n'a pas tardé à formuler explicitement son ancienne et véritable opinion, dans une communication à la Société Géologique de Londres. Nous en extrayons les passages qui ont rapport au parallèle qui nous occupe.

„En réalité, je ne crois pas qu'on puisse constater entre les séries Siluriennes de Bohême et d'Angleterre une

analogie beaucoup plus étroite que celle que M. Barrande
a établie par une très-bonne identification générale de son
bassin avec nos divisions siluriennes inférieure et supérieure."

. . . .

„Dans les étages les plus élevés de la Bohême, un
petit nombre de types de Ludlow seulement, est mêlé
avec des formes entièrement particulières. Il est donc
impraticable de définir les subdivisions de Bohême comme
*Ludlow inférieur, Calcaire d'Aymestry, Ludlow supérieur
et Passage beds,* ainsi qu'on a tenté de le faire dans la
nouvelle carte Autrichienne, et nous devons, en attendant,
nous contenter de ces grandes divisions de Silurien inférieur et supérieur, établies par M. Barrande, avec possibilité d'un Silurien moyen." *(Quart. Journ XIX Nr. 75
p. 366, Aug. 1863.)*

Le respectable Directeur Haidinger a loyalement exprimé son assentiment complet à ces vues de Sir Rod.
Murchison, aussitôt qu'elles lui ont été connues, et même
avant qu'elles fussent publiés. *(Jahrb. d. k. R. A. XIII,
19. Mai 1863 p. 43.)*

En présence de ces déclarations, il serait peu intéressant pour le public savant de savoir exactement quelle
est la part qui doit être attribuée personnellement à M. le
Doct. Anton Fritsch et à M. le géologue en chef Lipold,
dans la combinaison du parallèle en question. Nous devons espérer que l'un et l'autre mieux informé reconnaîtra
avec Sir Rod. Murchison et le conseiller aulique Haidinger,
que l'assimilation un à un des étages siluriens d'Angleterre
et de Bohême est réellement impraticable.

Il est très-regrettable que le *Parallèle* de M. Lipold
ait été reproduit, sans aucune observation, dans le *Jahrbuch* de M. M. Leonhard et Geinitz, dans lequel les savans aiment à puiser, en toute sécurité, les notions nou-

velles qui enrichissent notre science, après qu'elles ont passé sous l'épreuve des regards scrutateurs d'une *Rédaction* si éclairée.

II. Russie. — Provinces de la Baltique.

Dans le classique ouvrage sur la Géologie de la Russie et de l'Oural, publié en 1845, Sir Rod. Murchison a déjà nettement signalé l'existence de la division silurienne supérieure dans diverses îles Russes de la mer Baltique, et nommément dans celle d'Oesel. Il a même donné, d'après M. le Doct. Pander, une liste de fossiles indiquant la distinction, dans cette dernière île, de deux étages correspondant à ceux de Wenlock et de Ludlow en Angleterre. (*Vol. I. p. 35 et suiv.*)

Mais à cette époque, malgré les publications de M. le Chevalier d'Eichwald, les recherches paléontologiques étaient peu avancées dans cette contrée. En effet, on peut remarquer que, ni dans le premier volume de la Géologie de la Russie et de l'Oural, ni dans le second, spécialement consacré à la paléontologie, il n'est fait aucune mention des restes de poissons, qui rendent l'île d'Oesel si intéressante pour la science. Ces restes, aussi remarquables par le nombre que par la variété des types et des espèces qu'ils représentent, ont été déterminés et décrits par notre savant maître, M. le Doct. Pander, dans sa *Monographie der foss. Fische des Sil. Syst. der Russ. Balt. Gouvernements. 1865.*

Aujourd'hui, grâce à ce grand ouvrage, et aux publications successives du Doct. A. von Schrenk, de M. le Prof. Grewingk, de M. J. Nieszkowski, et du Doct. Fréd. Schmidt, nous possédons des documens statigraphiques et paléontologiques déjà très-étendus, sur les dépôts siluriens de cette contrée, et en particulier sur ceux qui renferment la faune troisième.

Nous trouvons ces documens réunis et coordonnés dans le mémoire très-intéressant publié en 1858 par M. Fréd. Schmidt, dans les Archives d'histoire natur. de la Livonie, Ehstonie et Courlande, sous le titre de: *Untersuch. üb. die Sil. Format. v. Ehstland, Nord Livland u. Oesel.* Nous empruntons à ce travail les élémens des tableaux qui suivent, et qui sont destinés à exposer les connexions paléontologiques reconnues entre les contrées en question, l'Angleterre et la Bohême, durant la période qui est l'objet de cette étude.

M. le Doct. Fréd. Schmidt a subdivisé les formations qu'il décrit en 8 zones superposées, dont les Nrs. 1—2—3 constituent la division silurienne inférieure. Les cinq zones suivantes, dans l'ordre ascendant, représentent la division supérieure. L'horizon auquel elles correspondent dans les autres régions siluriennes est indiqué par ce savant ainsi qu'il suit (p. 84):

Prov. de la Baltique.	Angleterre.	Amérique.
8 Zone supérieure d'Oesel.	Groupe de Ludlow et *Tilestone.*	Waterlime group.
7 Zone inférieure	Calcaire de Wenlock.	Groupe de Niagara.
6 ⎫ Zones des Pentamères lisses. 5 ⎬ 4 ⎭	Calcaires à Pentamères — calc. de Woolhope.	Groupe de Clinton.

Ces rapprochemens montrent, que le progrès des découvertes a seulement confirmé l'équivalence déjà indiquée en 1845 entre les étages de l'île d'Oesel et les étages typiques d'Angleterre, par le fondateur lui même du système Silurien.

M. le Doct. Schmidt fait remarquer très-sagement, que les subdivisions de l'étage de Ludlow ne peuvent pas être reconnues dans la zone supérieure de l'île d'Oesel. Cette circonstance n'infirme nullement dans son esprit la

sécurité avec laquelle il établit la correspondance de ces
étages; et cette sécurité paraîtra bien légitime à tous les
géologues. Elle résulte, en effet, de la présence des formes les plus caractéristiques des formations typiques
du silurien supérieur d'Angleterre, et dont plusieurs ont
été antérieurement citées par Sir Rod. Murchison, pour
établir la même correspondance.

Nous nous faisons un devoir d'énumérer celles de
ces formes que M. Schmidt indique (p. 82) comme
trouvées avec 12 espèces de poissons, parmi lesquelles
Pterichthys ou *Asterolepis*, dans une seule et même localité, nommée *Ohhesaare-Pank*. Nous ajoutons les colonnes
à droite de cette liste, pour rappeler les horizons sur
lesquels les espèces nommées se trouvent en Angleterre,
d'après le tableau de la *Siluria* (p. 552—1859).

	Angleterre	
	Wenlock	Ludlow
Onchus Murchisoni . . . . Ag.	.	+
Phacops Downingiae . . . . Murch.	+	+
Calymene Blumenbachi . . . . . . Brongn.	+	+
Orthoceras bullatum . . . . Sow.	.	+
Orthoceras tracheale . . . . Sow.	.	+
Turritella (Holop.) obsoleta . . . . Sow.	.	+
Grammysia ungulata . . . . His.	+	+
Cardiola interrupta . . . . Sow.	+	+
Pterinea retroflexa . . . . Wahl.	+	+
Modiolopsis complanata . . . . . . Sow.	.	+
Spirifer elevatus . . . . Dalm.	+	+
Retzia Salteri . . . . Dav.	+	.
Orthis orbicularis . . . . Sow.	+	+
Strophomena filosa . . . . Sow.	+	+
Chonetes lata (striatella) . . . . . v. Buch.	+	+
Favosites (calam.) cristata (poly- morpha) . . . . Blum.	+	+

Cette liste nous enseigne, que les poissons ont pénétré plus profondément dans les dépôts siluriens de l'île d'Oesel que dans ceux de l'Angleterre, ou bien, que certaines espèces caractéristiques ont persisté plus long-temps dans la première contrée que dans la dernière.

Le jour où nous avons lu pour la première fois le mémoire de M. le Doct. Schmidt, nous avons été fort étonné, en voyant de si nombreuses formes de poissons associées avec des fossiles tels que *Phacops Downingiae, Calym. Blumenbachi, Cardiola interrupta &c*, qui sont éminemment caractéristiques de la faune troisième, dès sa première phase, et dont quelques uns ont même apparu dans la faune seconde.

Ces faits, établis d'une manière si authentique, ont puissamment contribué à confirmer dans notre esprit la conviction, que la présence des poissons dans les étages supérieurs de notre bassin, n'infirme nullement le caractère silurien des dernières phases de notre faune troisième.

Après ce qui vient d'être dit au sujet de l'Anglettere (p. 175) nous pourrions presque nous dispenser d'interpréter pour nos intelligens lecteurs le tableau suivant, qui expose la distribution verticale des espèces communes à la faune troisième, dans les provinces russes de la Baltique et en Bohême. Nous avons ajouté à ce tableau quelques formes représentatives et quelques types exclusivement propres à chacun de ces deux pays.

| Classes, genres et espèces | Faune troisième | | | | | | | | | Observations |
| | Zone à Pentamères | | | Ile d'Oesel | | Bohême | | | | |
	4	5	6	7	8	E	F	G	H	
Poissons.										
Coccosteus . . Ag.	.	.	.	.	.	.	1	1	.	Espèces différentes.
Asterolepis . . Eichw.	.	.	.	.	2	.	.	1	.	
Gompholepis . Pand.	.	.	.	.	.	.	.	1	.	
Ctenacanthus . Ag.	.	.	.	.	.	.	.	1	.	
27 autres genres Pand.	.	.	.	.	41	.	.	.	.	
Crustacés.										
Calymene . . Brong.										
Blumenbachi . . Broug.	+	.	.	+	+	+	+	.	.	
Sphaerexochus Beyr.										
mirus . . . . . Beyr.	.	.	.	.	.	+	.	.	.	Silur. infér. (2)
Encrinurus . . Emmr.)										
Cromus . . . . Barr.)	.	.	+	+	+	4	.	.	.	Formes représentat.
Illaenus . . . . Dalm.										
Barriensis . . . Murch.)										
Bouchardi . . . Barr.)	.	.	+	+	.	+	.	.	.	Formes représentat.
Eurypterus . . Dek.	.	.	.	.	1	1	?	.	.	id.
Beyrichia . . . M'Coy.	.	.	.	1	2	.	.	.	.	
Céphalopodes.										
Orthoceras . . Breyn.										
annulatum . . . Sow.	.	.	.	+	.	+	.	.	.	
Phragmoceras Brod.	.	.	.	.	1	25	.	9	.	
Gomphoceras Sow.	.	.	2	1	.	45	.	5	.	
Ptéropodes.										
Cornulites . . Schlot.										
serpularius . . . Schlot.	.	.	.	+	.	+	+	.	.	
Acéphalés.										
Cardiola . . . Brod.										
interrupta . . . Sow.	.	.	.	.	.	+	+	.	.	
Brachiopodes.										
Leptaena . . . Dalm.										
sericea . . . . Sow.	.	.	.	.	.	+	.	.	.	Silur. inférieur.
transversalis . . Dalm.	.	.	.	+	.	+	.	.	.	
Merista . . . . Suess.										
tumida . . . . Dalm.	.	.	+	+	.	+	.	.	.	
Orthis . . . . Dalm.										
elegantula . . . Dalm.	.	.	.	+	.	+	+	.	.	
hybrida ? . . . Sow.	+	+	+	.	.	+	.	.	.	

Classes, genres et espèces	Faune troisième									Observations
	Zone à Pentamères			Ile d'Oesel		Bohême				
	4	5	6	7	8	E	F	G	H	
Brachiopodes (suite).										
Pentamerus . Sow.										
linguifer . . . . Sow.	+	+	.	.	.	+	+	+	.	
Rhynchonella Fisch.										
Wilsoni . . . . Sow.	.	.	.	+	+	.	+	.	.	
Spirigerina . . D'Orb.										
reticularis . . . Linn.	.	.	+	+	.	+	+	+	.	
marginalis . . . Dalm. }	+	.	.	.	.	+	.	.	.	
imbricata . . . Sow. }										
Strophomena . Rafin.										
pecten . . . . Linn.	+	+	+	.	.	+	.	.	.	
euglypha . . . Dalm.	.	.	.	+	.	+	.	.	.	
depressa . . . . Sow. }	.	.	.	+	+	+	+	.	.	
rugosa . . . . Dalm. }										
Polypiers &c.										
Favosites . . . Lamk.										
alveolaris . . . Blainv.	+	+	+	.	.	+	.	.	.	
fibrosa . . . . Goldf.	.	.	.	+	+	+	.	.	.	
Gothlandica . . Goldf.	.	+	+	+	.	+	+	.	.	
Halysites . . . Fisch.										
catenulatus . . Lamk.	.	+	+	+	.	+	.	.	.	

Les 21 espèces reconnues d'après le travail de M. le Doct. Schmidt comme identiques, dans la faune troisième des pays comparés, sont à peu près également réparties entre les deux étages 7—8 de l'île d'Oesel. Elles sont, au contraire, très-inégalement distribuées dans les étages de la faune troisième en Bohême, ainsi qu'il suit:

20 se trouvent dans notre étage **E**
8 se propagent dans notre étage **F**
2 s'élèvent jusque dans notre étage **G.**

Ainsi, dans ce cas, comme dans celui de l'Angleterre, notre étage **E** concentre à lui seul presque toutes les connexions paléontologiques, existant entre les pays comparés. C'est aussi dans cet étage que se trouvent la plupart des formes représentatives indiquées.

Notre étage **G** n'a de commun avec la faune de l'étage supérieur de l'île d'Oesel, que 2 espèces de Brachiopodes. Mais la présence des poissons dans ces deux étages et en particulier celle des *Asterolepis*, représentés par des formes très-semblables, selon le jugement de M. le Doct. Pander, établit un rapport très-important entre ces formations (voir p. 24).

En opposition avec cette connexion il faut considérer:

1. Que l'étage supérieur d'Oesel contient de nombreuses espèces qui caractérisent l'étage de Wenlock, c. à d. la première phase de la faune troisième, et qui manquent dans notre étage **G**. Le type *Eurypterus* manque également en Bohême sur cet horizon.

2. Notre étage **G** est, de son côté, très-nettement caractérisé par des séries de fossiles, qu'on n'a pas rencontrés dans l'étage comparé, de l'île d'Oesel, savoir:

a. De nombreux Trilobites, parmi lesquels prédominent les *Dalmanites* et les *Bronteus*.

b. De nombreux *Goniatites* analogues aux *Goniatites* dévoniens.

c. Des Céphalopodes à ouverture contractée, *Phragmoceras* et *Gomphoceras*, remarquables par leurs grandes dimensions, comme certaines espèces dévoniennes.

En somme, si nous faisons abstraction des poissons, qui ne sauraient constater à eux seuls la contemporanéité absolue, les contrastes indiqués nous montrent, que les formes propres à l'étage supérieur de l'île d'Oesel tendent à multiplier ses connexions avec la première phase de la faune troisième Silurienne, tandisque les fossiles qui caractérisent exclusivement notre étage **G**, paraissent au contraire le rapprocher de la faune dévonienne.

D'après ces considérations, nous serions disposé à penser, que les deux étages comparés, quoique déposés durant des âges relativement très-rapprochés, ne sont pas contemporains, et que l'étage supérieur de l'île d'Oesel est antérieur à l'étage **G** de la Bohême.

Selon cette manière de voir, les poissons siluriens de l'île d'Oesel seraient plus anciens que ceux de notre bassin, ce qui s'accorderait avec l'antériorité que nous avons reconnue, dans la grande zone paléozoïque du Nord, pour l'existence d'un grand nombre de types, parmi les Crustacés, les Mollusques &c.

III. Suède. — Gothland.

Dans notre *Parallèle entre la Bohême et la Scandinavie,* publié en 1856, nous avons exposé les rapports qu'on pouvait reconnaître à cette époque, entre les formations renfermant la faune troisième dans ces deux pays, d'après les observations antérieures de divers savans, et principalement d'après nos longues conférences avec M. Angelin, durant son séjour en Bohême, en 1855. Nous croyons superflu de reproduire ici les rapprochemens que nous avons faits dans cette publication, au sujet de chacune des classes de fossiles appartenant à la faune qui nous occupe, et nous nous bornons à citer le passage suivant, qui indique suffisamment les convictions que nous avons puisées dans ces études.

„En comparant l'ensemble de la faune de Gothland avec celle de notre division supérieure, nous voyons que les fossiles de nos étages calcaires **F — G** ne sont pas représentés, en général, dans les dépôts constituant cette île, tandis que toutes les analogies tendent à nous montrer, que ces mêmes dépôts correspondent à notre étage **E.** Nous pensons donc, que la division supérieure de Scandinavie, telle qu'on la voit aujourd'hui, après de grandes dénudations, n'offre pas la série complète que nous trouvons en Bohême." *(Parall.* p. 57.)

A l'appui de ce passage, nous donnons ci-après la liste des espèces communes entre la Bohême et l'île de Gothland. Cette liste s'est accrue de quelques espèces de Brachiopodes et nous espérons qu'elle s'accroîtra encore, lorsque M. Lindström aura publié son travail annoncé depuis long-temps, sur les fossiles de Gothland.

On remarquera au premier coup d'oeil, que les espèces énumérées dans notre tableau comparatif sont presque toutes les mêmes qui ont déjà été signalées ci-dessus, comme existant dans la faune troisième d'Angleterre et dans celle de l'île d'Oesel. La position géographique de l'île de Gothland explique suffisamment cette concordance.

On sait que, dès 1845 Sir Rod. Murchison, dans la *Géologie de la Russie et de l'Oural,* avait signalé l'existence de groupes équivalens aux étages de Wenlock et de Ludlow, dans l'île de Gothland. *(Vol. I. p. 18.)* Ces vues ont été confirmées et plus développées par lui, dans un mémoire spécial publié en 1847, après un voyage dans cette île avec M. de Verneuil. *(On the Sil. Rocks of part Sweden. Quart. Journ. June 1846.)* D'après les résultats exposés dans ce travail, toutes les subdivisions du **Syst. Sil.** supérieur en Angleterre seraient exactement représentées dans l'île de Gothland. Mais divers géologues, parmi lesquels nous citerons le général von Helmersen, M. Angelin, le Prof. Ferd. Roemer et M. Lindström, ont exposé des opinions plus ou moins divergentes de celles du fondateur du Système Silurien. Suivant les uns, l'ordre de superposition des formations, admis par Sir Rod. Murchison, serait l'inverse de celui qu'ils ont cru observer. Suivant d'autres, toute l'île de Gothland ne représenterait qu'un seul étage, avec des apparences variables. M. le Doct. Schmidt, qui a fait un voyage à Gothland en 1858, a complètement adopté l'interprétation de Sir Rod. Murchison, et croit comme notre maître, qu'on peut y distinguer les étages de Wenlock, d'Aymestry et de Ludlow supérieur. Il énumère aussi les fossiles qui semblent indiquer ces trois horizons, correspondant aux zones qu'il a établies dans l'île d'Oesel. *(Beitr. z. Geol. Gothl. — Archiv. der Nat. Kunde Liv. Ehst. und Kurl. II. 1859.)*

Le but qui nous occupe aujourd'hui est indépendant des divergences d'opinion que nous venons de signaler, comme aussi des subdivisions plus ou moins distinctes, qu'on pourrait établir dans la masse des dépôts de Gothland. L'accord de tous les géologues à reconnaître uniquement la division Silurienne supérieure dans cette île nous suffit, et sans chercher à distinguer les divers niveaux où apparaissent les espèces qui nous occupent dans cette région, nous indiquons l'étage où on les trouve en Bohême.

Classes, genres et espèces	Faune troisième					Observations
	Gothland	Bohême				
		E	F	G	H	
Poissons.	.	.	1	4	.	
Crustacés.						
Calymene . . Brongn. Blumenbachi . Brongn.	+	+	+	.	.	
Céphalopodes.						
Orthoceras . . Breyn. annulatum . . . Sow.	+	+	.	.	.	
dulce . . . . . Barr.	+	+	.	.	.	
Ptéropodes.						
Cornulites . . . . . . serpularius . . . Schlot.	+	+	+	.	.	

13

Classes, genres et espèces	Faune troisième					Observations
	Gothland	Bohême				
		E	F	G	H	
Brachiopodes.						
Atrypa . . . . . Dalm.						
marginalis . . . Dalm.	+	+	.	.	.	
Cyrtia . . . . Dalm.						
trapezoidalis . . Linn.	+	+	.	.	.	
Calceola						
Gothlandica . Helmersen	+	.	.	.	.	
Leptaena . . . Dalm.						
transversalis . . Dalm.	+	+	.	.	.	
Merista . . . . Suess.						
tumida . . . . Dalm.	+	+	.	.	.	
Orthis . . . . Dalm.						
elegantula . . . Dalm.	+	+	+	.	.	
hybrida ? . . . . Sow.	+	+	.	.	.	
Pentamerus . . Sow.						
galeatus . . . . Dalm.	+	.	+	.	.	
linguifer . . . . Sow.	+	+	+	+	.	
Retzia . . . . . King.						
Barrandei . . . Dav.	+	+	.	.	.	
cuneata . . . . Dalm.	+	+	.	.	.	
Rhynchonella . Fisch.						
compressa . . . Sow.	+	.	+	.	.	
deflexa . . . . Sow.	+	+	.	.	.	
navicula . . . Sow.	+	+	.	.	.	
Wilsoni . . . . Sow.	+	.	+	.	.	
Spirifer . . . . Dalm.						
spurius . . . . Barr.	+	+	.	.	.	
sulcatus . . . . His.	+	+	.	.	.	
Spirigerina . . D'Orb.						
reticularis . . . Linn.	+	+	+	.	.	
Strophomena . Rafin.						
depressa . . . . Sow. } rugosa . . . . . Dalm. }	+	+	+	.	.	
euglypha . . . Dalm.	+	+	.	.	.	
funiculata . . . M'Coy.	+	+	.	.	.	
pecten . . . . . Linn	+	+	.	.	.	
Phillipsi . . . Barr.	+	.	+	.	.	

Notre tableau montre que les 28 espèces **reconnues** comme identiques dans les deux pays comparés sont réparties comme il suit dans notre bassin :

22 apparaissent dans notre étage **E**

10 se retrouvent dans notre étage **F**

1 seule se propage dans notre étage **G**.

Ainsi, la faune connue dans l'île de Gothland est principalement celle qui caractérise notre étage calcaire inférieur **E**, tandis que celle de notre étage moyen **F** n'y est que faiblement représentée.

Quant à la faune de notre étage **G**, elle paraît totalement manquer dans cette île. En effet, les principaux caractères de notre étage calcaire supérieur consistent, comme nous l'avons constaté à diverses reprises, dans la prédominance des *Dalmanites* et des *Bronteus*, dans le développement des *Goniatites*, dans les grandes espèces de *Phragmoceras* et *Gomphoceras*, et enfin dans l'apparition des poissons cuirassés. Or, ces caractères qui rapprochent cet étage de la période dévonienne, ne se manifestent pas jusqu'ici dans la faune de Gothland, dont la plupart des formes semblent indiquer, au contraire, une prolongation de la première phase de la faune troisième Silurienne.

Nous devons donc persister dans les conclusions énoncées en 1856 dans notre *Parallèle* et que nous venons de reproduire, mais nous devons y ajouter deux observations:

1. La présence très remarquable de *Calceola Gothlandica* et peut-être de divers autres fossiles, avant-coureurs de la période dévonienne, qui se trouvent à Gothland et non en Bohême, tend à compenser jusqu'à un certain point l'absence de la faune de notre étage **G**, dans l'île Suédoise.

2. Pour expliquer cette absence, nous avons supposé des dénudations, qui auraient enlevé les dépôts correspondans aux étages les plus élevés de notre bassin.

A l'appui de cette idée, nous rappelons que sur la terre ferme de Suède, nommément dans les provinces de Scanie et de Dalécarlie, il existe des formations d'un âge jusqu'ici problématique et qui ont été considérées d'après leurs apparences stratigraphiques, comme représentant le terrain dévonien. M. le Prof. Ferd. Roemer, dans la relation de son voyage en Suède durant l'année 1856, s'exprime ainsi sur ces dépôts:

„Si l'on suit vers l'Ouest les bords du lac Ringshön en Scanie, on voit les schistes marneux devenir graduellement plus sableux et se transformer enfin totalement en un grès rouge, ou jaune. Ce grès a été considéré par Forchhammer et autres comme *Old red*, ou dévonien. Mais les relations stratigraphiques et les restes organiques s'opposent également à cette détermination d'âge. En effet, le grès en question est évidemment placé sous le schiste marneux, et puisque celui-ci est caractérisé par ses fossiles comme un dépôt silurien, le grès doit appartenir à la même période. Les fossiles du grès confirment ce fait, car outre des bivalves peu déterminables, *Cytherina Baltica* et *Calym. Blumenbachi* s'y trouvent fréquemment.

„A cette occasion, je ferai volontiers remarquer, qu'en général, je ne crois nullement à l'existence souvent affirmée de dépôts dévoniens en Scandinavie. Partout, en effet, cette assertion est dénuée de preuves paléontologiques suffisantes, et la ressemblance pétrographique de certains grès avec le *Old red* anglais ne peut certainement pas être invoquée pour cette détermination d'âge. Cela s'applique nommément aussi au soi-disant *Old red* de la Dalécarlie." *(Jahrb. v. Leonh. u. Bronn. p. 813, 1856.)*

Si les formations siluriennes, en Suède, sont recouvertes par des couches sans fossiles, on peut admettre par analogie, que la surface de l'île de Gothland a été dépouillée de dépôts, semblablement placés au dessus de ceux qui subsistent, et que ces dépôts ont pu renfermer des fossiles contemporains de ceux de l'étage **G** en Bohême.

Enfin, sans recourir à cette dernière supposition, on peut concevoir, qu'après le dépôt des couches de Gothland réprésentant presque uniquement notre étage **E**, il y a eu dans cette contrée Suédoise, une véritable lacune dans la série silurienne. Cette lacune correspondrait à celle que nous allons signaler à la même époque, dans les terrains siluriens de la Norwége.

IV. Norwége.

Le terrain silurien des environs de Christiania, dont l'existence avait été d'abord indiquée en 1844, par Sir Rod. Murchison, a été plus tard l'objet des études de M. Théod. Kjęrulf, qui a successivement publié deux mémoires sur ce sujet, en 1855 et en 1557. Dans le dernier, intitulé : *Ueber die Geologie des südlichen Norwegens*, ce savant nous a donné la classification de tous les dépôts de ce bassin, qu'il partage en cinq groupes principaux, avec de nombreuses subdivisions.

Ceux de ces groupes qui représentent la division silurienne supérieure, les seuls que nous ayons à considérer dans cette étude, sont indiqués sur le tableau suivant, avec leurs équivalens supposés par l'auteur, en Angleterre. *(l. c. p. 25.)* Mais cette correspondance a été un peu modifiée par notre illustre maître, Sir Rod. Murchison, en exposant à la Société Géol. de Londres les résultats des travaux de M. Kjerulf. *(Sil. Rocks of Norawy. Quart. Journ. Febr. 1858.)*

Division silurienne supérieure en Norwége.

	Selon M. Kjerulf.	Selon Sir Rod. Murchison.
Groupe supérieur de Malmö	8γ Upper Ludlow. 8β Aymestry limestone. 8α Lower Ludlow.	8γ (Ludlow supérieur manque) 8β 8α Ludlow moyen et inférieur.
Groupe inférieur de Malmö	7γ 7β Wenlock limestone. 7α 6 Wenlock shale. 5β	7γ 7β 7α Wenlock limestone. 6 Zone à Pentamères. 5β Upper Llandovery.

Suivant M. le Prof. Ferd. Roemer, il conviendrait de comprendre dans la division Silurienne supérieure le grès 5*a*, que M. Kjerulf adjoint à la division inférieure.

A cette occasion, nous rappelons que M. le Prof. Ferd. Roemer, dans le même rapport sur son voyage en Norwége en 1859, insiste sur la correspondance qui existe, surtout au point de vue paléontologique, entre les subdivisions naturelles du terrain silurien du bassin de Christiania et celles que M. Angelin a établies en Suède. *(Bericht üb. eine Geol. Reise nach Norw. — Zeitschr. d. deutschen Geol. Gesell. 1859 p. 569.)* Nous savons par des lettres reçues de M. Kjerulf en 1861, qu'il a adopté les vues de M. le Prof. Roemer. Ainsi, les observations que nous venons de présenter au sujet de la Suède, s'appliquent aussi à la Norwége.

Cependant, nous appelons particulierèment l'attention des savans sur deux faits importans:

1. Selon Sir Rod. Murchison, l'étage supérieur de Ludlow n'est pas représenté dans le bassin de Christiania. *(l. c. p. 42.)*

Ce fait nous dispense évidemment de chercher dans cette région un équivalent déterminé pour les étages supérieurs du bassin silurien de la Bohême, car, d'après ce qui a été dit ci-dessus au sujet de l'Angleterre, cet équivalent devrait se trouver à partir de l'horizon supérieur de Ludlow, en remontant.

2. M. le Prof. Ferd. Roemer constate que les couches siluriennes les plus élevées, aux environs de Christiania, sont immédiatement recouvertes, en stratification concordante, par des dépôts sans fossiles, consistant en dalles de grès rouge et en marnes, surmontées partout par des porphyres bruns. Le même fait s'observe aux environs de Porsgrund, où les couches siluriennes conservent, jusqu'à

leur extrême limite, les apparences de l'étage de Wenlock prolongé vers le haut, et où la formation des schistes et grès rouges bruns, supposés dévoniens, atteint une épaisseur d'environ 1000. pieds, et se montre également recouverte par des porphyres. D'après ces seuls caractères, les dépôts en question ont été classés comme dévoniens, et malgré l'absence de toute preuve paléontologique. M. Roemer considère cette détermination comme *hors de doute* *(l. c. p. 572 et 587).*

S'il en est ainsi, la Norwége nous fournirait un bel exemple des lacunes qui peuvent avoir lieu dans la série géologique, sans être annoncées par aucun trouble apparent dans la stratification. En reportant notre attention sur l'Angleterre, cet exemple ajouterait quelque vraisemblance à l'hypothèse que nous avons exposée (p. 179) pour contribuer à expliquer, par une semblable lacune, le manque de la dernière phase de la faune troisième de Bohême, dans la contrée typique du Système Silurien.

Dans le tableau qui suit, nous allons exposer, d'après les travaux déjà cités de M. le Prof. Théod. Kjérulf, toutes les espèces reconnues identiques dans la division silurienne supérieure du bassin de Christiania et du bassin de la Bohême. On remarquera que presque toutes ces formes ont déjà figuré sur nos tableaux analogues et relatifs à l'Angleterre à la Russie et à la Suède c. à d. à toutes les régions de la grande zone paléozoique du Nord.

Classes, genres et espèces	Faune troisième								Observations
	Norwége				Bohème				
	5	6	7	8	E	F	G	H	
Poissons.	.	.	.	.	.	1	4	.	
Crustacés.									
Encrinurus . . Emmr.	.	.	.	1	.	.	.	.	{formes représentat.
Cromus . . . Barr.	.	.	.	.	4	.	.	.	
Bumastus . . Murch.									
Barriensis . . Murch.	.	.	.	+	.	.	.	.	{id.
Illaenus . . . Dalm.									
Bouchardi . . Barr.	.	.	.	.	+	.	.	.	
Céphalopodes.									
Orthoceras . . Breyn.									
annulatum . . . Sow.	.	.	+	.	+	.	.	.	{id.
docens . . . Barr.	.	.	.	.	+	.	.	.	
nummularium . Sow.	.	.	+	.	.	.	.	.	
Ptéropodes.									
Cornulites . . .									
serpularius . . . Schl.	.	.	+	+	+	+	.	.	
Brachiopodes.									
Cyrtia . . . . Dalm.									
trapezoidalis . . Linn.	+	.	.	.	+	.	.	.	
Leptaena . . . Dalm.									
transversalis . . Dalm.	+	.	.	+	+	.	.	.	
Merista . . . . Suess.									
tumida . . . Dalm.	+	.	.	.	+	.	.	.	
Orthis . . . . Dalm.									
elegantula . . Dalm.	+	.	.	+	+	+	.	.	
Pentamerus . Sow.									
galeatus	+	.	.	.	.	+	.	.	
Rhynchonella Fisch.									
Livonica . . . . v. Buch.	.	.	.	+	.	.	.	.	{id.
nympha . . . Barr.	.	.	.	.	.	+	.	.	
navicula . . Sow.	.	.	.	+	+	.	.	.	
Spirifer . . . Sow.									
sulcatus . . . His.	.	.	.	+	+	.	.	.	
Spirigerina . D'Orb.									
reticularis . . . Linn.	+	.	.	+	+	+	+	.	
Strophomena Rafin.									
depressa . . . Sow.	+	.	.	+	+	+	.	.	
euglypha . . . Dalm.	.	.	+	.	+	.	.	.	
pecten . . . . Linn.	.	.	.	+	+	.	.	.	

Classes, genres et espèces	Faune troisième								Observations
	Norwége				Bohême				
	5	6	7	8	E	F	G	H	
Bryozoaires.									
Graptolithus . Linn.									
priodon . . . . Bronn.	.	.	.	+	+	.	.	.	
Retiolites . . Barr.									
Geinitzianus . . Barr.	.	.	.	+	+	.	.	.	
Polypiers.									
Favosites . . . Lamk.									
alveolaris . . . Blain.	+	.	+	+	+	.	.	.	
Gothlandica . . Linn.	.	.	+	+	+	+	.	.	
Halysites . . . Fisch.									
catenulatus . . Lamk.	+	.	+	.	+	.	.	.	

Bien que les recherches paléontologiques fussent encore bien incomplètes en 1858, aux environs de Christiania, notre tableau montre qu'à cette époque, on a reconnu 19 espèces identiques en Norwége et en Bohême. Nous faisons abstraction des espèces représentatives, dont le chiffre pourrait être beaucoup plus élevé.

Les 19 espèces identiques sont inégalement réparties entre les 4 subdivisions de la Norwége, savoir:

Subdivision (8) — 12 espèces.
    (7) — 6 „
    (6) — 0 „
(à la base) (5) — 9 „

C'est l'horizon le plus élevé qui présente la plus forte proportion, et c'est l'horizon le plus bas qui en approche le plus.

Au contraire, en Bohême, la répartition de ces 19 espèces offre une décroissance régulière à partir de la base, savoir:

Etage **G** — 1 espèce
F — 6 espèces
E — 17 „

Notre étage **E** concentre donc à lui seul la presque totalité des espèces communes aux deux pays comparés, c. à d. $^9/_{10}$, sans compter les espèces représentatives, qui lui appartiennent également. Notre étage **F** n'offre plus que $^1/_3$ des formes identiques, et notre étage **G** n'en conserve qu'une seule.

Ainsi, en Norwége comme en Suède, nous trouvons dans la division Silurienne supérieure une satisfaisante représentation de la première phase de la faune troisième de Bohême, tandis que la seconde phase y semble très-faiblement indiquée. Quant à la dernière phase, renfermée dans nos étage **G — H**, elle n'est jusqu'ici nullement représentée aux environs de Christiania. Les listes de fossiles données par M. Kjerulf, (l. c. p. 92 à 98) ne nous montrent pas même les formes qui caractérisent habituellement l'horizon du Ludlow supérieur en Angleterre, ainsi que Sir Rod. Murchison l'a très-bien remarqué. Toutes les espèces énumérées par le savant Norwégien tendent, au contraire, à indiquer comme en Suède, une prolongation de la première phase de la faune troisième, jusqu'à l'horizon où les dépôts Siluriens sont recouverts par des grès rouges et marnes sans fossiles, réputés dévoniens, sans preuve paléontologique. Les observations de M. le Prof. F. Roemer, que nous venons de rappeler, montrent combien ce fait est apparent.

V. Thuringe. — Saxe. — Franconie.

Nous devons une attention spéciale aux bassins paléozoiques des contrées limitrophes de la Bohême, parce que c'est là que nous pouvons espérer de découvrir les connexions les plus multipliées avec nos formations, si les mers des anciens temps, qui couvraient ces régions voisines, avaient entre elles des communications directes et facies. C'est là, au contraire, que nous rencontrerons les contrastes paléontologiques les plus frappans et les plus instructifs, si les mers en question étaient totalement séparées les unes des autres, comme nous l'avons déjà fait remarquer en comparant la faune primordiale des environs de Hof à la faune primordiale de la Bohême. *(Bull. Soc. Géol. XX. p. 478, 1863.)*

Nous allons donc jeter un coup d'oeil sur les dépôts qui pourraient renfermer tout ou partie de notre faune troisième, dans la Thuringe, la Saxe et la Franconie, contrées sur lesquelles la science possède déjà des documens très-intéressans, bien qu'ils dérivent de vues jusqu'ici notablement discordantes.

M. le Doct. R. Richter, qui a étudié avec beaucoup d'assiduité et de succès les dépôts paléozoiques de la Thuringe, a récemment publié un mémoire dans lequel il fixe définitivement, comme il suit, l'ordre vertical des formations qui peuvent avoir des rapports avec notre division supérieure. *(Zeitsch. der deutsch. geol. Ges. p. 659, 1863.)*

6. *(Couches inconnues, cachées sous les bois.)*

5. Schistes à Tentaculites, de couleur foncée et remplis de ces fossiles.

4. Couches à Néréites, avec conglomérats de fragmens schisteux.

3. Schistes à Tentaculites, avec sphéroides calcaires.

2. Calcaires compactes.

1. Schistes siliceux et alunifères, renfermant tous les Graptolites de la Bohême. *(à la base.)*

Toutes ces formations sont superposées en stratification concordante.

La présence de tous les Graptolites de Bohême, y compris *Retiolites Geintizianus* Barr. dans les schistes siliceux et alunifères de la Thuringe, est un fait très-remarquable et qui entraîne M. Richter à conclure, que cette formation correspond à la base de notre étage **E**, où se trouvent les mêmes fossiles. (Abstraction faite de nos Colonies, où ils existent également.)

Cette manière de voir de M. Richter nous paraît parfaitement confirmée par la nature des fossiles qu'il a découverts dans les formations 2—3—4—5 de cette série. Bien que les espèces ne soient pas toutes déterminées jusqu'à ce jour, celles que ce savant a déjà annoncées, et celles dont il vient de nous donner connaissance dans ses communications particulières, sont de nature à jeter une lumière suffisante sur cette question.

D'abord, dans la formation Nr. 2, des calcaires compactes, se trouvent trois des espèces les plus caractéristiques de notre étage **E**, savoir: *Orthoceras Bohemicum, Orth. styloideum* et *Cardiola interrupta.*

La formation Nr. 3, des schistes à *Tentaculites* avec sphéroides calcaires, renferme, outre *Phac. Roemeri* Gein. analogue à notre *Phac. Volborthi,* cinq espèces de Tentaculites, parmi lesquels *Tent. acuarius* et *Tent. cancellatus,* que M. Richter a également retrouvés sur des fragmens de calcaire de notre bassin. Nous ferons seulement observer, que ces fragmens proviennent de notre étage calcaire supérieur **G** et non de notre étage calcaire inférieur **E**, qui nous paraît à peu près dénué de Tentaculites. Ce fait n'a rien de surprenant, si l'on veut bien se rappeler le privilège d'antériorité, que nous avons signalé tant de fois à l'avantage de la grande zone paléozoique du Nord, à laquelle les dépôts de la Thuringe paraissent appartenir.

La formation Nr. 4, à Néréites, a déjà fourni à M. Richter les deux Tentaculites mentionnés avec *Ter. obovata*

Sow., qui traverse presque toute la division supérieure en Bohême. Cet horizon est aussi caractérisé en Thuringe par *Beyrichia Kloedeni* M'Coy, espèce très-connue dans la division correspondante en Angleterre.

Dans son mémoire publié en 1855 *(Zeitsch. d. deutsch. Geol. Ges. p. 559)* M. Richter a décrit *Pleurodictyum Lonsdalei,* trouvé dans la même formation. Cette espèce, qui paraît très-difficile à distinguer du type dévonien *Pleurod. problematicum,* ne peut être considérée ici que comme un avant-coureur des faunes dévoniennes.

Enfin, la formation Nr. 5, des schistes à Tentaculites, a présenté à M. Richter trois espèces de Graptolites. Cette découverte récente suffit à elle seule pour constater l'origine Silurienne de ce dépôt, comme de tous ceux qui sont au dessous, en descendant jusqu'au Nr. 1, où prédominent les espèces Graptolitiques de la Bohême. Il serait donc impossible aujourd'hui d'assimiler cette série au terrain dévonien.

Dans les mêmes schistes, M. Richter retrouve les deux formes de Tentaculites déjà mentionnées avec *Ter. obovata* Sow., et de plus divers autres Brachiopodes non nommés, mais parmi lesquels il a reconnu *Rhynchonella Grayi* Dav. et *Discina Forbesi* Dav., qui appartiennent aux formations Siluriennes en Angleterre.

Les Crustacés de ces schistes à Tentaculites décrits par M. Richter dans son mémoire de 1863, consistent en 10 espèces de Trilobites et 3 d'Entomostracés. Malheureusement, aucune de ces espèces ne paraît identique avec celles de la Bohême. Mais elles présentent des analogies de forme, que M. Richter a fait valoir, pour montrer les rapports de cette série avec le Système Silurien. La découverte de 3 espèces de Graptolites sur cet horizon est venue pleinement confirmer les vues de cet habile observateur.

Ainsi, l'existence en Thuringe de la première phase de la faune troisième silurienne peut être considérée aujourd'hui comme un fait établi par les consciencieuses recherches de M. le Doct. Richter.

Mais jusqu'ici, cette contrée n'offrirait aucune formation que nous puissions comparer à nos étages **F—G—H,** renfermant les deux dernières phases de notre faune troisième.

Il est de notre devoir de rappeler à cette occasion, que, contrairement aux vues de M. Richter, M. le Prof. Geinitz en 1853, dans son ouvrage déjà cité, *(Grauw. II. p. 22)* et Sir Rod. Murchison en 1856 *(Quart. Journ. p. 414, Apr.)* ont classé les schistes à Graptolites de la Thuringe et de la Saxe dans la division Silurienne inférieure. Ils considèrent l'un et l'autre les formations superposées à ces schistes comme appartenant au terrain dévonien. La division Silurienne supérieure manquerait totalement dans ces contrées, et de plus, selon Sir Rod. Murchison, les étages inférieur et moyen du terrain dévonien manqueraient également; de sorte que la division Silurienne inférieure serait immédiatement recouverte par les dépôts dévoniens supérieurs, ce qui constituerait une immense lacune. *(l. c. p. 412—417.)*

Lorsque Sir Rod. Murchison et le Prof. Geinitz seront dûment informés du l'existence des Graptolites jusqu'au sommet des formations énumérées ci-dessus, (p. 203) il est très-vraisemblable qu'ils adopteront les vues de M. Richter. S'ils persistent, au contraire, à considérer toutes ces formations comme appartenant à la division silurienne inférieure, nous n'av ons pas besoin de faire remarquer que par leur position et leur faune, ces dépôts devront représenter exactement, aux yeux de ces savans, la zone des nos colonies.

Si l'on admet, d'après les faits exposés, que la première phase de la faune troisième Silurienne de Bohême, est représentée en Thuringe, la même conclusion s'étendra naturellement aux contrées de la Saxe, où M. le Prof. Geinitz a constaté l'existence de formations semblables, sous le nom de *couches à Tentaculites. (Grauw. II. p. 22.)*

En même temps, il sera également établi, dans toutes ces régions, que les formations renfermant la première phase de notre faune troisième sont immédiatement recouvertes par des dépôts placés plus ou moins haut dans la série dévonienne, sans aucune représentation explicite des étages **F — G — H** de notre bassin.

D'après cette manière de voir, l'énigme stratigraphique et paléontologique qu'ont offert jusqu'ici les calcaires d'Elbersreuth, dont la faune a été d'abord décrite par le Comte Münster, se trouvera simplement résolue.

Ces calcaires correspondront à ceux de notre étage **E**, et ils se trouveront en contact avec des dépôts dévoniens, par l'effet d'une lacune dans la série verticale, comme en Thuringe et en Saxe.

Telles sont les vues auxquelles nous avons été conduit depuis long-temps par des considérations purement paléontologiques, exposées dans notre *Esquisse géologique,* *(Syst. Sil. de Boh. p. 94, 1852.)* Depuis lors, des vues très-opposées sur le même sujet ont été publiées par divers géologues, qui méritent toute notre considération.

1. Les D. D. Sandberger, tout en reconnaissant comme nous les fortes connexions zoologiques, qui lient la première phase de notre faune troisième avec la faune des calcaires d'Elbersreuth, ont admis que cette dernière appartient *sans aucune doute* à leur système Rhénan, c. à d. à la période dévonienne. Selon ces respectables savans, les connexions que nous avons considérées comme des signes de contemporanéité, s'expliqueraient plus simplement par le retour des mêmes formes animales, coincidant avec

la répétition de conditions d'existence entièrement semblables, dans deux systèmes géologiques superposés. *(Verst.
Nass. p. 512—515.)*

2. M. le Prof. Geinitz considère le calcaire d'Elbersreuth comme placé sur les horizons inférieurs du terrain
dévonien, mais sans indiquer aucun étage contemporain.
(Grauw. II. p. 15, 1853.)

3. M. Guembel, géologue de la cour de Bavière, est
encore plus explicite que les D. D. Sandberger, car il
assigne aux calcaires d'Elbersreuth une position déterminée, au sommet de l'étage moyen des terrains dévoniens
de la Thuringe, c. à d. dans les couches caractérisées par
Calamopora polymorpha, suivant sa nomenclature.

En même temps, il énumère 19 espèces de ces calcaires, qui, se trouvant partiellement dans les schistes de
Wissenbach, dans les calcaires à Stringocéphales et dans
les couches à Cypridines, établissent des connexions multiples entre cette formation d'Elbersreuth et chacun des
principaux étages dévoniens. *(Ueber Clymenien. — in Palaeontogr. XI. p. 27, 1863.)*

Nous laissons à qui de droit le soin de confirmer
l'exactitude des identités invoquées par M. Guembel, car
nous n'avons pas les matériaux nécessaires pour fonder
notre opinion à cet égard. Mais, ces connexions que nous
admettons volontiers, d'après cette autorité et d'après nos
doctrines, rendent encore plus remarquables à nos yeux
les identités spécifiques signalées par nous en 1852, entre
les calcaires d'Elbersreuth et notre étage calcaire inférieur
E. *(Syst. Sil. de Boh. I. p. 95.)*

Nous citerons uniquement ici *Cardiola interrupta*
Sow. et *Orthoceras striatopunctatum* Münst., c. à d. deux
des fossiles les plus caractéristiques et des plus répandus
dans notre étage **E.** On sait d'ailleurs, que le premier a

été observé sur le même horizon dans presque tous les bassins Siluriens, qui possèdent la faune troisième, en Europe. Le retour de ces deux espèces si particulièrement caractérisées par leurs apparences, coincidant avec celui de plusieurs autres formes moins prononcées, dont nous avons donné la liste en 1852, constituerait un des phénomènes les plus remarquables d'intermittence, que l'on puisse attendre dans les séries paléozoiques. En effet, l'intervalle en question correspondrait à la durée des deux dernières phases de notre faune troisième, et de plus à celle des deux premières phases de la faune dévonienne, d'après la position assignée par M. Guembel aux calcaires d'Elbersreuth.

Nous., qui invoquons, à l'appui de nos doctrines, la réapparition dans notre bande **g 3** des formes de notre étage **E**, nous aurions bien mauvaise grâce à repousser l'opinion des D. D. Sandberger, du Prof. Geinitz et de M. Guembel, si favorable à nos vues.

Mais, nous devons faire remarquer une différence très-importante entre les intermittences que nous venons de rappeler, et celle qu'il s'agit d'admettre à Elbersreuth. C'est, qu'en Bohême, le fait évident de la superposition et de la succession stratigraphique rend également évidentes les conclusions paléontologiques. En Franconie, au contraire, la véritable position stratigraphique des calcaires d'Elbersreuth n'étant jusqu'ici fixée par aucune section incontestable, à notre connaissance, il manque une base solide à toutes les déductions de la paléontologie.

Dès qu'il sera définitivement établi, que ces calcaires sont réellement intercalés au dessus du milieu de la série dévonienne, comme l'indique M. Guembel, personne ne sera plus empressé que nous de rendre hommage à la justesse des vues opposées aux nôtres. Alors, nous citerons Elbersreuth comme l'une des localités les plus convaincantes en faveur de nos doctrines.

VI. Harz.

Les travaux successifs de M. le Prof. Fr. A. Roemer et le mémoire plus récent de M. le Prof. Giebel, sur des parties diverses de cette contrée, s'accordent pour y indiquer l'existence de dépôts siluriens ; mais leurs résultats ne sont pas encore assez certains, pour nous permettre d'assigner à ces dépôts un horizon bien déterminé, dans la série géologique.

Cette conclusion a été exprimée au sujet des environs de Maegdesprung, par M. le Prof. Giebel, dans les termes suivans, que nous croyons utile de traduire :

„Après ce résumé général, nous devons reconnaître sans hésitation, que la faune de nos calcaires et des schistes qui les accompagnent appartient à la division silurienne supérieure. En considérant ses nombreuses particularités locales et ses rapports directs très-bornés, il me semblerait hasardé de l'assimiler à un étage déterminé du système Silurien supérieur, en Bohême, en Angleterre, et dans l'Amérique du Nord. En général, son caractère indique un âge immédiatement antérieur à l'époque dévonienne. Ses espèces caractéristiques, peu nombreuses, tendent à placer ces dépôts sur l'horizon du calcaire de Wenlock en Angleterre, des étages E — F en Bohême, et du groupe de Niagara en Amérique. Si les calcaires de Maegdesprung représentent réellement cet horizon, l'apparition des poissons dans ces roches exciterait un intérêt tout particulier." *(Sil. Fauna d. Unt. Harzes. p. 70, 1858.)*

Personne n'éprouve cet intérêt plus vivement que nous, et personne ne regrette plus sincèrement l'existence des difficultés locales, qui s'opposent à l'étude plus complète des formations siluriennes du Harz, dans lesquelles M. le Prof. Giebel semble admettre au moins trois étages distincts.

La présence d'un Graptolite, *Monoprion Sagittarius*, suffit pour nous faire reconnaître le terrain silurien, et probablement la faune troisième, puisqu'aucune espèce n'indique la présence de la faune seconde dans toute cette région. D'un autre côté, le mélange des formes de la faune troisième avec celles de la période dévonienne, coïncidant avec l'apparition de plusieurs types de poissons, et en particulier de *Ctenacanthus*, nous rappelle les étages calcaires supérieurs **F** et **G** de la Bohême, où nous observons un phénomène analogue, et où nous trouvons le même type.

Le grand nombre des espèces de *Capulus* qui paraissent coexister avec ces poissons dans le Harz, contraste avec l'absence presque totale des représentans de ce type dans notre étage **G**, tandis que les formes analogues sont assez communes dans notre étage **F**, et encore plus dans notre étage **E**.

Quelques Brachiopodes, comme *Rhynchonella cuneata*, rappellent aussi notre étage inférieur **E**. Au contraire, le plus grand nombre semble représenter les formes de notre étage **F**.

Ces analogies, à la fois partagées et incomplètes, ne nous permettent pas d'établir des rapprochemens avec quelque sécurité. Cependant, nous osons espérer que l'étude prolongée du Harz confirmera, tôt ou tard, les faits que nous avons observés en Bohême, et surtout l'apparition sporadique des poissons, vers la fin de la période silurienne, caractérisée aux environs de Maegdesprung par un grand *Dalmanites*, divers *Bronteus* et *Acidaspis*, types dominans dans notre étage **G**.

Si l'on admet, d'après ces documens incomplets, qu'une formation analogue à cet étage de Bohême existe dans le Harz, nous ferons remarquer, que la prédominance des Capuloides sur cet horizon, aux environs de Maegdesprung,

14*

est en harmonie avec le fait semblable, mais encore plus frappant, que présente le groupe supérieur de Helderberg, c. à d. l'étage le plus élevé de la faune troisième aux Etats-Unis. Sur cet horizon américain, on a aussi découvert des poissons.

L'analogie que nous signalons entre ces contrées éloignées et qui fait ressortir le contraste entre le Harz et la Bohême, ne doit pas nous étonner, car il est très-vraisemblable, que les dépôts du Harz font partie de la grande zone paléozoique du Nord, comme ceux des environs de Hof, séparés de notre bassin par une ancienne barrière de Gneiss et autres roches cristallines.

VII. France. — Espagne. — Sardaigne.

On sait depuis long-temps que, sur divers points de la France, tels que Feuguerolles et St. Sauveur le Vicomte en Normandie, St. Jean sur Erve et Chemiré dans le département de la Sarthe, Neffiez dans le dépt. de l'Hérault, et aussi dans les Pyrénées, les couches à Graptolites et à *Cardiola interrupta*, associés à des Orthocères, ont été signalées par plusieurs géologues. Mais il paraît que ces dépôts, annonçant la présence de la première phase de la faune troisième, ne sont pas recouverts par ceux qui renferment les phases suivantes de la même faune, telles que nous les observons en Bohême. Partout, au contraire, il semble exister une grande lacune dans la série, puisque les dépôts dévoniens, bien caractérisés par les fossiles propres à cette période, reposent immédiatement sur les couches à *Cardiola*. Cependant, dans le dépt. de la Loire inférieure, il existe des masses calcaires, dans lesquelles M. Cailliaud a signalé la coexistence de diverses espèces de notre étage **F**, avec d'autres considérées comme dévoniennes. *(Bull. 1861.)*

Nulle part, en France, on n'a observé jusqu'a ce jour des dépôts qui représentent notre étage **G**.

Les laborieuses recherches de M. M. de Verneuil, Casiano de Prado et Edouard Collomb, en Espagne, ont aussi constaté, que la faune troisième silurienne y est représentée comme en France, par les Graptolites et la même *Cardiola*, accompagnée par quelques Céphalopodes. Malheureusement aussi, la formation renfermant ces fossiles est la seule qui, dans la péninsule, constitue la division silurienne supérieure.

Nous avons personnellement reconnu le même fait en Sardaigne, où nous avons recueilli *Cardiola interrupta* et plusieurs Orthocères, dans un calcaire complètement semblable à certaines couches de notre étage E. Nous n'avons aperçu aucune trace de dépôts représentant les autres étages de la division supérieure en Bohême. La description soigneuse des fossiles de cette contrée par M. le Prof. Meneghini, dans le grand ouvrage du Comte de la Marmora sur la Sardaigne, confirme l'absence des dernières phases de la faune troisième, comme en France et en Espagne.

VIII. Etats-Unis d'Amérique.

Transportons nous maintenant au-delà de l'océan Atlantique, dans les régions laborieusement explorées par la science, et dans lesquelles la nature semble avoir voulu étaler toutes les grandeurs des formations paléozoïques, en leur conservant la majestueuse simplicité de leurs relations primitives, comme pour compléter et aviver la lumière que nos maîtres ont fait jaillir sur ces âges obscurs, par l'étude des petits bassins incomplets et parfois énigmatiques des terrains correspondans, disséminés sur la surface de l'Europe.

Nous nous estimons très-heureux en cette occasion, d'avoir pu étudier le troisième et magnifique volume de la *Palaeontology of N. York*, que nous devons aux aimables attentions du grand géologue et paléontologue américain, comme les volumes précédens et comme diverses autres

oeuvres également grandes et instructives, qui nous révè-
lent tant de faits nouveaux, et nous font assister à la con-
quête scientifique des vastes régions centrales du nouveau continent. En exprimant nos sincères remercîmens à
M. le Prof. James Hall, pour ses libérales communications
et pour le bienveillant souvenir qu'il a bien voulu nous adres-
ser récemment dans l'une d'elles, relative à la faune primordiale de la vallée du Missisipi, nous nous plaisons à
lui offrir de loin nos hommages comme à un maître, et
nos félicitations comme à un ami, au sujet du succès et
de l'intérêt toujours croissant de l'ouvrage monumental,
honorant l'Etat de New-York qui l'a demandé, autant que
le savant éminent qui l'a conçu et exécuté.

Afin de rendre intelligibles pour tous nos lecteurs les
considérations qui se rattachent directement à l'étude qui
nous occupe, nous sommes obligé de nous étendre, au sujet de l'Amérique, un peu au-delà des limites entre lesquelles nous nous sommes restreint, en passant en revue
les contrées paléozoiques de l'Europe, dont la connaissance
est plus familière à tous les savans.

En 1847, notre illustre maître et ami, M. de Verneuil,
a publié son mémoire sur le *Parallélisme des dépôts paléozoiques de l'Amérique Septentrionale avec ceux de l'Europe. (Bull. 2. série. IV.)* Depuis lors, tous les géologues
se sont accordés à reconnaître, que les grandes divisions
des systèmes Silurien, Dévonien et Carbonifère sont représentées par leurs faunes sur les deux continents, d'une
manière aussi satisfaisante qu'on peut l'attendre, sur des
régions du globe si éloignées l'une de l'autre, et généralement si distinctes, en tout ce qui touche les apparences
de la série animale. Cependant, la représentation récipro-
que de certains étages établis de chaque côté de l'océan
Atlantique, et surtout la détermination de la limite entre
les systèmes silurien et dévonien en Amérique, restaient
encore à l'état de questions difficiles, provisoirement résolues, et dont la solution définitive paraissait réservée à

l'avenir. Nous allons voir, en effet, ces questions de nouveau discutées par les savans qui ont successivement traité le même sujet. M. de Verneuil lui même dans le mémoire cité (p. 32), en nous offrant l'exemple d'un loyal savant à la recherche de la vérité, nous fait assister, d'une manière presque dramatique, aux quatre ou cinq variations rapides et successives de son opinion à cet égard, à mesure que les faits paléontologiques se sont manifestés à ses yeux, durant son séjour en Amérique, en 1846. Il nous expose les motifs qui l'ont décidé à considérer le grès d'Oriskany comme constituant la base intégrante ou l'origine du système dévonien, sur ce continent. Malheureusement, le plus grave de ces motifs, fondé sur la présence présumée de deux espèces de Spirifères de l'Eifel, ne s'est pas confirmé pour *Spir. macropterus.*

Nous reproduisons dans le tableau qui suit, le parallélisme admis par cet éminent observateur, entre les subdivisions reconnues par les géologues de l'Etat de N. York et celles qui ont été établies par Sir. Rod. Murchison en Angleterre.

En 1848, Daniel Sharpe, après avoir étudié les Brachiopodes et quelques autres mollusques siluriens, recueillis aux Etats-Unis par Sir. Ch. Lyell, présente les vues que cette étude lui avait suggérées, sur la correspondance entre les mêmes séries stratigraphiques d'Amérique et d'Angleterre. *(Quart Journ. Nr. 15 Aug.)* Nous reproduisons sur le tableau suivant les résultats de ses observations, de manière à faciliter leur comparaison immédiate avec le travail de M. de Verneuil. Le lecteur reconnaitra donc au premier coup d'oeil, que ces deux savans, en s'accordant sur la plupart des points, différent grandement au sujet de la représentation des étages de Wenlock et de Ludlow, dans la série américaine.

En 1851, M. James Hall, paléontologue officiel de l'Etat de N. York, après avoir pris une part active aux explorations de cet Etat, expose à son tour ses vues sur la correspondance entre les dépôts paléozoiques du continent américain et ceux de l'Europe. Son mémoire a été publié dans le *Rapport sur la contrée du lac Supérieur,* par M. M. Foster et Whitney. (II. p. p. 285 à 318.) C'est un travail très-instructif, qui présente diverses rectifications et qui remplit aussi certaines lacunes très-concevables, dans les documens qui avaient servi de base aux appréciations des deux savans Européens, dont l'un n'avait pas même vu le terrain. Cependant, J. Hall admet dans son ensemble le parallélisme établi par M. de Verneuil, en appelant avec beaucoup d'insistance l'attention des géologues sur deux questions importantes, qui doivent être résolues, pour pouvoir établir la correspondance définitive entre les séries paléozoiques comparées.

La première de ces questions est relative à la limite entre les systèmes silurien et dévonien en Europe, limite qui ne semble pas très-nette au savant américain, à cause de la forte proportion des espèces reconnues identiques dans les deux systèmes, même dans les régions typiques, en Angleterre.

La seconde question se rattache immédiatement à la première, car elle consiste à déterminer la représentation de l'étage de Ludlow en Amérique, et par conséquent la limite entre les systèmes silurien et dévonien sur le nouveau continent. J. Hall fait observer, qu'en plaçant avec M. de Verneuil cette limite immédiatement au dessous du grès d'Oriskany, les groupes ainsi assignés au système dévonien renferment de très-nombreux fossiles de l'étage de Ludlow, c. à d. des espèces siluriennes, remontant non seulement dans le groupe supérieur de Helderberg, mais même dans le groupe de Hamilton.

La quatrième colonne du tableau qui suit reproduit le parallélisme conçu à cette époque par J. Hall, entre les séries paléozoiques des deux continens (l. c. p. 318).

Le lecteur y trouvera donc l'indication des opinions de cet éminent géologue et pourra les confronter immédiatement avec celles de Daniel Sharpe et de M. de Verneuil.

Nous avons cru devoir exposer ces documens historiques, afin de bien faire comprendre, qu'il y a encore lieu de chercher à compléter dans les détails l'harmonie que nos maîtres nous ont enseigné à reconnaître dans l'ensemble des dépôts paléozoiques explorés en Europe et en Amérique. Nous ferons remarquer que, d'après les documens alors existans, nos savans devanciers ne pouvaient concevoir le système silurien, que conformément au type d'Angleterre, dont ils retrouvaient la reproduction la plus exacte en Suède. Ainsi, en appliquant aux Etats-Unis ce type, suivant nous incomplètement développé, ils se trouvaient entre des limites trop étroites et trop arrêtées d'avance, pour pouvoir y faire exactement cadrer les séries américaines, beaucoup plus largement développées sur certains horizons. Mais si, à cette époque, ils avaient connu la série Silurienne de la Bohême, telle que nous la présentons aujourd'hui, nous sommes persuadé qu'ils auraient eux-mêmes modifié, dans divers points, les termes de leurs comparaisons. Dans tous les cas, nous sommes heureux de pouvoir constater que nos vues, dont l'exposition suit, ne sont pas nées uniquement dans notre esprit, mais que leur origine remonte en partie aux observations de nos maîtres que nous allons reproduire, et que nous invoquons à l'appui des opinions que nous avons puisées dans l'étude comparative de la Bohême et de toutes les autres régions siluriennes, explorées jusqu'à ce jour.

Parallélisme suiv. M. de Verneuil 1847	Nr.	Classification primitive des Géologues de l'Etat de N. York, suivant M. de Verneuil.	Parallélisme suivant Dan. Sharpe 1848	Nr.	Parallélisme suivant James Hall 1851. in Foster et Whitney Rept. on Lake super. II. p. 318.
		Vieux grès rouge.			
	28	Grès et schistes			
		Division Erié.			
	27	Groupe de Chemung		27	Représentés en partie par les
	26	Groupe de Portage		26	
	25	Schistes de Genessee		25	Système Carbonifére
	24	Calcaire de Tully	Système Dévonién	24	
Système Dévonien	23	Groupe de Hamilton		23	
	22	Schistes de Marcellus		22	Système Dévonien
		Division supér. de Helderberg.			
	21	Calcaire cornifère		21	Série de Ludlow
	20	Calcaire d'Onondaga		20	
	19	Grès de Schoharie		19	
	18	Grès à queue de coq		18	non représentés
	17	Grès d'Oriskany		17	
		Division infér. de Helderb.			
	16	Calcaire supér. à Pentamères		16	Représentés par les couches de
Ludlow	15	Argiles schist. à *Delthyris*		15	
	14	Calcaire à Pent. *galeatus*	Wenlock	14	Wenlock *(in part.)*
	13	Calc. hydraul. (*Waterlime*)		13	
	12	Groupe salif. d'Onondaga.		12	non reconnu
Silurien supérieur		**Division Ontario.**			
	11	Groupe de Niagara		11	*part.* Wenlock *(in part.)*
Wenlock passage	10	Groupe de Clinton	passage	10	
	9	Grès de Médina		9	*part.* non reconnu
		Division Champlain.			
	8	Conglom. d'Oneida		8	Caradoc Sandstone et Llandeilo flags
	7	Grès gris	Silurien inférieur	7	
	6	Groupe de Hudson river		6	
	5	Schistes d'Utica		5	Calcaire à Orthoc. de Suède.
Silurien inférieur	4	Calcaire de Trenton		4	non reconnus, Probabl.
	3	Calcaire de Blackriver		3	Schistes et quartzites
	2	Calcaire siliceux		2	sous les Llandeilo flags.
	1	Grès de Potsdam.		1	

Nous reproduirons maintenant la correspondance entre
les mêmes séries d'Angleterre et des Etats-Unis, telle que
le Prof. J. Hall l'a exposée, environs dix ans plus tard,
c. à d. vers 1861, dans le Vol. III de la *Palaeont. of N.
York*, p. 34.

A cette occasion, nous indiquons, dans la colonne à
gauche, les relations approximatives que nous concevons,
entre les dépôts siluriens de l'Etat de N. York et ceux
de la Bohême, sans établir des limites absolues dans les
équivalens supposés.

Etages comparables en Bohême	Correspondance suivant J. Hall. 1861 entre	
	Etat de N. York — Est.	Grande Bretagne.
Etages G — H	Groupe supérieur de Helderberg.	Dévonien ou vieux grès rouge avec des restes de poissons.
Etage F . .	Grès d'Oriskany.	Non reconnus, et probablement non existant en Angleterre.
	Groupe inférieur de Helderberg.	
Etage E . .	Calcaire hydraulique. (*Waterlime.*)	Horizon de Lesmahago avec *Eurypterus.* (*Tilestone.*)
	Groupe salifère d'Onontage.	Non reconnu ou non existant.
	Groupe de Niagara.	Calcaire de Wenlock.

En comparant ce tableau à celui qui précède, on
reconnaîtra que le Prof. J. Hall a modifié notablement ses
opinions, en reconnaissant explicitement dans le dépôt du
calcaire hydraulique ou *Waterlime*, l'horizon le plus élevé
de l'étage de Ludlow en Angleterre, au lieu de le rapporter comme auparavant à l'étage de Wenlock.

Après avoir ainsi résumé l'état actuel de la question, il nous reste à exposer les motifs qui nous ont porté à concevoir la correspondance que nous venons d'indiquer. Nous suivrons l'ordre ascendant, en appelant successivement l'attention de nos savans lecteurs sur la représentation approximative, en Amérique, des étages **E — F — G — H** de la Bohême.

Mais, avant d'entrer dans aucun détail, jetons un coup d'oeil rapide sur l'ensemble des formations que nous allons comparer, comme renfermant également la faune troisième Silurienne dans l'Amérique du Nord et en Bohême, afin de nous faire une idée de leur développement relatif, soit dans le sens horizontal, soit dans le sens vertical.

Dimensions relatives des bassins comparés.

Le Prof. J. Hall dans son instructive *Introduction* (III p. 29) résume ainsi ses indications sur l'étendue géographique des roches représentant le groupe de Niagara, c. à d. la base de la division Silurienne supérieure aux Etats-Unis:

„En consultant la carte, on verra que le groupe de Niagara a été reconnu de l'Est vers l'Ouest d'une manière presque continue sur une étendue en droite ligne d'environ 20 degrés, et le long de la ligne de son affleurement, sur une distance de 500 milles de plus tandis qu'il y a plus de 12 degrés de latitude entre ses limites extrêmes visibles vers le Nord et vers le Midi."

Par contraste, le bassin qui représente aujourd'hui, en Bohême, les formations comparables au groupe de Niagara, c. à d. la surface comprenant notre étage **E** et toute notre division supérieure, offre une longueur d'environ 38 Kilomètres, sur une largeur maximum de 8 à 10 Kilomètres. Nous nous abstenons de calculer et de comparer les surfaces correspondantes, afin d'épargner à notre bassin le ridicule qui s'attache aux exiguités trop prononcées, et qui pourrait le faire considérer comme le *Tom Pouce* des bassins Siluriens.

Heureusement, cette énorme disproportion dans le sens horizontal, entre les bassins comparés, est loin d'exister dans le sens vertical, ou dans l'épaisseur des formations, c. à d. dans le seul élément qui puisse nous fournir la mesure approximative de la durée de leur dépôt. D'après l'excellent *Manual of Geology* de M. le Prof. Dana, voici la puissance maximum, dans l'Etat de New-York, des subdivisions que nous allons prendre pour sujet de notre parallèle.

Groupes.

Helderberg supérieur	350	pieds
Grès de Schoharie (selon M. de Verneuil) . .	10	,,
Grès à *queue de coq*	60	,,
Grès d'Oriskany	30	,,
Helderberg inférieur	200	,,
Salina (Onondaga)	1,000	,,
Niagara près des chûtes { calcaires	165	,,
{ schistes	80	,,
total . .	1,895	pieds.

D'après nos évaluations, voici maintenant la puissance approximative des étages de notre division supérieure, sans prendre pour chacun d'eux le maximum qu'il offre exceptionnellement, dans certaines localités.

Etage H	200	mètres
,, G	300	,,
,, F	100	,,
,, E	300	,,
total . .	900	mètres.

Ce chiffre total représentant 2,700 pieds, dépasserait presque d'un tiers celui que nous venons de rappeler pour les formations comparées dans l'Etat de N. York. On ne doit pas perdre de vue que, dans notre bassin, les calcaires occupent plus de la moitié de la puissance totale indiquée, c. à d. sont relativement plus prédominans qu'aux Etats-Unis. D'un autre côté, plusieurs des dépôts américains sont notablement plus développés dans l'Etat de N. York que dans l'Ouest. Le plus puissant d'entre eux, c. à d. le groupe salifère d'Onondaga, disparaît complètement vers le Sud-Ouest, tandis que d'autres de ces groupes prennent, au contraire, un développement vertical plus grand, dans cette direction.

Dans tous les cas, en considérant seulement l'Etat de N. York, au lieu de présenter une infériorité dans leur puissance, les étages de notre bassin semblent offrir une certaine supériorité, par rapport aux dépôts américains comparés. Nous pouvons donc avoir la confiance de trouver, dans la succession et les contrastes de leurs faunes, les traces des divers âges de la troisième période Silurienne, aussi bien imprimées par la nature, que dans les dépôts formés sur les surfaces les plus grandioses des océans contemporains.

D'après ces rapprochemens, nous espérons que les géologues américains voudront bien nous absoudre de tout reproche de témérité, que nous pourrions encourir à leurs yeux, en mettant en parallèle le bassin si exigu de la Bohême avec le bassin immense de l'Amérique septentrionale. Nous allons donc leur exposer avec une respectueuse liberté, les résultats de nos études comparatives.

Représentation approximative de l'étage E de Bohême, dans les Etats-Unis d'Amérique.

Pour poser nettement les termes, nous reproduisons la formule la plus récente par laquelle J. Hall a fixé le nom et l'ordre de superposition des divers dépôts, dans lesquels nous croyons reconnaître la représentation de notre étage **E**, c. à d. la première phase de notre faune troisième. *(Pal of N. York III. p. 385. 1861—1862.)*

Grès d'Oriskany.

représentés par l'étage **E** de Bohême.

- Calc. supérieur à Pentamères
- Calc. à Encrines
- Calc. schisteux à *Delthyris*
- Calc. inférieur à Pentamères
- Calc. à *Stromatopora*
- Calc. à Tentaculites

Calcaires du groupe inférieur de Helderberg.

- Groupe du Waterlime
- Groupe salifère d'Onondaga
- Groupe de Niagara.
- Groupe de Clinton

Il serait superflu de discuter la limite inférieure de cette série, puisque tout le monde s'accorde à reconnaître, que le groupe de Niagara est compris parmi les équivalens assignés à l'étage de Wenlock. Nous faisons abstraction du groupe de Clinton et du grès de Médina, que tous les savans s'accordent à considérer comme un horizon de passage entre les deux divisions Siluriennes. Nous allons appeler d'abord l'attention sur la limite supérieure de cette série. Nous reviendrons ensuite sur quelques unes des formations intermédiaires qu'elle renferme, et qui offrent des particularités dignes d'attention.

Le tableau (p. 218) nous montre, que les cinq groupes de la division inférieure de Helderberg ont été considérés par M. de Verneuil comme représentant l'étage de Ludlow. C'est l'opinion exprimée dans son texte. (l. c. p. 29.) Remarquons qu'à cette époque, les *Tilestones* étaient attribués au vieux grès rouge. *(Sil. Syst. 1 p. 196.)* Or, d'après les rapprochemens exposés ci-dessus (p. 176), la faune de l'étage **E** de la Bohême renferme à elle seule

la plupart des formes caractéristiques des deux étages de
Wenlock et Ludlow, à l'exception des poissons et de certains fossiles propres aux couches culminantes de ce dernier. Ainsi, le parallélisme établi en 1847 par M. de
Verneuil contenait implicitement l'extension que nous attribuons aujourd'hui à la représentation de notre étage **E.**

Le même tableau constate, que Daniel Sharpe a
étendu l'équivalent américain de l'étage de Wenlock jusqu'à la limite que nous admettons pour notre étage **E.**
Mais, puisqu'il a été constaté, que l'étage d'Angleterre ne
représente qu'une partie de celui de la Bohême, il s'en
suit que cette interprétation de Sharpe est non seulement
en harmonie avec la nôtre, mais encore beaucoup plus
avancée dans le même sens. On voit en effet, qu'elle a
conduit ce savant à admettre l'absence de l'étage de Ludlow dans la série américaine, et par conséquent, une
notable lacune entre les systèmes Silurien et Dévonien,
dans une contrée qui se distingue par le grand développement vertical et horizontal de ses séries paléozoiques.

Dans son mémoire en 1851, J. Hall après avoir cité
cette opinion de Daniel Sharpe ajoute:

„Nous admettons certainement la convenance de reconnaître, d'un côté le Niagara et de l'autre côté le Helderberg inférieur, comme équivalens de la formation de
Wenlock (p. 299) . . . .
. . . .
Nous ne sommes pas en état de dire quelle est la relation
qui existe entre les cinq formations composant le groupe
inférieur de Helderberg et les roches de Ludlow; mais
nous savons que peu de leurs fossiles sont semblables à
ceux de cette division, tandis que beaucoup sont identiques
avec ceux de Wenlock et Dudley." (p. 300.)

Ces opinions primitives de J. Hall sont pleinement
confirmées par les termes qu'il emploie pour expliquer les

relations intimes qu'il a reconnues entre le groupe de
Niagara et le groupe inférieur de Helderberg, dans l'introduction très-instructive qui précède le texte du Vol. III.
de la *Palaeont. of N. York*.

Après avoir indiqué les principaux contrastes qui
existent entre les faunes des deux groupes supérieur et
inférieur de Helderberg, J. Hall ajoute:

. . . .

„Les relations évidentes de la faune du Helderberg
inférieur avec celle du Niagara seront reconnues à chaque
pas dans nos comparaisons, et seront montrées dans les
illustrations et les descriptions qui suivent. Par conséquent,
si la ressemblance des conditions physiques, et la ressemblance de la faune doivent nous gouverner dans la
détermination des relations entre les formations, alors le
groupe inférieur de Helderberg devrait être uni avec le
groupe de Niagara dans un grand système" (p. 35).

„Malgré le grand changement physique qui précède
le dépôt du Helderberg inférieur, les matériaux ne différent pas de ceux du groupe de Niagara, et la faune est
relativement peu contrastante. On rencontre les mêmes
genres de Polypiers et de Bryozoaires avec des espèces
très-semblables dans les deux groupes. Parmi les Brachiopodes, les *Orthides* des deux groupes se ressemblent tellement, qu'elles ont été confondues les unes avec les autres.
Les *Strophomenae* ont le même caractère, mais il y a des
formes particulières et plus nombreuses dans le groupe
inférieur de Helderberg. Les *Spiriferae* des formations de
ce groupe et du Niagara ne sont pas aisées à distinguer
dans plusieurs espèces. Les *Rhynchonellae* et *Meristae* se
ressemblent également, mais sont plus nombreuses dans le
groupe le plus récent; tandis que nous y voyons apparaître
le genre *Pentamerus*, représenté par *Pent. galeatus*, et
une autre forme semblable, ainsi que deux ou trois genres de Brachiopodes que je n'ai pas vus sur les horizons

15

inférieurs. Ainsi, sous divers point de vue, nous pourrions presque regarder le groupe inférieur de Helderberg comme une répétition des couches de Niagara" (p. 41).

Avant de procéder à la description des Brachiopodes du groupe inférieur de Helderberg, J. Hall expose les observations suivantes:

„La ressemblance générale des Brachiopodes du groupe inférieur de Helderberg avec ceux du groupe de Niagara se remarque au premier aspect, en comparant des collections de ces deux groupes. En vérité, plusieurs de ces espèces sont si semblables, qu'elles sont considérées comme identiques par divers paléontologues. Cependant, une comparaison soigneuse amène à douter s'il existe même une seule espèce commune à ces deux périodes. Presque chacune des espèces du Niagara est representée dans le groupe inférieur de Helderberg, non seulement par une espèce semblable, en général, mais dans la forme, la sculpture, ou ornemens de la surface, et dans l'aspect extérieur; et souvent elles approchent très-près les unes des autres par leurs caractères internes. En outre, nous trouvons dans le Helderberg inférieur deux et quelquefois plus d'espèces analogues à une seule espèce du Niagara. C'est ce qui a lieu pour les formes suivantes (p. 153):

. . . .
. . . .

„Je pourais m'étendre davantage dans ces comparaisons, qui montrent combien la représentation des Brachiopodes du groupe de Niagara est complète dans le groupe inférieur de Helderberg, et particulièrement dans le calcaire schisteux à *Delthyris*, où les conditions physiques sont si semblables à celles des schistes de Niagara."

„Certainement, si nous choisissions seulement ces formes analogues, pour les présenter à côté des Brachiopodes du groupe de Niagara, un paléontologue expérimenté pourrait bien hésiter à déclarer, que ce sont des espèces distinctes. Il pourrait se demander, si ces formes semblables en apparence, ne résultent pas des conditions physiques différentes, coexistant à la même époque sur des parages éloignés de l'océan, et qui auraient procuré un développement plus complet à celles de ces espèces qui sont toujours plus petites dans le groupe de Niagara que dans le groupe inférieur de Helderberg" (p. 154).

Remarquons maintenant, que la classe des Brachiopodes, qui fournit ordinairement le plus d'espèces cosmopolites, ou douées d'un grand pouvoir de diffusion horizontale, n'est pas la seule qui nous enseigne, en cette occasion, que la faune du groupe inférieur de Helderberg appartient à la première phase de la faune troisième Silurienne. En effet, la classe des Gastéropodes, et surtout la nombreuse famille des *Capuloides,* vient nous fournir des rapports très-multipliés, de même nature et encore plus frappans, car ce sont des rapports évidens et directs, avec la faune de l'étage E de Bohême, tandis qu'ils sont à peine reconnaissables sur les horizons correspondans, en Angleterre et dans les autres bassins de la grande zone paléozoique du Nord. Ces relations inattendues n'ont pu se manifester aux yeux d'aucun de nos savans devanciers, parce que la description des formes de cette classe n'était publiée, ni pour le groupe inférieur de Helderberg, ni pour notre bassin. Nous n'avons pu les reconnaitre nous-même que très-récemment, en étudiant le Vol. III. de la *Palaeont. of. N. York.* Mais, lorsque les planches déjà lithographiées pour notre Vol. III. seront publiées, ces rapports frapperont les yeux de tous les géologues, comme ils ont frappé les nôtres. Voici en quoi ils consistent:

Dans l'imposante série des 140 planches qui composent l'Atlas du troisième volume de J. Hall, 13 sont consacrées aux 51 espèces des genres *Platyceras, Strophostylus* et *Platyostoma,* représentant la famille des Capuloides dans le groupe inférieur de Helderberg, et presque toutes concentrées dans le calcaire schisteux à *Delthyris*. Neuf autres planches sont également occupées par les 15 formes des mêmes types, qui caractérisent le grès d'Oriskany, immédiatement superposé à ce groupe.

Or, l'ensemble de ces espèces américaines, considérées dans l'admirable variété de leurs apparences, et indépendamment de la rigueur artificielle de la nomenclature, reproduit d'une manière étonnante les formes des Capuloïdes de la Bohême, que nous distinguons par une quarantaine de noms, et qui couvrent près de 20 de nos planches. L'affinité de ces espèces, séparées par une si grande distance horizontale, se manifeste par la reproduction presque servile des mêmes formes, à partir de la ligne presque droite, jusqu'à la spire turriculée; et si l'on ne peut les dire identiques une à une, on doit du moins les reconnaître comme représentatives les unes des autres.

L'association, dans le groupe inférieur de Helderberg, des Capuloïdes qui caractérisent notre étage **E**, avec certains Brachiopodes du même étage, et beaucoup d'autres espèces qui distinguent l'étage de Wenlock en Angleterre, nous semble présenter des signes non équivoques de contemporanéité relative, mais nous ne disons pas de contemporanéité absolue, entre ces formations. Dans tous les cas, la présence des Capuloïdes dans le calcaire schisteux à *Delthyris*, imprime à cette formation l'un des caractères les plus marqués de notre étage **E**, ou de la première phase de notre faune troisième. Ce calcaire nous semble donc devoir faire partie des dépôts américains, qu'on peut mettre en parallèle avec cet étage.

Les autres classes nous permettent également de reconnaître, entre les séries comparées, des relations satisfaisantes, quoique moins étendues. Parfois aussi, elles nous offrent des contrastes locaux, auxquels on doit bien s'attendre, dans le parallèle entre des régions si éloignées et placées sur deux zones différentes des mers paléozoiques. Considérons les classes principales:

Les Trilobites sont représentés en Bohême par des formes beaucoup plus multipliées, dont le chiffre est d'environ 82 pour notre étage E, tandis que 31 seulement ont été décrites pour toute la série américaine que nous mettons en regard. Parmi ces 31 espèces, 13 appartiennent au groupe inférieur de Helderberg. Ce sont des formes distinctes de celles de la Bohême, mais analogues et issues des genres caractérisant cette première phase de la faune troisième. Ainsi, J. Hall fait remarquer l'affinité entre les espèces suivantes, dont les unes appartiennent à ce groupe et les autres à notre étage E.

Bront. Barrandi. Hall.	Bront. Partschi Barr. Bront. nuntius Barr.
Phac. Logani Hall.	Phac. fecundus Barr.

A ce rapprochement, nous opposons un contraste. C'est que le groupe de *Dalmanites Hausmanni* fait son apparition en Amérique durant la période qui nous occupe, tandis qu'en Bohême nous ne connaissons ses premiers représentans que dans notre étage F. J. Hall décrit dans son Vol. III quatre espèces de ce groupe appartenant au calcaire schisteux à *Delthyris*, c. à d. à un horizon peu éloigné de celui qui paraît correspondre à l'étage F de la Bohême. Il y a donc encore ici antériorité en faveur de l'Amérique, mais sans une grande différence par rapport à notre bassin. D'ailleurs, nous allons retrouver le développement maximum de ce groupe, sur des horizons supérieurs et correspondans.

L'existence des grands Crustacés de la famille des Euryptérides confirme et étend largement les rapprochemens déjà exposés, ainsi que nous allons le constater tout à l'heure, en appelant l'attention sur le groupe américain du Waterlime.

Les Céphalopodes du groupe inférieur de Helderberg
sont mal conservés et se réduisent à 1 *Oncoceras (Gom-
phoc.)*, 1 *Cyrtoceras* et 10 *Orthoceras*. Cette pauvreté relative est exprimée par le grand paléontologue américain
dans les termes suivans:

„Tandis que dans cette période les Gastéropodes acquièrent un développement inconnu dans toutes les autres
périodes géologiques de notre pays, les Céphalopodes paraissent réduits au degré *minimum*, car ils offrent moins
de variétés de formes que durant les autres périodes antérieures ou postérieures.“ (Vol. III p. 312.)

Cependant, nous rappelons que les formations inférieures au groupe de Helderberg, comme le groupe du
Niagara et le *Coralline limestone*, renferment des Nautilides variés, analogues à ceux qui prédominent si puissamment dans notre étage **E**. Outre l'espèce cosmopolite *Orth.
annulatum* Sow. que nous retrouvons parmi eux, nous devons faire remarquer l'apparition et la coexistence semblable des genres *Trochoceras*, *Gomphoceras* et *Phragmoceras,* dans les pays comparés. Ce dernier est représenté
par une forme non nommée, mais figurée par J. Hall
(l. c. II Pl. 78) et qui reproduit tout l'aspect des formes
congénères de notre étage **E**, si remarquables par leur
ouverture contractée à deux orifices.

Les Ptéropodes nous offrent les analogies habituelles
dans les formes du genre *Conularia,* peu variées dans la série
américaine, comme dans notre étage **E**. Mais cette classe
nous présente un double contraste. D'abord, on remarquera (p. 223) une formation nommée *Calcaire à Tentaculites,* parmi celles qui constituent le groupe inférieur de
Helderberg. Ce nom indique la prédominance de ces petits Ptéropodes sur cet horizon, inférieur à celui qui nous
montre le grand développement des Capuloides. En Bohême, au contraire, l'existence des Tentaculites dans notre
étage **E** ne nous est pas encore démontrée d'une manière

définitive. Par une sorte de compensation, nous ferons observer que le genre *Hyolites* Eichw. (*Theca* Sow. = *Pugiunculus* Barr.) n'est pas représenté dans toute la série américaine comparée à notre étage E, tandis que celui-ci nous en a fourni 7 à 8 espèces.

La classe des Acéphalés ne peut en ce moment nous offrir aucun document important, parce que nous n'avons pas encore pu l'étudier suffisamment en Bohême.

Quant aux Bryozoaires et Polypiers du groupe inférieur de Helderberg, J. Hall nous enseigne dans le passage cité ci-dessus (p. 225) qu'ils appartiennent aux mêmes genres que ceux du Niagara, et qu'ils offrent des espèces très-semblables. Ce fait établit entre ces horizons une connexion suffisante pour confirmer les vues que nous exposons.

Considérons maintenant dans la série américaine deux subdivisions locales et intermédiaires, caractérisées par des faunes qui contrastent avec celles des groupes extrêmes, Niagara et Helderberg inférieur. Ce sont celles qu'on nomme groupe du *Waterlime* et groupe salifère d'Onondaga.

Groupe salifère d'Onondaga.

Ce groupe, dont la puissance s'élève jusqu'à 1000 pieds, est cependant une formation locale qui, suivant J. Hall, n'est développée que dans la partie orientale de l'Etat de N. York, et disparaît en s'amincissant graduellement vers le Sud-Ouest. (*Rep. on Lake Super. II. p. 299, 1851.*) Ce fait nous autorise à penser avec l'éminent géologue américain, que ce groupe n'est pas explicitement représenté en Europe.

La même autorité nous enseigne, que la faune attribuée à ce dépôt salifère ne se montrant que vers ses deux limites dans le sens vertical, les fossiles de la partie inférieure pourraient être adjoints à la faune du Niagara, et ceux de la partie supérieure à la faune du Waterlime. *(Pal. of N. York II. p. 339.)* Dans tous les cas, il est constant que ces fossiles sont peu nombreux, et si mal conservés, que leur détermination est difficile. Celui d'entre eux qui attire le plus l'attention par sa forme, est *Mega-lomus Canadensis*, bivalve de grande taille, qui se présente comme les autres seulement à l'état de moule interne. Nous ne connaissons pas de forme semblable dans notre terrain, mais, par compensation, nous pourrions citer dans notre étage **E**, les formes que nous nommons *Antipleura*, comme aussi singulières et comme également renfermées dans certaines couches locales. La plupart des autres moules du groupe salifère représentent des Gastéropodes dont nous pourrions citer aussi les semblables dans notre même étage. Enfin, nous remarquons (l. c. Pl. 84) la figure de *Cyrtoc. arcticameratum*, qui reproduit les apparences des espèces constituant l'un des groupes de ce genre, qui caractérisent notre bande **e 2**, ou la partie supérieure de notre étage **E**.

Ainsi, malgré l'impossibilité d'assigner dans notre bassin un équivalent stratigraphique au groupe salifère d'Onondaga, nous ne trouvons dans sa faune aucun caractère prononcé, qui puisse la distinguer de la première phase de notre faune troisième, avec laquelle elle montre, au contraire, une grande affinité. La présence de cette formation dans la série américaine ne trouble donc aucunement la correspondance que nous concevons entre cette série et l'étage **E**, que nous lui comparons.

Groupe du calcaire hydraulique ou Waterlime.

Ce groupe, intercalé vers le milieu de la hauteur de la série qui nous occupe, se distingue de tous les autres par une faune peu nombreuse, mais toute particulière. Suivant le grand paléontologue américain, elle se compose presque uniquement des grands Crustacés de la famille des Euryptérides, associés à quelques autres crustacés et mollusques de petite taille. Les grands crustacés sont représentés par 3 genres, fournissant ensemble 14 à 15 espèces, savoir :

Eurypterus
Dolichopterus } . . . . 8 espèces
Pterygotus . . . . 3 „
Ceratiocaris
Leptocheles } . . . . 3 à 4 espèces
____
14 espèces.

Les autres fossiles trouvés avec les Euryptérides dans le Waterlime sont peu nombreux, et J. Hall cite seulement 2 *Leperditia*, 1 *Discina*, 1 *Conularia*, 1 *Lingula*. La plupart sont très-rares, et aucune de ces formes ne peut contribuer à déterminer une époque absolue. *(Pal. of N. York III. p. 391.)*

J. Hall considère ce dépôt comme représentant en Amérique l'horizon le plus élevé de l'étage de Ludlow en Angleterre, c. à d. les couches dites *Tilestones*. On sait que ces couches renferment, dans la contrée typique du Système Silurien, à peu-près les plus anciens restes de poissons, associés avec divers grands crustacés des genres *Eurypterus*, *Pterygotus* &c. En outre, à Lesmahago, en Ecosse, elles offrent un riche gisement des mêmes Euryptérides, mais sans les poissons.

Or, en exposant à la société géol. de Londres la découverte de ces fossiles de Lesmahago, par M. Robert Slimon, Sir Rod. Murchison termina son instructive communication par ces lignes :

„Partout où se trouvent ces grands crustacés associés à de petites *Lingula* ou autres fossiles, nous pouvons être certains, que nous sommes sur le sommet ou près du sommet extrême de toutes les roches auxquelles le nom de *Silurien* peut être appliqué, et que la couche recouvrante la plus voisine appartient à la première grande Ere des poissons, c. à d. au dévonien, ou vieux grès rouge, car la bande étroite de transition qui nous occupe, reste encore aujourd'hui telle que je l'ai définie il y a 21 ans, savoir: la couche la plus basse dans laquelle on ait découvert la trace d'un véritable animal vertébré." *(Quart. Journ. p. 24, 1855.)*

Cette conclusion citée par J. Hall (l. c. p. 388) et admise par lui avec la rigueur la plus absolue, l'a entraîné à modifier ses anciennes opinions et à admettre la contemporanéité du Waterlime avec les couches de Lesmahago, c. à d. avec l'horizon des *Tilestones* d'Angleterre. Qu'il nous soit permis à cette occasion, de présenter les observations suivantes:

1. D'après les faits connus, *Eurypterus* et ses *alliés* coexistent avec les premiers poissons en Angleterre. Par conséquent, au lieu de prendre l'apparition de ces Crustacés comme le signe infaillible d'une époque déterminée, si on voulait attribuer, avec le même droit, ce privilège aux poissons, il faudrait faire remonter l'horizon des *Tilestones* jusqu'au niveau du grès d'Oriskany ou du grès de Schoharie, où les premières traces de poissons ont été trouvées en Amérique.

2. Il est d'ailleurs constaté, que les Euryptérides ont existé sur divers horizons très-distincts. En effet, d'après M. Salter, le genre *Eurypterus* concentré et prédominant dans le Waterlime, se propage en Angleterre à partir du Ludlow supérieur, où il apparaît, à travers les dépôts dévoniens, jusque dans l'étage inférieur du terrain Carbonifere. *(Quart. Journ. p. 229, 1858.)*

3. D'après les documens cités ci-dessus (p. 188) *Eurypterus* apparait dans l'île d'Oesel, non seulement avec une remarquable variété de poissons, mais encore avec

— 235 —

des espèces multipliées de mollusques qui caractérisent, non les *Tilestones* en particulier, mais l'étage de Ludlow en général, et dont plusieurs sont même comptées parmi les fossiles caractéristiques de Wenlock (p. 190). Il serait donc difficile d'admettre que cet horizon, dans l'île d'Oesel, représente exactement celui des *Tilestones*, où les mêmes fossiles n'existent pas.

4. D'après M. le Doct. Schmidt, dont nous avons cité le voyage à Gothland (p. 193), *Eurypterus remipes* se trouve dans cette île, également associé à divers fossiles siluriens, représentant l'étage de Ludlow en général, sans ses subdivisions distinctes, mais aussi sans aucune trace de poissons (l. c. p. 55).

5. En Bohême, les Euryptérides sont représentés par de rares espèces, appartenant aux trois mêmes genres que partout ailleurs, et dont nous indiquons la distribution verticale.

	D		E		F		G	H
		d5	e1	e2	f1	f2		
Eurypterus . Dekay.	.	.	+	+	.	?	.	.
Pterygotus . Agassiz.	.	.	+	+	.	?	.	.
Ceratiocaris ⎰ Leptocheles ⎱ . M'Coy.	.	+ Col.	+	+	?	+	.	.

Ces trois genres sont précisément les mêmes que ceux qui sont le sujet du beau travail de J. Hall, inséré dans le Vol. III déjà cité. Mais, dans notre bassin, les restes de ces Crustacés sont si incomplets, qu'il eut été impossible de se figurer la forme des animaux qu'ils représentent, sans les enseignemens que nous avons successivement reçus de M. M. Dekay, Ferd. Roemer, Salter, Huxley, Nieszkowski, et J. Hall. Ainsi, il y a plus de

20 ans que nous avons recueilli les fragmens d'*Eurypterus Bohemicus*, mentionnés sous le nom de *Leptonotus Bohemicus*, dans notre *Parallèle entre la Bohême et la Scandinavie* p. 58, 1856. Nous avons indiqué en même temps, l'existence de semblables fossiles trouvés dans l'île de Gothland par M. Angelin. Mais, ce n'est qu'à l'aide des figures et descriptions publiées depuis cette époque, qu'il nous a été possible de nous convaincre de la nature générique de ces fossiles. Ils semblent n'indiquer qu'une seule espèce, qui, malgré sa rareté, aurait traversé la longue période du dépôt de notre étage **E**. Nous trouvons dans notre étage **F** des fragmens qui pourraient aussi appartenir à ce genre, ou à un genre voisin.

Le type *Pterygotus* est représenté par des fragmens beaucoup plus nombreux, mais trop incomplets pour nous guider dans la distinction des espèces, que nous pouvons supposer au nombre de 2 ou 3. Elles offrent une étendue verticale semblable à celle de notre *Eurypterus*, et d'après certains vestiges douteux, ce genre serait aussi indiqué dans notre étage **F**.

Enfin, *Ceratiocaris* ou *Leptocheles*, dont nous distinguons 3 à 4 formes, a fait sa première apparition dans nos Colonies, c. à d. dans notre bande **d 5**, horizon comparable à celui de Llandovery, où il apparaît en Angleterre. Puis, il s'est propagé jusque dans notre étage **F**, où nous en connaissons une espèce.

On voit que les rares Euryptérides de Bohême, presque tous concentrés dans notre étage **E**, constituent l'un des élémens normaux et constans de la première phase de notre faune troisième. Mais ils se montrent aussi accessoirement avant ou après cette phase. Ainsi, l'un de leurs derniers représentans, *Ceratioc. debilis* Barr. a été contemporain de *Coccosteus primus*, c. à d. de notre premier poisson, dans l'étage **F**, ou dans la seconde phase de la même faune.

D'après ces faits, en considérant le *Waterlime* comme partie intégrante des dépôts qui représentent notre étage **E**, dans l'Etat de N. York, les Euryptérides auraient apparu et subsisté à des époques, si non synchroniques, du moins très-rapprochées, avant l'apparition des poissons, dans les deux contrées comparées.

L'association des *Eurypterus* avec des fossiles de Ludlow et de Wenlock dans les îles de Gothland et d'Oesel serait en harmonie, avec cette manière de voir. Mais s'il fallait admettre, que les poissons ont apparu dans l'île d'Oesel plutôt que dans les autres régions de l'Europe, cette opinion concorderait encore avec notre doctrine de contemporanéité relative et non absolue.

En somme, la série américaine comprenant le groupe de Niagara jusque vers le sommet du groupe inférieur de Helderberg, nous présente des connexions paléontologiques assez multipliées avec notre étage **E**, pour que nous puissions considérer l'une et l'autre comme renfermant également la première phase de la faune troisième Silurienne. Cette phase ne se montre pas sur les deux continens, avec une majorité numérique d'espèces identiques, se succédant suivant le même ordre, et existant durant le même espace de temps. Elle se manifeste principalement par l'imposante harmonie résultant de l'apparition et de l'existence relativement concordante des mêmes types, développés sous des formes semblables ou représentatives, offrant entre elles les seules affinités que l'étude de la nature vivante nous enseigne à reconnaitre, entre les faunes contemporaines des deux continens. La présence de quelques espèces identiques sert seulement de confirmation à ces vues. Les espèces communes aux Etats-Unis et à la Bohême sont indiquées dans le tableau ci-joint d'après celui de M. de Verneuil (l. c. 1847), en y ajoutant l'indication de quelques unes des formes représentatives, dont le nombre est très-considérable. Les espèces identiques en Amérique et en Angleterre sont beaucoup plus nombreuses et sont énumérées par M. de Verneuil et aussi par M. le Prof. Dana, dans son *Manual* p. 261 &c.

Nous ferons remarquer, que la plupart des formes de la faune troisième qu'on peut considérer comme identiques ou comme représentatives en Amérique et en Bohême, appartiennent à notre étage E. Ce sont, en général, les mêmes espèces qui figurent dans nos tableaux relatifs à l'Angleterre, la Suède, la Norwége, la Russie &c. Elles jouissaient donc d'une grande diffusion horizontale, embrassant les deux zones paléozoiques du Nord et du Centre de l'Europe. En outre, plusieurs de ces espèces avaient apparu dans la faune seconde des régions de la zone Septentrionale, ainsi que nous l'avons constaté ci-dessus, et en diverses autres occasions. En harmonie avec ce fait, on remarquera aussi, que diverses formes qui ont existé en Amérique dans la première phase de la faune troisième, ont apparu plus tard en Bohême, c. à d. dans la seconde phase, représentée par notre étage F. Nous allons revenir sur cette observation, qui tend à montrer de plus en plus l'impossibilité d'établir dans les séries stratigraphiques des diverses régions paléozoiques, des systèmes, étages ou subdivisions quelconques, qu'on puisse considérer comme représentant des périodes de temps égales et synchroniques.

Formes identiques ou représentatives dans la première phase de la Faune troisième.

	Etat de N. York							Bohême			
	Clinton	Niagara	Onondaga	Waterlime	calc. infér. à Pentam.	calc. à Delthyris	calc. supér. à Pentam.	E	F	G	H
Poissons.	.	.	.	.	.	.	.	.	.	.	.
Crustacés.											
Calymene Blumenbachi . . Brongn.	+	+	.	.	.	.	.	+	+	.	.
Dalmanites {Hausmanni . . Brongn.	.	.	.	.	.	.	.	.	.	+	.
Dalmanites {pleuroptyx . . Green.	.	.	.	.	+	+	.	.	.	.	.
Illaenus {Barriensis . . . Murch.	.	+	.	.	.	.	.	+	.	.	.
Illaenus {Bouchardi . . . . Barr.	.	.	.	.	.	.	.	+	.	.	.
Cheirurus insignis . . . . Beyr.	.	+	.	.	.	.	.	+	.	.	.
Sphaerexochus mirus . . Beyr.	+	.	.	.	.	.	.	+	.	.	.
Eurypterus . . . . Dekay.	.	.	.	8	.	.	.	1	1?	.	.
Pterygotus . . . . Ag.	.	.	.	3	.	.	.	2	1?	.	.
Ceratiocaris . . . . . . M'Coy.	1	1	.	3	.	.	.	2	1	.	.
Céphalopodes.											
Orthoceras annulatum . . Sow.	.	+	.	.	.	.	.	+	.	.	.
Phragmoceras . . . . . . Brod.	.	1	.	.	.	.	.	25	.	9	.
Gomphoceras . . . . . . Sow.	1	.	.	1	.	.	.	40	.	5	.
Trochoceras . . . . . . Barr.	.	2	.	.	.	.	.	36	1	3	.
Gastéropodes.											
Capuloïdes	.	4	.	.	.	45	3	30	10	2	.
Brachiopodes.											
Atrypa marginalis . . . . Dalm.	.	+	.	.	.	.	.	+	.	.	.
Leptaena transversalis . . Dalm.	.	+	.	.	.	.	.	+	.	.	.
Merista tumida . . . . . . Dalm.	.	+	.	.	.	.	.	+	.	.	.
Orthis elegantula . . . . . Dalm.	.	+	.	.	.	.	.	+	+	.	.
Orthis hybrida? . . . . . . Sow.	.	+	.	.	.	.	.	+	.	.	.
Pentamerus galeatus . . . Dalm.	.	.	.	.	+	.	.	.	+	.	.
Retzia cuneata . . . . . . Dalm.	.	+	.	.	.	.	.	+	.	.	.
Rhynchonella deflexa . . Sow.	.	.	.	.	.	+	.	+	.	.	.
Rhynchonella Wilsoni . . Sow.	.	+	.	.	.	.	.	.	+	.	.
Spirifer sulcatus . . . . . His.	.	+	.	.	.	.	.	+	.	.	.
Spirigerina reticularis . . Linn.	+	+	.	+	+	.	.	+	.	+	.
Strophomena depressa . . Sow.	+	+	.	.	.	.	+	+	+	.	.
Bryozoaires.											
Dictyonema {gracilis . . . Hall.	.	+	.	.	.	.	.	+	.	.	.
Dictyonema {Bohemica . . Barr.	+	.	.	.	.	.	.	+	.	.	.
Retiolites {venosus . . . . Hall.	+	.	.	.	.	.	.	+	.	.	.
Retiolites {Geinitzianus . . Barr.	.	.	.	.	.	.	.	+	.	.	.
Polypiers.											
Favosites Gothlandica . . Linn.	.	+	.	+	.	.	.	+	+	.	.
Halysites catenulatus . . . Linn.	+	+	.	.	.	.	.	+	.	.	.

Représentation approximative de l'étage F de Bohême, dans les Etats-Unis d'Amérique.

La prédominance, dans le calcaire schisteux à *Delthyris*, des Capuloides semblables à ceux de la Bohême, nous a porté à comprendre cette formation américaine dans la représentation de notre étage **E**. Mais nous avons déjà fait remarquer, dans le même calcaire à *Delthyris*, l'apparition de 4 espèces de Trilobites appartenant au groupe de *Dalman. Hausmanni*, qui se montre pour la première fois dans notre étage **F**, sous deux formes, *Dalm. rugosa* et *Dalm. Reussi*. A ce premier signe avant-coureur de la seconde phase de la faune troisième en Amérique, viennent s'ajouter d'autres indices de son origine au dessous du sommet du groupe inférieur de Helderberg. Ces indices sont:

1. La disparition presque totale des Céphalopodes, signalée par le Prof. J. Hall, dans le passage cité ci-dessus (p. 230) et que nous avons semblablement constatée pour notre étage **F** (p. 35).

2. La prédominance à laquelle tendent les Brachiopodes, sous le rapport de la variété de leurs formes, caractère qui distingue également notre étage **F**. Nous ferons particulièrement remarquer la présence du genre *Merista* représenté dans les pays comparés par des formes très-semblables, telles que *Merista Herculea* Barr. type du genre, et *Mer. princeps* Hall, *Mer. subquadrata* Hall, &c. Nous voyons également les Pentamères se multiplier beaucoup dans notre étage **F**, où nous en comptons 10 à 12 espèces, dont quelques unes très-prolifiques. Ainsi, cet étage renferme le caractère qui a été choisi pour distinguer deux des formations du groupe inférieur de Helderberg, et en particulier celle qui en forme le couronnement.

D'après ces rapprochemens, on voit que les formations supérieures de ce groupe américain offrent déjà des connexions très-apparentes avec la seconde phase de notre faune troisième, tout en nous montrant des connexions encore plus fortes avec notre étage **E**. Il serait donc impossible, dans l'état actuel de la science, d'assigner une limite déterminée entre les équivalens de nos étages **E—F**, dans la région comparée, mais on pourrait la placer approximativement vers l'horizon du calcaire à Encrines.

Quant à l'extension verticale de l'équivalent approximatif, que nous cherchons pour notre étage **F**, nous ferons remarquer, que c'est le moins puissant des étages de notre division supérieure. Il nous semble donc qu'on pourrait se borner à y comprendre le grès d'Oriskany, qui, par son épaisseur relative et surtout par ses fossiles, paraît correspondre à une subdivision de même étendue, et encore mieux à une phase semblable de notre faune troisième, malgré les contrastes locaux, très-marqués, que nous allons constater.

1. La première trace de l'existence des poissons en Bohême a été découverte dans notre étage **F** (voir p. 22). C'est un fragment jusqu'ici unique, reconnu par M. le Prof. Pander, comme appartenant à une espèce distincte du genre *Coccosteus*. De même, en Amérique, le plus ancien fragment *attribué à un poisson* a été découvert dans le grès d'Oriskany, suivant une note du Prof. J. Hall *(l. c. III. p. 42)*. Les dépôts comparés auraient donc été contemporains de l'apparition sporadique des premiers vertébrés, dans leur régions respectives.

2. La classe des Crustacés a fourni dans notre étage **F** environ 78 espèces de Trilobites, une espèce de *Ceratiocaris* ou *Leptocheles* avec des fragmens qui peuvent appartenir aux *Eurypterus* ou aux *Pterygotus*. Nous y trouvons en outre de nombreux Cythérinides, de taille gigantesque, par rapport aux formes exigues qui représentent habitu-

cllement cette famille. Les valves de notre *Cyth?* *regina* atteignent une longueur d'environ 10 centimètres.

Rien de semblable n'existe dans le grès d'Oriskany, car le Prof. J. Hall n'indique la présence d'aucun crustacé quelconque, sur cet horizon. Il y a donc, sous le rapport des crustacés, un contraste absolu entre les deux horizons comparés.

3. Les Céphalopodes, après un immense développement dans notre étage **E**, éprouvent une grande et subite réduction dans notre étage **F**, où ils sont représentés par un petit nombre de formes génériques et spécifiques, comme nous l'avons constaté ci-dessus (p. 35). Nous observons dans le grès d'Oriskany une disparition presque totale de la même classe, car le Prof. J. Hall nous enseigne *(l. c. III. p. 480)* qu'un seul Orthocère a été trouvé dans cette formation, sans qu'il existe aucun autre reste de Céphalopodes, parmi les collections rassemblées par lui sur cet horizon, dans les Etats de New-York, Maryland et Virginie. La diminution progressive de cette classe, signalée par le même savant, dans le groupe inférieur de Helderberg, annonçait déjà cette disparition. Ces deux faits, en harmonie avec la lacune analogue dans notre étage **F**, constituent l'un des caractères généraux, les plus marqués, de la seconde phase de la faune troisième Silurienne.

4. Les Ptéropodes représentés dans notre étage **F** par 2 *Conularia* et 10 *Hyolites* (*Pugiunc.*) paraissent rares dans le grès d'Oriskany, puisque le Prof. J. Hall ne cite que 2 espèces du premier genre dans cette formation, sans aucune mention du second.

5. Les Gastéropodes et surtout les Capuloides viennent suppléer à cette sorte de défaillance des classes que nous venons de comparer. Nous avons déjà signalé la présence, dans le grès d'Oriskany, de 15 espèces des genres *Platyostoma*, *Strophostylus* et *Platyceras*, parmi

lesquelles plusieurs avaient dejà apparu dans le groupe inférieur de Helderberg *(l. c. III. p. 403)*. Nous répétons, que presque toutes ces formes peuvent être considérées comme représentatives de celles qui existent dans notre bassin, les unes dans l'étage **E**, les autres dans l'étage **F**. Parmi ces dernières, nous nous bornons à citer notre *Natica gregaria* comme représentant *Strophostylus expansus* Hall. Nous remarquons encore, que le Prof. J. Hall signale dans cette formation l'existence de deux espèces spinifères, annonçant les espèces ornées des mêmes appendices, dans le groupe supérieur de Helderberg. Or, notre étage **F** nous offre aussi diverses formes spinifères, n'appartenant pas il est vrai aux Capuloides, mais à divers types tels que *Euomphalus tubiger* Barr., *Tubina spinosa* Barr., *Tub. armata* Barr. &c. La classe des Gastéropodes contribue donc puissamment à établir les analogies entre le grès d'Oriskany et notre étage **F**.

6. Les Acéphalés sont presque uniquement représentér par quelques grandes Avicules dans le grès d'Oriskany. Ce genre fournit aussi plusieurs formes de diverse taille dans notre étage **F**, mais leur fréquence est bien moindre que celle des *Pleurorhyncus*, dont aucune espèce ne paraît exister sur l'horizon comparé en Amérique. En somme, dans les deux pays, cette classe ne joue qu'un rôle très-secondaire, dans la faune de cette époque, en comparaison des Gastéropodes et surtout des Brachiopodes.

7. Ce sont en effet les Brachiopodes qui constituent, aussi bien dans notre étage **F**, que dans le grès d'Oriskany, la classe prédominante, à la fois par la variété des espèces, par le développement de leur taille, et par la multiplicité des individus. A ce sujet le Prof. J. Hall s'exprime ainsi:

„Certains Brachiopodes inconnus avant la période du groupe inférieur de Helderberg acquièrent dans le grès d'Oriskany un développement vraiment étonnant, et deux genres au moins y atteignent leur point culminant, à partir duquel ils vont en déclinant. Dans ce grès, nous rencontrons pour la première fois, dans les formations de N. York des *Spirifer* avec des côtes bifurquées, caractère qui se montre constamment dans quelques espèces des périodes suivantes et surtout dans le calcaire carbonifère et les *Coal. measures*" (l. c. III. p. 40).

Bien que l'horizon américain fournisse plus de grandes espèces que celui de la Bohême, nous citerons parmi celles qui se font remarquer, sous ce rapport, dans notre bassin:

Rhynchon. princeps . . B.	Chonetes Verneuili . . . B.
Spirifer secans . . . . . B.	Strophom. Sowerbyi . . B.
Spirifer togatus . . . . B.	Strophom. Bouei . . . . B.
Pentam. optatus . . . . B.	Orthis distorta . . . . . B.

Dans le grès d'Oriskany, ce sont surtout, *Orthis, Strophodonta, Spirifer, Rhynchonella, Chonetes, Eatonia, Renssellaria*, qui se distinguent par leur grande taille. Les deux derniers de ces genres ne paraissent pas exister dans notre bassin.

Nous ne pourrions, en ce moment, citer aucune identité spécifique parmi les Brachiopodes, mais il y a de grandes analogies de forme entre divers *Spirifer, Strophomena* &c. Notre *Orthis distorta* pourrait à peine être distinguée de *Orthis deformis* Hall, qui appartient au calcaire supérieur à Pentamères, c. à d. à la formation immédiatement inférieure au grès d'Oriskany, et que nous lui adjoignons dans nos rapprochemens (l. c. III. p. 174 Pl. 15).

Quant à l'apparition des premiers Spirifères à plis dichotomes, sur cet horizon, dans l'Etat de N. York, le Prof. J. Hall nous apprend dans une note (l. c. III p. 41), que dans la région de l'Ouest, une espèce de ce genre, à côtes bifurquées, a été découverte dans des couches dont l'âge est à peu près celui du groupe de Niagara. Nous ajouterons qu'en Bohême, notre *Spir. nobilis*, caractérisant l'étage **E**, présente des plis dichotomes. Ainsi, ce caractère qui se développe durant les époques suivantes, n'est qu'un signe avant-coureur, dans le grès d'Oriskany, aussi bien que sur l'horizon du Niagara et de notre étage **E**.

Nous devons encore rappeler, que les Brachiopodes de notre étage **F** offrent des affinités prononcées et même plusieurs identités avec ceux du terrain dévonien. Nous citerons :

Rhynchon. Eucharis
Rhynchon. princeps
Spirif. heteroclytus
Lept. Phillipsi
Spiriger. reticularis
Strophom. depressa

Strophom. Bouei.
Strophom. Bohemica
Orthis Gervillei
Retzia Haidingeri
Pentam. galeatus.

Ces espèces ont été reconnues par M. de Verneuil, parmi celles du dévonien inférieur, en France. *(Bull. Réun. au Mans 1850.)* Nous y ajouterons, *Pent. acutolobatus* Sandb. des bords du Rhin, et notre *Pent. optatus*, reconnu par M. Schnur dans la même contrée.

Dans le grès d'Oriskany, apparaît de même le grand Brachiopode, *Orthis hypparionix* décrit parmi les espèces de l'Eifel par Schnur. Mais cette formation américaine ne renferme pas, selon les déterminations du Prof. J. Hall, *Spirif. macropterus*, espèce caractéristique, dont M. de Verneuil avait cru reconnaître la trace dans des empreintes incomplètes. Nous devons aussi faire remarquer sur cet horizon, comme dans notre étage **F**, l'absence totale des Brachiopodes à grandes ailes, qui caractérisent diverses contrées dévoniennes en Europe.

8. Les Bryozoaires et les Polypiers ne paraissent pas avoir laissé de traces dans le grès d'Oriskany, tandis qu'ils

sont représentés par d'assez nombreuses espèces dans les calcaires de notre étage **F.**

En somme, malgré les contrastes que nous venons de signaler, et qui peuvent dériver, en grande partie, de la nature totalement différente de leurs roches, le grès d'Oriskany et notre étage calcaire moyen **F** offrent des analogies très-remarquables. Ils nous semblent donc pouvoir être considérés comme représentant dans des régions très-éloignées et très distinctes l'une de l'autre, une phase semblable de la faune troisième Silurienne, offrant de grandes connexions avec la phase précédente. Ces connexions ont été bien remarquées par le Prof. J. Hall, qui constate que, malgré le grand changement dans les conditions physiques, qui a dû avoir lieu entre les dépôts calcaires du groupe inférieur de Helderberg et le grès d'Oriskany, les changemens dans la faune sont principalement de nature spécifique, sans introduction d'aucun nouveau genre (l. c. III. p. 402). Plus loin, cet éminent observateur ajoute:

„Il est donc impossible de signaler dans la faune de cette période aucun changement suffisant, pour indiquer le commencement d'un nouveau système, et ses relations avec les formations inférieures sont aussi intimes qu'avec les formations supérieures. En outre, dans les Etats du Centre et du Nord, la faune du grès d'Oriskany présente des connexions plus fortes avec les formations placées au dessous, qu'avec celles qui sont au dessus" (l. c. III p. 403).

D'après ces considérations, émanant du savant qui a le mieux étudié les élémens paléontologiques qui ont servi à nos comparaisons, il nous semble que, dans aucun cas, le grès d'Oriskany ne peut être regardé comme représentant en Amérique la base intégrante du système dévonien. Tout nous porte, au contraire, à voir dans ce dépôt une représentation approximative de notre étage calcaire moyen **F.**

Représentation approximative des étages G — H de la Bohême dans les Etats-Unis d'Amérique.

Nous rappelons le nom et l'ordre de superposition des subdivisions américaines, qui nous semblent représenter, d'une manière approximative, nos étages **G — H**, renfermant la dernière phase de notre faune troisième Silurienne (voir. p. 219).

Etages **G — H**

> Division supérieure de Helderberg.
>
> Calcaire cornifère
> Calcaire d'Onondaga
> grès de Schoharie
> grès à queue de coq.

Dès 1851, dans le mémoire cité, le Prof. J. Hall avait clairement montré, que la limite assignée en Amérique aux systèmes Silurien et dévonien par les savans Européens, était peu satisfaisante, sous le double rapport de la distinction absolue des faunes et de leur harmonie avec celles des régions typiques en Angleterre. Nous reproduisons divers passages dans lesquels l'éminent observateur américain a exposé ses observations à ce sujet. Nous lisons d'abord dans le *Rep. de Foster et Whitney* II! p. 302 les lignes suivantes:

„Il a été difficile d'établir la limite inférieure du système dévonien dans les Etats-Unis. Nous avons pu reconnaître l'extension de la série équivalente à la formation de Wenlock, jusqu'à une hauteur comprenant les calcaires du groupe inférieur de Helderberg, dont nous avons parlé; mais il nous a été impossible de trouver des couches correspondant aux roches de Ludlow, à moins d'y comprendre des groupes placés beaucoup plus haut dans la série, et de remonter jusqu'au groupe de Hamilton.“

Le Prof. J. Hall indique diverses espèces de l'étage de Ludlow, qui se retrouvent aux Etats-Unis dans le grès de Schoharie, c. à d. au dessus de la limite assignée au système dévonien (p. 303). Plus loin (p. 307), après avoir réduit et rectifié la liste des 15 espèces, les unes siluriennes, les autres dévoniennes, indiquées par M. de Verneuil, comme se trouvant à la fois en Europe et dans les calcaires du groupe supérieur de Helderberg en Amérique, il conclut en ces termes:

„Par conséquent, nous devons continuer à considérer ces dépôts calcaires comme très faiblement représentés dans le système dévonien de l'autre côté de l'Atlantique. En réalité, nous ne pouvons pas voir après tout, qu'il offrent plus de ressemblance avec la série dévonienne qu'avec celle de Ludlow, et le nombre des espèces de ces deux subdivisions du groupe supérieur de Helderberg, qui passent dans le groupe de Hamilton, n'est pas aussi grand que celui des espèces de Ludlow, qui s'élèvent dans le dévonien d'Angleterre, d'après les autorités citées.

„Nous constatons ici, comme dans les listes du mémoire de M. Sharpe, qu'il y a comparativement peu d'espèces dévoniennes au dessous du groupe de Hamilton, et que ces espèces elles-mêmes ne sont nullement des formes caractéristiques. Bien que nous admettions les conclusions de M. de Verneuil, en général, cependant, nous sommes encore incapable d'apprécier l'évidence qui placerait tous ces dépôts en parallèle avec le dévonien d'Europe."

Ces termes si explicites, émanant du savant qui connait le mieux les faunes américaines, ont guidé et raffermi nos propres opinions, dès le jour où nous avons cherché à nous rendre compte de la correspondance approximative entre la série Américaine et celle de la Bohême. Nous ne retrouvons pas, il est vrai, dans l'*Introduction* du Vol. III de la *Pal. of N. York* l'expression renouvelée des mêmes opinions. Mais le Prof. J. Hall, en considérant le groupe inférieur de Helderberg comme non reconnu, et probablement non représenté en Angleterre (p. 34), semble nous autoriser d'avance à mettre les formations américaines en parallèle avec celles de la Bohême, dont nous ne trouvons pas non plus la représentation explicite dans les îles Britanniques.

Nous allons donc exposer les rapprochemens et contrastes que nous offrent les faunes des formations mises en regard sur notre page 247. Cet essai sera plus incomplet que les précédens, parce que la faune du groupe supérieur de Helderberg n'a pas été jusqu'ici illustrée comme celle des groupes antérieurs. Cependant, J. Hall a déjà décrit la plus grande partie des fossiles de cette faune, en donnant les figures de quelques uns, dans les *Ann. Reports of the Regents of the University of the State of New-York.* Malheureusement, nous avons laissé à Paris une partie de ces précieux documens, dont nous regrettons vivement le manque aujourd'hui, sans pouvoir y suppléer.

Nous ferons d'abord remarquer que, dans l'Etat de New-York, les formations nommées *grès à queue de coq* et grès de *Scoharie*, ont relativement peu d'étendue horizontale et disparaissent vers l'Ouest, tandis que les dépôts calcaires couvrent, au contraire, dans l'Amérique du Nord, une immense surface, dont J. Hall évalue la longueur à plus de 1500 milles, ou environ 2,600 Kilomètres. Ce savant fait aussi observer, que ce bassin reproduit les dimensions de celui du groupe de Niagara. Or, en Bohême, la masse calcaire de notre étage **G** paraît avoir aussi occupé une surface semblable à celle de notre étage **E**, en conservant dans toute son étendue les mêmes apparences pétrographiques, et la même faune, comme nous l'avons constaté ci-dessus (p. 136).

Parcourons maintenant les diverses classes des fossiles, pour apprécier les analogies et les contrastes qu'ils présentent dans les deux bassins comparés.

1. Les poissons se montrent d'une manière indubitable dans le grès de Schoharie, et parmi leurs restes on avait cru reconnaître le genre *Asterolepis*, cité avec doute dès 1847, par M. de Verneuil. Le Prof. J. Hall nous enseigne, que les vestiges de ces vertébrés deviennent plus nombreux et plus variés vers l'Ouest, dans les calcaires formant la partie supérieure de ce groupe (1. c. III. p. 43). Ce savant fait observer à la p. 44: „Que ces fossiles, bien qu'ils ne soient encore ni aussi abondans, ni aussi remarquables que ceux de la même période en Europe, correspondent néanmoins par leurs caractères avec ceux du vieux grès rouge d'Angleterre et d'Ecosse." Cette observation pourrait s'appliquer littéralement aux restes de poissons que nous avons décrits ci-dessus, comme sporadiquement disséminés dans les calcaires de notre étage **G** (p. 25). Elle vient donc à l'appui des rapports de contemporanéité, que nous concevons entre cet étage et le groupe supérieur de Helderberg.

Plus récemment, en 1863, M. le Prof. Dana dans son *Manual* (p. 276), nous a enseigné que, parmi les fragmens de poissons recueillis, soit dans le grès de Schoharie, soit dans les calcaires superposés, on a reconnu les genres *Cephalaspis* Ag. et *Holoptychius* Ag., qui se trouvent en Europe, et un type nouveau, *Macropetalichthys*, qui est rapproché de *Asterolepis* Eichw. L'os de nageoire attribué à ce type et figuré dans le *Manual* p. 275, rappelle beaucoup les apparences des restes osseux que nous rapportons au genre *Ctenacanthus*, dans notre étage **G**. On sait d'ailleurs qu'en Angleterre, le genre *Cephalaspis* existe dans les couches dites *Passage beds*, au sommet de l'étage de Ludlow. Ainsi, les poissons du groupe supérieur de Helderberg n'infirment pas ses connexions avec la faune troisième Silurienne, et semblent, au contraire, les étendre, à l'égal de celles de notre étage **G**.

2. Les crustacés, c. à d. les Trilobites de ce groupe américain, viennent fortement confirmer ces rapports. En

effet, remarquons d'abord que le genre *Calymene*, qui, en Europe, n'a jamais été réellement observé au dessus des limites du Système Silurien, existe dans le grès de Schoharie, sous la forme de *Calym. platys* Green. Cette espèce très-rapprochée, selon le Prof. J. Hall, de *Calym. Blumenbachi var. major* Murch, peut cependant être distinguée par certaines différences, et particulièrement par la forme de l'hypostôme. *(15. Ann. Rep. p. 54. 1862.)* En harmonie avec ce fait, nous rappelons que notre bande **g 1**, formant la masse principale de notre étage **G,** renferme *Calym. interjecta,* qui est également très-voisine du type de ce genre, et qui se trouve dans toute l'étendue horizontale de cette bande.

En second lieu, le genre *Dalmanites* acquiert le maximum de son développement spécifique dans notre étage **G,** comme dans le groupe supérieur de Helderberg. Dans ce dernier, il est représenté par 11 formes, dont 2 dans le grès de Schoharie, et 9 dans les calcaires qui le recouvrent. Sur ces 11 formes, 9 appartiennent au groupe de *Dalm. Hausmanni,* comme les 8 espèces qui existent dans l'étage **G** de notre bassin. Bien qu'on ne puisse signaler aucune identité entre ces Trilobites congénères, le seul fait de leur existence établit un rapport de contemporanéité relative, entre les formations qui les renferment. Cette harmonie est cependant accompagnée par un contraste. C'est que les calcaires du groupe supérieur de Helderberg contiennent aussi deux espèces d'un autre groupe du même genre *Dalmanites,* connu sous le nom de *Cryphaeus,* et qui se distingue par les pointes ornant le bord du pygidium. Ces deux espèces sont décrites avec les autres par le Prof. J. Hall, sous les noms de *Dalm. myrmecophorus* et *Dalm. Pleione (15. Ann. Rep. 1862.)* Mais le type de ce groupe, *Cryph. calliteles* ou *Boothii* Green, n'apparaît que dans les dépôts dévoniens de Hamilton.

En Bohême, au contraire, comme dans tous les bassins siluriens de l'ancien continent, le groupe *Cryphaeus* n'existe pas, et il est jusqu'ici exclusivement propre au terrain dévonien. Son apparition en Amérique, à l'époque du plus grand développement du genre *Dalmanites*, ne peut être attribuée qu'au privilège d'antériorité, que nous signalons pour un si grand nombre de formes animales, dans les formations du nouveau continent.

Tous les genres de Trilobites qui coexistent dans les pays comparés, sont indiqués dans le tableau suivant, avec leur richesse spécifique :

	Helderberg supérieur	Etages G—H de Bohême
1. Dalmanites . . . . . Emm.	11	8
2. Phacops . . . . . . Emm.	4	8
3. Proetus . . . . Stein.	7	7
4. Calymene . . . . . . Brongn.	1	1
5. Lichas . . . . Dalm.	2	1
6. Acidaspis . . . . . . Murch.	1	4
	26	29

Si le lecteur veut bien jeter un coup d'oeil ci-dessus (p. 26) il trouvera sur notre tableau 4 autres genres de Trilobites de notre étage **G**, *Harpes, Cyphaspis, Cheirurus, Bronteus*, offrant ensemble 21 espèces, et qui ne sont pas représentés dans le groupe américain correspondant. Mais nous allons reconnaître, que cet avantage en faveur de la Bohême, sous le rapport des Trilobites, est bien compensé par l'infériorité de la faune de nos étages **G — H**, sous le rapport de diverses autres classes, plus richement représentées en Amérique sur le même horizon.

Nous ferons remarquer en passant, que d'après le travail du Prof. J. Hall, qui nous sert de guide, le nombre des Trilobites américains, dans les groupes au dessus du Helderberg supérieur se réduit à 13, presque tous concentrés dans le groupe de Hamilton. Ce chiffre est en harmonie avec ceux que nous observons dans les bassins dévoniens de l'Europe, et que nous comparons sur l'une des premières pages du chapitre 5, qui suit.

Nous constatons l'absence semblable, dans les deux bassins comparés, de toute trace des grands crustacés ou Euryptérides, dans les dépôts renfermant la dernière phase de la faune troisième Silurienne.

3. La classe des Céphalopodes, dont nous avons fait remarquer la disparition presque totale, durant le dépôt du grès d'Oriskany, où elle est réduite au seul *Orthoceras arenosum* Hall, reparaît dans le groupe supérieur de Helderberg, avec une variété de formes, qui peut paraître inattendue. En effet, le Prof. J. Hall a reconnu dans ce groupe l'existence de 5 genres et de 21 espèces de Nautilides, décrites et en partie figurées par ce savant dans le *15. Report of the Regents. 1862.* D'après ces descriptions, leur distribution verticale est indiquée dans le tableau suivant, qui présente en regard la répartition des formes de la même famille, dans les divers groupes de l'Etat de New-York, à partir de celui de Clinton, ou groupe de passage.

Genres des Nautilides	Clinton	1ère Phase				2ème	3ème Phase		
		Niagara	Onondaga. salt.	Waterlime	Calc. du Helderb. infér.	Grès d'Oriskany	Grès à queue de coq	Grès de Schoharie	Calc. du Helderb. supér.
Orthoceras } Ormoceras } · ·	4	6	.	.	10	1	.	7	1
Cyrtoceras · · ·	.	1	1	.	1	.	.	2	2
Gyroceras · · ·	.	.	.	.	.	.	.	1	6
Trochoceras · ·	.	2	.	.	.	.	.	1	.
Gomphoceras } Oncoceras } ·	1	2	.	.	1	.	.	.	.
Phragmoceras ·	.	1	.	.	.	.	.	1	.
totaux · ·	5	12	1	.	12	1	.	12	9
	5	25				1	21		

En groupant les nombres de ces Nautilides pour chacune des trois phases, que nous concevons dans la faune
troisième de cette région, comme dans celle de la Bohême,
on reconnaît une complète harmonie dans la distribution
verticale de cette famille, malgré la grande disproportion
de sa richesse respective dans ces deux bassins.

a. Le maximum des espèces se trouve dans la première phase.

b. Il y a une disparition presque totale dans la seconde phase.

c. Le nombre des genres et des espèces se développe
de nouveau dans la troisième phase, et il s'approche de
celui de la phase initiale de cette faune.

Ce sont exactement les relations que nous avons exposées ci-dessus (p. 34) entre les Nautilides qui caractérisent les trois phases de la faune troisième en Bohême,
c. à d. nos étages **E — F — G**. Nous croyons donc que
cette harmonie doit être considérée comme l'un des indices les plus apparens de la contemporanéité relative des
trois phases de la même faune en Bohême et en Amérique. Cette manière de voir paraîtra encore plus vraisemblable si l'on remarque, que la variation dans le développement des formes de cette famille a été le plus souvent
indépendante de la nature des roches, qui se déposaient
à la même époqüe supposée, dans les régions comparées.
En effet, s'il existe, d'un côté, une grande similitude entre
les calcaires argileux du groupe de Niagara et ceux de
notre étage **E**, dans lesquels nous trouvons semblablement le développement maximum des Nautilides, il y a
d'un autre côté, un contraste total entre le grès d'Oriskany
et les calcaires de notre étage **F**, qui présentent également
le minimum de la même famille. Un autre contraste de
même nature existe entre le grès grossier ou *grit* de Schoharie et les calcaires compactes de notre étage **G**, dans

lesquels se sont de nouveau développés les Nautilides. Ainsi, l'harmonie que nous venons de constater dans la distribution verticale des Céphalopodes, sur des parages si éloignés, doit être attribuée à des influences générales, en connexion avec l'évolution normale des faunes Siluriennes, sur la surface du globe.

Nous aurions pu appliquer les mêmes considérations aux autres classes, si les limites de cette étude nous l'eussent permis.

Enfin, les Céphalopodes nous offrent encore un autre fait digne d'attention, mais de nature contrastante avec ceux que nous venons d'exposer. Il consiste dans l'apparition, en Bohême, du genre *Goniatites*, qui a fourni 15 espèces dans nos étages **G — H**, tandis que son existence n'est pas constatée dans le groupe supérieur de Helderberg. Ce type s'était déjà montré dans notre étage **F** (voir p. 38). Cette antériorité relative, à l'avantage de la Bohême, nous semble comparable à tous les autres faits du même genre déjà signalés à l'avantage de l'Amérique, et notamment à l'occasion de l'apparition du groupe de *Cryphaeus* parmi les *Dalmanites*, que nous venons de faire remarquer (p. 251) sur le même horizon. C'est une sorte de compensation, à laquelle on pouvait s'attendre, d'après les lois de la nature.

4. Les **Ptéropodes** sont représentés dans le groupe supérieur de Helderberg par une seule espèce, décrite par le Prof. J. Hall sous le nom de *Theca ligea*, (15. *Ann. Rep. 1862*) et par *Tentac. scalaris* cité par M. de Verneuil *(l. c. p. 64)*. Nous avons montré ci-dessus (p. 41) que cette classe offre 11 espèces dans nos étages **G — H**. Elle constate donc un autre avantage numérique de la faune de Bohême, par rapport à celle que nous lui comparons aux Etats-Unis. Mais c'est le dernier que nous ayons à signaler, car les autres classes que nous avons à mentionner présentent des proportions inverses, dans leur développement respectif.

5. Les Gastéropodes relativement très-rares dans nos étage **G — H**, bien que fournissant 19 espèces, appartenant à 13 types divers, paraissent beaucoup plus fréquens dans le groupe supérieur de Helderberg. Dans le 15. *Ann. Rep.* le Prof. J. Hall en décrit 30 formes, attribuées à 8 genres, la plupart identiques avec ceux de notre bassin. Mais nous devons faire remarquer une circonstance, savoir, que 17 de ces espèces américaines représentent encore la famille des Capuloides, sous les noms génériques déjà cités ci-dessus :

$$
\left.
\begin{array}{lr}
\text{Platyceras} & 14 \\
\text{Platyostoma} & 2 \\
\text{Strophostylus} & 1
\end{array}
\right\} \ 17 \text{ espèces.}
$$

En Bohême, au contraire, cette famille, si variée dans ses formes et si prolifique durant les deux premières phases de notre faune troisième, est réduite à 2 espèces très-rares, dans la phase qui nous occupe (p. 43). Malheureusement, nous n'avons pas sous les yeux les figures des formes américaines, pour juger leur analogie avec celles qui les ont précédées, dans le groupe inférieur de Helderberg et dans le grès d'Oriskany. Cependant, les descriptions données par le grand paléontologue américain semblent nous indiquer que leurs affinités sont très-grandes.

A cette occasion, nous rappelons que la contrée du Harz, en Allemagne, présente aussi de nombreux *Capulus*, sur un horizon qui semble très-rapproché de celui de notre étage **G**, et par conséquent de celui du groupe supérieur de Helderberg (voir p. 211). Cette contrée appartient aussi à la grande zone paléozoique du Nord.

Nous apprenons dans les mêmes documens publiés par le Prof. J. Hall que, parmi les 17 Capuloides mentionnés, 7 reparaissent dans le groupe dévonien de Hamilton. Nous pouvons citer un phénomène analogue dans la zone centrale de l'ancien continent. Il y a longtemps en effet, que M. de Verneuil et nous avons remarqué parmi les fossiles du calcaire dévonien de Néhou, en Normandie, et du département de la Sarthe, diverses espèces qui semblent reproduire des formes de *Capulus*, très-communes dans les étages **E — F** de notre bassin.

En 1847, M. de Verneuil a cité dans son tableau les trois espèces suivantes, comme communes au calcaire cornifère, c. à d. à la formation couronnant le groupe supérieur de Helderberg et aux calcaires dévoniens de l'Eifel, de la Belgique et du Boulonnais : *Bellerophon striatus, Murchisonia bilineata, Chemnitzia nexilis.* La présence de ces espèces sur les deux continens, à des niveaux différens, mais verticalement très-rapprochés, dans la série verticale, nous paraît très-naturelle, et concorde très-bien avec le privilège d'antériorité que nous reconnaissons à l'Amérique, dans la plupart des cas.

6. Les Acéphalés du groupe supérieur de Helderberg nous sont trop peu connus pour que nous puissions juger leurs affinités avec ceux de nos étages **G — H**, qui consistent seulement dans 28 espèces (p. 48). Nous remarquons d'après M. de Verneuil, que *Lucina proavia*, et *Luc. rugosa* espèces de l'Eifel, se trouvent aussi dans le calcaire cornifère. C'est une antériorité peu étendue, comme celle des Gastéropodes que nous venons de mentionner.

7. N'ayant pas en ce moment sous les yeux les figures des Brachiopodes, qui caractérisent le groupe supérieur de Helderberg, nous ne saurions indiquer aucun rapport entre ces espèces et celles de nos étages **G—H**. Nous nous bornons donc à rappeler les formes qui établissent des connexions avec les faunes dévoniennes de l'Europe :

a. Le calcaire cornifère renferme divers *Spirifer*, que M. de Verneuil a reconnus comme identiques avec ceux des terrains dévoniens de l'Eifel, savoir, *Spir. heteroclytus*, et *Spir. acuminatus* Conr., connu sous le nom de *cultrijugatus* Roem. Quant. à *Spir. macro-pterus*, indiqué sur le même horizon américain, l'identité supposée ne paraît pas confirmée. Le même calcaire cornifère contient aussi *Terebr. concentrica*, autre espèce dévonienne très-répandue en Europe.

b. Outre *Productus subaculeatus*, espèce dévonienne, dont M. de Verneuil signale l'existence dans le même calcaire cornifère (l. c. p. 60), deux petites espèces ont été recueillies sur cet horizon par M. Billings, au Canada, et une par M. le Colonel Jewet, dans l'Etat de N. York. Elles sont mentionnées dans le *Manual* du Prof. Dana, p. 275, tandis qu'il passe sous silence l'existence de l'espèce dévonienne d'Europe, que nous rappelons.

c. Une espèce de *Calceola*, voisine de l'espèce typique *Calc. Sandalina* de l'Eifel, a été trouvée dans l'Etat de Tennessee, sur l'horizon du calcaire cornifère, et a été également mentionnée par M. Dana.

Ces formes, et d'autres qui sont cosmopolites, comme *Spirigerina reticularis, Strophom. depressa* &c., établissent certainement des connexions entre la faune du groupe supérieur de Helderberg et les faunes dévoniennes d'Europe. Mais pour apprécier la valeur relative de ces affinités, il faut considérer que:

a. Parmi les fossiles paléozoiques, ce sont les Brachiopodes qui offrent la plus grande extension verticale, et certaines espèces traversent même plusieurs systèmes superposés. Ainsi, ces formes sont peu propres à nous indiquer des époques bien déterminées et synchroniques, sur des régions très-distantes les unes des autres.

b. La grande zone paléozoique du Nord, et plus particulièrement l'Amérique, paraît avoir été le premier centre de création pour beaucoup de formes animales, qui n'ont apparu que plus tard, dans d'autres contrées. Ainsi, on ne saurait attribuer à une même époque absolue l'existence des espèces identiques sur les deux continens, sans faire abstraction du temps nécessaire pour leur diffusion horizontale, et sans courir le risque de mettre en parallèle deux époques successives.

c. La présence d'une *Calceola* sur l'horizon du groupe supérieur de Helderberg, dans l'Etat de Tennessee ne peut pas avoir à nos yeux plus d'importance que celle d'une autre espèce sporadique du même genre, qui se trouve dans l'île de Gothland, au milieu des fossiles les plus caractéristiques des étages de Wenlock et Ludlow. Ce fait est encore bien moins surprenant que celui de l'existence de *Pleurodictyum Lonsdalei* Richter, peut-être identique avec *Pleurod. problematicum*, entre des couches qui renferment des Graptolites, et qui correspondent à l'origine de la faune troisième Silurienne. Voir ci-dessus (p. 205).

d. La découverte de *Productus* dans le calcaire cornifère, c. à d. près de la limite du terrain dévonien, est simplement un fait ordinaire d'extension verticale des fossiles, car on sait que le résultat habituel des recherches paléontologiques prolongées, a été jusqu'ici de reporter de plus en plus bas dans la série, et jusque dans la période Silurienne, la première apparition des types qu'on avait d'abord fixée sur des horizons plus élevés.

e. Enfin, on doit être frappé de cette circonstance que, toutes les principales espèces dévoniennes d'Europe, reconnues en Amérique par M. de Verneuil, appartiennent au calcaire cornifère, c. à d. à la formation culminante du groupe supérieur de Helderberg, et limitrophe au terrain dévonien.

Ces considérations ne tendent pas à affaiblir les connexions paléontologiques, qui lient évidemment la faune des calcaires du groupe supérieur de Helderberg aux faunes dévoniennes d'Europe, mais elles doivent nous mettre en garde contre l'admission d'une contemporanéité réelle, entre ces diverses formations, bien qu'elles soient certainement très rapprochées dans l'ordre chronologique.

8. Les Bryozoaires manquent totalement dans nos étages **G — H**, et nous ne trouvons aucune mention de leur existence dans le groupe américain en parallèle.

9. Les Crinoides sont à peine représentés dans nos étages **G — H** (p. 51) tandis qu'ils paraissent assez nombreux dans le groupe supérieur de Helderberg. M. le Prof. Dana fait remarquer parmi eux l'espèce *Nucleocrinus Verneuili — (Olivanites* Troost.) *(Elaeacrinus* Roemer), qui représente la famille des *Pentremites*, reparaissant après une longue intermittence, à partir du calcaire de Trenton.

10. Les Polypiers nous offrent le plus grand contraste sur les horizons comparés. Nous avons constaté ci-dessus (p. 52) leur rareté remarquable dans nos étages **G — H**. Au contraire, suivant le Prof. J. Hall, les calcaires du groupe supérieur de Helderberg représentent d'immenses masses chargées de polypiers, sur une longueur d'environ 1500 milles, et offrant des espèces plus variées et de plus grande taille qu'à aucune époque antérieure (l. c. III. p. 44). Selon l'expression de M. le Prof. Dana, „c'est éminemment la période des récifs coralliens, dans l'histoire paléozoique." *(Man.* p. 280.)

L'existence de *Pleurodictyum problematicum* a été signalée par M. de Verneuil dans un calcaire de l'Etat d'Indiana, parallèle au calcaire cornifère de l'Etat de New-York. Une forme semblable se trouvant en Thuringe, dans la zone aux Graptolites, la valeur de ce fossile se trouve bien infirmée, pour fixer un horizon géologique à une si grande distance.

En somme, les indices de contemporanéité relative entre la faune du groupe supérieur de Helderberg et celle de nos étages **G — H**, nous sont présentés par l'apparition sporadique des poissons; par la présence du genre *Calymene*, et par le développement maximum des *Dalmanites* parmi les Crustacés; par la réapparition et le développement relatif des Nautilides, parmi les Céphalopodes.

Les contrastes entre les mêmes faunes se manifestent par l'existence développée en Bohême des Goniatites, qui sont inconnus en Amérique sur cet horizon, et, au contraire, par la prédominance dans l'Etat de N. York des Capuloïdes parmi les Gastéropodes; par la variété des Crinoïdes, et surtout par l'abondance extraordinaire des Polypiers, qui manquent presque totalement dans nos étages **G — H**.

Dans l'état actuel de la science, il est difficile d'assigner une valeur exacte et comparable à chacun de ces indices. Mais il semble plus rationnel de s'attacher aux affinités générales entre les faunes. En effet, ces affinités nous aident à reconnaître l'uniformité des progrès de la nature dans l'évolution successive de la série animale, sur tout le globe, tandis que les différences partielles, dérivant des circonstances locales, tendraient à détourner notre attention de l'observation de ces grands phénomènes.

Ayant donc constaté les remarquables analogies qu'offrent les classes les plus élevées dans les faunes comparées, il nous semble qu'il y a lieu de penser, que nos étages **G — H** sont représentés, nous ne disons pas d'une manière absolue, mais d'une manière très-approchée, par le groupe supérieur de Helderberg, dans l'Etat de N. York. Dans ce rapprochement, nous nous garderons surtout de vouloir faire coincider exactement les limites supérieures des étages comparés, sur un même horizon, correspondant à une époque fixe et synchronique. Nous rappelons, au contraire, que la plupart des espèces communes au groupe américain en parallèle et aux faunes dévoniennes d'Europe, se trouvant dans le calcaire cornifère, mêlées avec des formes d'un caractère Silurien, la fixation d'une limite tranchée entre les systèmes silurien et dévonien pourrait être un problème insoluble en Amérique comme en Europe.

On remarquera sans doute, que les connexions spécifiques avec les faunes dévoniennes sont plus nombreuses dans le groupe supérieur de Helderberg que dans nos étages **G — H**, où elles sont très-faibles, ainsi que nous allons le démontrer dans le chapitre qui suit. Mais il ne faut pas perdre de vue que, suivant l'observation du Prof. J. Hall: „plusieurs de ces formes identiques sont comparativement très-rares dans les calcaires de Helderberg, et qu'elles n'atteignent leur maximum que dans le groupe de Hamilton“ *(in Fost et Withney. II. p. 307)*. Ainsi, ces espèces pourraient bien n'être que des avant-coureurs, sur l'horizon où elles apparaissent. Si on considère, que des formes fortement caractérisées parmi les Céphalopodes, comme *Phragmoceras* et *Ascoceras*, ont été reconnues par M. Billings dans la faune seconde du Canada, tandis que les formes semblables n'ont apparu en Europe que plus ou moins tard, dans la faune troisième, on concevra qu'il est fort possible que le même privilège d'antériorité se soit étendu aux espèces dévoniennes en question. Par conséquent, ces formes, si on leur attribuait trop d'importance, pourraient nous induire à regarder comme contemporaines des époques réellement successives.

Par suite de la présence de ces espèces dévoniennes, le groupe supérieur de Helderberg paraît plus intimément lié avec le terrain dévonien d'Europe que nos étages **G — H**, qui en renferment un moindre nombre. Mais, pour prévenir toute illusion dans cette manière de voir, nous ferons remarquer que notre étage **F**, sous-jacent à l'étage **G**, contient beaucoup plus de formes que celui-ci, reparaissant dans les terrains dévoniens de France, de l'Eifel &c. Ce sont aussi principalement des Brachiopodes, que nous avons énumérés ci-dessus (p. 245), la plupart sous la garantie de la même éminente autorité, M. de Verneuil. Ainsi, nos étages **G — H** qui, en s'élevant au dessus de notre étage **F**, représentent évidemment un pas en avant vers la période dévonienne, sous le rapport stratigraphique, représenteraient en même temps un pas en arrière, sous le rapport paléontologique.

Lorsque de pareilles irrégularités se manifestent entre les limites étroites d'un bassin comme celui de la Bohême, a-t-on bien le droit d'attendre une régularité complète et satisfaisant toutes les exigences des théories, dans l'évolution des faunes paléozoiques, sur des méridiens situés presque à angle droit, sur la surface du globe? Pour nous, de plus en plus convaincu de l'impossibilité d'établir une correspondance exacte entre les étages reconnus comme distincts, dans chaque région isolée, nous nous estimons heureux de rencontrer en Amérique une série Silurienne, qui concorde avec celle de la Bohême, si non complètement, du moins beaucoup plus que les séries des bassins disséminés sur la surface de l'Europe.

Résumé du chapitre quatrième.

Dans l'état actuel de la science, les rapprochemens que nous venons d'essayer nous semblent les seuls moyens auxquels nous puissions recourir pour reconnaître, si la dernière phase de notre faune troisième, renfermée dans nos étages **G — H**, est représentée dans les autres contrées paléozoiques. Comme termes de comparaison, nous formulons les principaux caractères distinctifs de cette dernière phase, ainsi qu'il suit:

1. Présence intermittente ou sporadique des poissons, et surtout des types cuirassés, dont la première apparition remonte à notre étage **F.**

2. Prédominance des genres *Dalmanites* et *Bronteus* parmi les Trilobites, et présence du genre *Calymene.* **Le** genre *Dalmanites* n'est représenté que par le groupe *Dalm. Hausmanni.*

3. Réapparition et nouveau développement relatif des Céphalopodes Nautilides, en général, et particulièrement des genres caractérisés par leur ouverture contractée, *Phragmoceras* et *Gomphoceras.*

4. Développement du groupe des *Nautilini* représentant le genre *Goniatites*, qui avait fait sa première apparition dans notre étage **F.**

5. Apparition sporadique de *Cardiola retrostriata,* dans notre étage **H.**

Ces caractères ne se trouvent complètement réunis sur aucun horizon de la division Silurienne supérieure, dans les contrées paléozoiques des deux continents. **Mais** leur absence se manifeste à des degrés très-différents, dans les divers pays comparés à la Bohême.

I. Première catégorie.

La Saxe, la Thuringe et la Franconie, régions limitrophes ou voisines de la Bohême, n'offrent jusqu'ici aucune trace de la dernière phase de notre faune troisième, tandis que la première phase de cette faune y paraît aujourd'hui distinctement reconnue. Les dépôts siluriens de ces contrées semblent appartenir à la grande zone paléozoique du Nord, comme l'Angleterre, la Russie et le Harz, dont les faunes nous présentent, au contraire, malgré leur éloignement relatif, des connexions très-marquées avec la phase renfermée dans nos étages **G — H.**

La Suède et la Norwége, placées sur la même zone du Nord, et intimément liées à l'Angleterre par la première phase de la faune troisième, ne présentent cependant aucun des caractères que nous attribuons à la dernière phase de cette faune. Elles contrastent ainsi avec l'île d'Oesel, c. à d. avec la contrée Silurienne la plus voisine.

La France, l'Espagne et la Sardaigne faisant partie, comme la Bohême, de la grande zone paléozoïque centrale, offrent aussi les traces les plus apparentes de l'existence de la première phase de notre faune troisième, mais elles sont également dépourvues de tout vestige de la dernière phase de cette faune. Seulement, les formations classées en France comme représentant l'étage dévonien inférieur, renferment divers fossiles semblables à des formes disséminées dans nos divers étages **E — F — G.**

II. Seconde catégorie.

L'Angleterre, l'île d'Oesel et le Harz forment une seconde catégorie, dans laquelle les caractères de la faune de nos étages **G — H,** énumérés ci-dessus, sont en partie représentés.

En Angleterre, nous trouvons dans certaines parties de l'étage de Ludlow et dans les *Passage beds,* 6 genres de poissons associés avec divers fossiles offrant le caractère Silurien. Mais, parmi ces poissons, il n'y a jusqu'ici aucune trace des types cuirassés. Les Trilobites manquant presque complètement sur cet horizon, les *Dalmanites* du groupe de *Dalm. Hausmanni,* et les *Bronteus* n'y sont pas représentés. Il en est de même des Nautilides à ouverture contractée. Les *Goniatites* sont inconnus dans ces formations, ainsi que *Cardiola retrostriata.*

Dans l'île d'Oesel, les poissons se montrent avec une variété extraordinaire de formes, classées dans près de 50 espèces. Parmi les types se trouvent aussi, comme dans notre étage **G**, *Coccosteus* et *Asterolepis*. Ce dernier fournit même deux espèces, *A. Harderi* et *A. elegans*, que notre savant maître, M. le Doct. Pander, considère comme très-rapprochées de celles de la Bohême. Mais ces nombreux poissons sont associés, dans l'île d'Oesel, avec beaucoup de fossiles caractéristiques de la première phase de notre faune troisième, tandis que les formes de Crustacés et de Céphalopodes, que nous venons de citer, comme caractérisant avec nos poissons la dernière phase de cette faune, manquent totalement. Ainsi, cette île nous présente l'association de certains élémens, qui distiguent en Bohême et même en Angleterre, des horizons divers.

Dans le Harz, malgré l'exiguité relative du nombre des fossiles fournis pas les formations Siluriennes, la présence du genre *Ctenacanthus* parmi les poissons, et des types *Dalmanites* et *Bronteus* parmi les Trilobites, associés à diverses formes d'apparence dévonienne, permettent de supposer, avec beaucoup de vraisemblance, que les calcaires de Mägdesprung représentent une époque rapprochée de celle de nos étages **G** — **H**. Les Céphalopodes à ouverture contractée et les Goniatites n'ont pas encore été observés sur cet horizon. Nous avons fait aussi remarquer dans ces dépôts, l'existence de nombreuses variétés de Capuloides, qui rappellent la fréquence de ces formes sur les horizons supérieurs de la faune troisième, dans l'Etat de New-York.

III. Troisième catégorie.

Dans les Etats-Unis d'Amérique, et plus particulièrement dans l'Etat de N. York, le groupe supérieur de Helderberg nous présente les principaux caractères qui distinquent la faune de nos étages **G** — **H**, savoir: l'apparition sporadique des poissons cuirassés; la présence du genre

Calymene parmi les Trilobites et le plus grand développement du type *Dalmanites;* la réapparition et la fréquence relative des Nautilides.

Par ses Gastéropodes, Acéphalés et Brachiopodes, le groupe américain offre avec les faunes dévoniennes de l'Europe des connexions spécifiques plus nombreuses que les étages de Bohême comparés. Mais ces connexions sont compensées par la présence, dans ces derniers, du type *Goniatites,* et de *Cardiola retrostriata,* qui ne paraissent pas exister dans les dépôts du groupe supérieur de Helderberg.

En somme, la représentation relativement la plus complète que nous puissions reconnaître pour nos étages **G — H,** se trouverait dans l'Etat de N. York, situé dans la grande zone paléozoique du Nord.

Chapitre cinquième.

Connexions entre les étages F—G—H du bassin silurien de la Bohême et les dépôts dévoniens.

Le parallèle que nous avons établi entre la division silurienne supérieure de Bohême et celle des principales régions siluriennes démontre, que notre étage calcaire inférieur **E** offre à lui seul une faune presque aussi complète que celle qui est distribuée dans les étages divers, occupant dans les pays comparés toute l'étendue verticale comprise entre la division silurienne inférieure et le terrain dévonien. Ce résultat de nos rapprochemens tendrait à faire supposer, que nos étages **F — G — H** appartiennent, au moins en partie, à la période dévonienne. Mais cette conception ne serait fondée que sur des apparences, qui s'évanouissent devant une étude plus sérieuse.

En effet, il est facile de se convaincre que nos trois étages supérieurs, malgré la présence de quelques espèces communes avec la faune dévonienne, sont réellement privés des formes jusqu'ici considérées comme essentiellement caractéristiques des trois subdivisions du système dévonien, et qu'ils renferment, au contraire, un grand nombre de formes contrastantes, c. à d. entièrement empreintes du caractère Silurien. Pour faire ressortir cette vérité et pour apprécier convenablement les connexions entre nos étages **F — G — H** et les étages dévoniens, nous allons passer en revue les diverses classes de fossiles, représentées dans les dernières phases de notre faune troisième.

I. Poissons.

Les genres de poissons dont la présence est constatée dans nos étages **F** et **G** sont: *Asterolepis*, *Coccosteus*, *Ctenacanthus* et *Gompholepis* (voir ci-dessus p. 22).

Asterolepis Eichwald, était considéré, il y a peu d'années, comme un type exclusivement dévonien; mais depuis que M. le Doct. Pander en a reconnu 2 espèces, *Ast. Harderi* et *Ast. elegans*, dans les couches siluriennes supérieures de l'île d'Oesel, l'apparition de ce genre se trouve reportée en arrière, dans la période de notre faune troisième. Notre espèce de Bohême, d'ailleurs très-semblable à celles d'Oesel, selon le Doct. Pander, ne présente donc plus qu'une connexion éloignée avec les faunes dévoniennes, où le même type reparaît sous d'autres formes.

Coccosteus Agassiz, est cité par Sir. Rod. Murchison parmi les fossiles les plus caractéristiques de l'étage moyen du terrain dévonien. *(Siluria p. 432, 1859.)* Sa présence a été d'abord constatée sur l'horizon moyen du vieux grès rouge en Ecosse, ensuite sur divers points en Russie, et plus tard dans les calcaires de l'Eifel, considérés comme contemporains. Plus récemment encore, une forme de ce genre, *Coccosteus Hercynius* a été reconnue par M. Hermann von Meyer dans les schistes à Orthocères, qui représentent dans le Harz les schistes de Wissenbach. *(Palaeontogr. II 82 Pl. XII 1852.)* Si cet horizon est bien déterminé, cette dernière découverte ferait rétrograder l'apparition de *Coccosteus* jusque dans l'étage inférieur du terrain dévonien.

En constatant à notre tour la présence de deux formes du même genre dans la faune troisième Silurienne, savoir dans nos étages **F — G**, nous reportons simplement un peu plus loin, dans la série des âges, l'origine de ce singulier type, qui reste contemporain des *Asterolepis*, avec lequel il offre une si grande affinité.

Ctenacanthus Agassiz, comprenait originairement des poissons dévoniens et des espèces carbonifères. Mais en 1858 M. le Prof. Giebel a appliqué ce nom générique à un Ichthyodorulite trouvé dans le terrain silurien supérieur, aux environs de Maegdesprung, dans le Harz. Ainsi, ce type était déjà inscrit parmi les fossiles siluriens, quand nous l'avons adopté pour y ranger des restes très-analogues, qui se trouvent dans notre étage **G**.

Gompholepis Pander, est un type nouveau, et jusqu'ici exclusivement propre à l'étage **G** de notre bassin.

Ainsi, sur 4 genres de poissons, existant dans notre terrain silurien, trois ont été originairement fondés sur des espèces du terrain dévonien et considérés, durant un temps, comme caractéristiques de cette période. Cette circonstance jette une teinte dévonienne sur les dépôts où des formes de ces trois types ont été postérieurement découvertes, comme en Bohême. Mais la réflexion dissipe bientôt cette illusion, car on sait que, dans les autres classes, telles que celles des crustacés et des mollusques, la plupart des types dévoniens ont fait leur première apparition dans le terrain silurien. Les genres de poissons qui nous occupent sont dans le même cas. Le hasard à voulu qu'ils fussent d'abord observés dans des dépôts dévoniens, comme certains types de Trilobites, *Bronteus*, *Harpes* &c., dont l'origine a été reportée au loin, dans la profondeur du système silurien, par l'effet des découvertes postérieures.

Puisqu'il n'existe jusqu'ici aucune espèce de poisson commune à notre faune troisième et aux faunes dévoniennes, la présence de 4 types de cette classe de vertébrés, dans notre terrain, devient une connexion de même valeur que celle des genres de Crustacés, de Céphalopodes &c. qui se propagent, sous des formes différentes, de la période silurienne dans les périodes suivantes.

Remarquons maintenant, que les genres *Cephalaspis* et *Pteraspis*, considérés comme caractéristiques de l'étage dévonien inférieur, dans le tableau comparatif de Sir Rod. Murchison *(Siluria p. 432, 1859)* ne sont nullement représentés dans nos étages **F — G — H.** Il en est de même des types *Holoptychius*, *Dipterus*, *Diplopterus* &c., qui figurent sur le même tableau, parmi les fossiles caractéristiques des étages moyen et supérieur du système dévonien. Enfin, l'extrême rareté des restes de poissons dans notre bassin contraste avec leur fréquence relative sur les horizons du vieux grès rouge, aussi bien en Russie qu'en Ecosse, en Angleterre et même en Amérique. Cette rareté indique donc simplement une apparition sporadique, avant l'époque du développement de ces premiers types des vertébrés, réservé à la période dévonienne. Nous allons arriver à un contraste opposé, en considérant la famille éminemment silurienne des Trilobites.

En résumé, quelque valeur qu'on puisse attacher à la présence des poissons dans les dépôts paléozoiques, les 4 espèces de cette classe jusqu'ici découvertes dans notre étage **G,** ne permettent d'établir aucune relation de contemporanéité entre cet horizon et l'une quelconque des trois subdivisions du système dévonien.

II. Crustacés. — Trilobites.

La distribution verticale des Trilobites dans les terrains paléozoiques, figurée en 1852 sur la Pl. 51 du Vol. I. du *Syst. Sil. de la Bohême,* n'a éprouvé jusqu'à ce jour aucune modification, à notre connaissance. Ainsi, il reste constaté, que les 11 genres de Trilobites représentés dans le terrain dévonien, ont pris naissance dans le terrain Silurien, dans lequel presque tous ont eu aussi leur plus grand développement spécifique.

S'il est un pays au monde où ce développement maximum des Trilobites ait été bien établi, non seulement durant la période silurienne en général, mais plus particulièrement encore pendant les phases de la faune troisième, c'est sans contredit la Bohême. C'est un fait qui ressort des chiffres suivants, que nous rapprochons. Nous déduisons le petit nombre d'espèces communes à nos divers étages dans les totaux indiqués.

	Faune troisième espèces distinctes	auteurs
Bohême { H . . 2 / G . . 50 / F . . 78 / E . . 82 } . .	188	Barr. 1865.
Angleterre { Ludlow 12 / Wenlock 31 } .	34	{ Murchison. *Siluria.* 1859.
Suède . . Gothland . .	99	{ Angelin. 1856. — Dans le *Parallèle.* Barr.
Russie . . Livonie Oesel	15	Fr. Schmidt. 1858.
Amérique { N. York . . . y compris le groupe supér. de Helderberg.	57	{ J. Hall. *Pal. of N. York.* II. III. et 15. *ann. Report.* 1862.
total . .	393	

Ces chiffres montrent d'abord, que si la variété et la fréquence des Trilobites impriment à une contrée le caractère silurien, le bassin de notre faune troisième est le *plus silurien* de tous les bassins contemporains, non seulement dans son ensemble, sans exception d'aucune contrée, mais encore dans chacun de ses trois étages **E—F—G**; à l'exception de l'île de Gothland.

En second lieu, malgré la décroissance qui se fait remarquer au dessus de notre étage **E**, dans le nombre des espèces trilobitiques, notre étage **F** offre encore un chiffre si rapproché du maximum, que la différence est à peine sensible. Cet étage maintient donc son caractère silurien, à peu près à l'égal de l'étage **E**.

Quant à l'étage **G**, où la réduction des Trilobites se fait notablement sentir, il offre cependant 50 espèces, dont 48 appartiennent à la seule bande **g 1**. Ce chiffre paraîtra encore l'expression d'une richesse véritablement silurienne, si on le compare au nombre des espèces de Trilobites jusqu'ici connues dans les contrées dévoniennes le plus étudiées :

	Espèces
Eifel. Grauwacke et calcaire, d'après divers auteurs, environ	20 à 25
Pays de Nassau. D'après les D. D. Sandberger pour tous les étages dévoniens . .	16
Harz. D'après le Prof. F. A. Roemer pour tous les étages dévoniens environ	28
France. Dép. de la Sarthe. Dans les deux étages inférieur et moyen, d'après M. de Verneuil	6
Espagne. Mêmes étages, d'après M. de Verneuil	5

	Espèces
Angleterre. Dans les trois subdivisions, d'après le catalogue de M. Morris. 1854	10
Saxe et pays limitrophes. D'après M. le Prof. Geinitz pour tous les étages dévoniens . .	2
Thuringe. D'après M. le Doct. R. Richter 1865 *(in litt.)*	13
Etats-Unis. D'après le Prof. J. Hall, dans le groupe de Hamilton et au dessus environ .	13
Total	118

En calculant la moyenne du chiffre des Trilobites pour chacune des trois subdivisions dévoniennes, d'après les trois pays qui en ont le plus fourni jusqu'à ce jour, on trouve environ 7 à 8 espèces. Ce nombre est bien loin des 50 espèces de notre étage **G.**

Ainsi, la dernière phase de notre faune troisième conserve encore, par rapport aux trois phases de la faune dévonienne, toute la supériorité qui distingue la période silurienne, au point de vue des Trilobites, sur l'ancien continent, beaucoup plus qu'en Amérique, moins riche sous ce rapport.

Tous les genres de cette famille qui se trouvent dans le terrain dévonien ayant antérieurement apparu dans les terrain silurien, on doit remarquer, combien sont rares les espèces communes à ces deux périodes. La seule espèce pour laquelle l'identité est apparente, est *Bronteus Brongniarti* Barr. de Bohême, qui se retrouve dans le dépôts dévoniens inférieurs, dans le département de la Sarthe, en France. Cependant, comme on ne connait que le pygidium dans cette dernière contrée, l'identité n'est pas encore complètement hors de doute.

Cheirurus gibbus Beyr. est décrit par les D. D. Sandberger comme se trouvant dans les couches dévoniennes
de Nassau. Cette détermination parait exacte d'après la
tête figurée *(Verst. Nass. Pl. 2, fig. 2)*, mais le pygidium
associé à cette tête fig. 22, diffère trop de celui de l'espèce Bohême, pour que l'identité de ces formes puisse
être admise.

En somme, les Trilobites communs à nos étages supérieurs et aux faunes dévoniennes ne constitueraient jusqu'ici qu'une seule exception, qui demande encore à être
confirmée.

A ces observations, qui montrent les contrastes généraux entre les Trilobites de la faune troisième silurienne
et ceux des faunes dévoniennes, s'ajoute le contraste particulier mais frappant, qu'offre le genre *Dalmanites* entre
ces deux périodes.

Dans la forme initiale dont *Dalm. Hausmanni* est le
type, le contour du pygidium est dépourvu de toute pointe,
excepté l'appendice caudal. On sait, au contraire, que
le même genre *Dalmanites* est représenté, dans presque
tous les bassins dévoniens, par un groupe très-bien caractérisé, par les pointes qui ornent le contour du pygidium. Ce groupe a porté originairement le nom de
Cryphaeus Green.

Or, parmi les 8 espèces de *Dalmanites* qui se trouvent dans notre étage **G**, aucune ne présente les pointes
qui distinguent le groupe dévonien; toutes appartiennent au
groupe de *Dalm. Hausmanni*. La même observation s'applique avec une exception très limitée à l'Amérique du Nord.
En effet, le Prof. J. Hall, dans la *Pal. of N. York III.*
nous enseigne, qu'il existe 4 espèces de *Dalmanites* dans
le groupe inférieur de Helderberg, et que toutes ont le
pygidium dépourvu de pointes marginales. Le même savant a aussi décrit 11 espèces du même genre, apparte-

nant au groupe supérieur de Helderberg, et parmi lesquelles 9 sont conformes au type *Dalm. Hausmanni,* tandisque les deux autres ont des pointes autour de leur pygidium et apparaissent comme avant-coureurs du groupe
dévonien *Cryphaeus. (15. ann. Rep. 1862.)*

On sait que *Phacops latifrons* Bronn, qui est le trilobite le plus caractéristique du terrain dévonien, se retrouve
dans presque toutes les contrées, en conservant les mêmes
apparences. On pourrait considérer notre *Phacops fecundus*
comme le représentant de cette espèce dans le terrain
silurien, mais avec cette différence, qu'il apparaît dans
chacun de nos étages avec quelques modifications qui constituent diverses variétés. Aucune d'elles n'est identique
avec la forme dévonienne.

Le genre *Homalonotus* manque totalement jusqu'ici
dans la faune troisième de Bohême, tandis qu'il se trouve
dans la faune correspondante en Angleterre, et dans la
faune dévonienne de beaucoup de contrées.

Au contraire, le genre *Calymene,* qui paraît exclusivement silurien, est représenté dans chacun de nos trois
étages **E—F—G.**

En résumé, la grande différence dans le développement des Trilobites, l'absence à peu près complète d'espèces
communes, le contraste qu'offrent les groupes de *Dalmanites* par le contour de leur pygydium, et la présence
du genre *Calymene* jusques dans notre étage **G,** suffisent
pour prouver que les faunes de nos étages **F—G—H** ne
représentent pas les faunes des étages dévoniens.

III. Céphalopodes.

Il s'agit de déterminer quelles sont les connexions
que présentent les genres et espéces de nos étages **G** et
H, d'un côté, avec la première phase de notre faune troi-

sième, et de l'autre côté, avec les faunes dévoniennes. Dans le but de faciliter l'intelligence de ce que nous avons à dire sur ce sujet, nous avons dressé le tableau ci-joint, qui montre la distribution verticale des genres de Céphalopodes dans notre bassin, et leur extension dans les trois subdivisions principales du terrain dévonien. Les genres sont ordonnés suivant l'époque de leur apparition en Bohême. Nous prions le lecteur de consulter aussi notre tableau p. 31.

Distribution verticale des genres de Céphalopodes dans les terrains Siluriens et Dévoniens.

		Système Silurien											Système Dévonien		
	A - B	prim. C	Faune seconde D					troisième				infér.	moyen	supér.
			d1	d2	d3	d4	d5	E	F	G	H			
Nautilides.														
Orthoceras . . Breyn.	.	.	+	+	.	+	+	+	+	+	+	+	+	+
Endoceras Hall.	.	.	+	.	.	.	.	.	.	.	.	.	.	.
Sous-genr. Bathmoceras Barr.	.	.	+	.	.	.	.	.	.	.	.	.	.	.
Tretoceras Salt.	.	.	+	.	.	.	.	.	.	.	.	.	.	.
Gonioceras Hall.	.	.	.	.	.	.	.	.	.	.	.	.	.	.
Lituites . . . Breyn.	.	.	+	.	.	.	.	+	.	.	.	.	.	.
Gomphoceras . Sow.	.	.	.	.	.	.	+	+	+?	+	.	+	+	+
Cyrtoceras . . Goldf.	.	.	.	.	.	.	Col.	+	+	+	.	+	+	+
Ascoceras . . . Barr.	.	.	.	.	.	.	.	+	.	.	.	.	.	.
Phragmoceras . Brod.	.	.	.	.	.	.	.	+	.	+	.	?	?	.
Nautilus . . . Linn.	.	.	.	.	.	.	.	+	.	+	.	+	?	.
Trochoceras . Barr.	.	.	.	.	.	.	.	+	+	+	.	+	.	.
Gyroceras . . Konk.	.	.	.	.	.	.	.	.	+	+	+	.	+	.
Hercoceras . . Barr.	.	.	.	.	.	.	.	.	+	+	.	.	.	.
Nothoceras . . Barr.	.	.	.	.	.	.	.	.	+	.	.	.	.	.
Goniatides.														
Bactrites . . . Sandb.	.	.	+	.	.	.	.	.	+	+	+	+	+	+
Goniatites . . Haan.	.	.	.	.	.	.	.	.	+	+	+	+	+	+
Clymenia . . . Münst.	.	.	.	.	.	.	.	.	.	+	.	+	.	+

Avant tout remarquons que, par suite de la disparition inattendue de *Nautilus*, *Lituites*, *Ascoceras* et *Phragmoceras* au sommet de notre étage **E**, les genres des Céphalopodes se trouvent réduits à 4 dans notre étage **F**, savoir: *Orthoceras*, *Cyrtoceras*, *Gomphoceras*? *Trochoceras*. Mais l'apparition de deux nouveaux types, *Gyroceras* et *Goniatites* élève leur nombre total à 6, sur cet horizon. Aucune des espèces ne nous montre une ressemblance marquée avec les formes dévoniennes. Plusieurs au contraire, sont identiques avec des espèces de notre étage **E**, comme *Orthoc. pseudo-calamiteum* &c. &c.

La plupart des Goniatites qui apparaissent dans cet étage, reparaissent dans notre étage **G**, et nous allons indiquer leurs relations avec les Goniatites dévoniens.

En somme, les espèces relativement rares des Céphalopodes que nous connaissons dans l'étage **F**, contribuent comme les nombreux Trilobites contemporains, à indiquer la continuation de la période silurienne sur cet horizon, intermédiaire entre les étages **E—G**.

Considérons maintenant l'étage calcaire supérieur.

Dans l'étage **G**, le nombre des genres s'accroît de nouveau jusqu'à 10, soit par la réapparition de types antérieurement existans, comme *Phragmoceras* et *Nautilus*, soit par l'apparition de deux genres nouveaux: *Hercoceras* et *Nothoceras*. Ces deux derniers types sont exclusivement propres à l'étage **G**, et nous ne connaissons jusqu'ici leur existence qu'en Bohême. Ils ne peuvent donc pas être invoqués dans la discussion qui nous occupe.

Trochoceras n'a fourni jusqu'ici que 3 ou 4 formes dans notre étage **G**, tandis que nous en connaissons environ 36 dans notre étage **E**, et une seule dans l'étage **F**. Comme les formes de l'étage **G** sont toutes dépouillées du test, nous ne pouvons pas juger, si elles possèdent les ornemens habituellement caractéristiques des espèces de ce genre dans **E.** Cependant, nous voyons que les unes et les autres sont très-aplaties, les tours de leur spire étant très-peu élevés. C'est le même caractère qui les distingue dans notre étage calcaire inférieur, c. à d. à l'origine de ces formes.

Le type *Trochoceras* se propage dans le terrain dévonien, car nous connaissons une espèce de cette époque, très-caractérisée, malgré l'absence du test, par ses tours fortement turriculés, *Troch. Lorierei* Barr. Elle a été trouvée par M. de Lorière aux Courtoisières, dans le dépt. de la Sarthe, en France, et elle appartient à l'étage inférieur de ce terrain.

On sait que les D. D. Sandberger ont figuré, sous le nom de *Troch. serpens (Verst. Nass. Pl. 15)* un fragment d'une autre espèce dépouillée du test, et provenant des schistes de Wissenbach, classés dans la même subdivision.

Nous rappelons aussi que le Prof. Ferd. Roemer a décrit et figuré sous les noms de *Cyrt. cancellatum* et *Cyrt. multistriatum* deux formes qui rappellent fortement celles des *Trochoceras* de notre étage **E**, par leurs apparences, leur section transverse et surtout par leurs ornemens. *(Rhein Ueberg. geb. 80. Pl. 6.)* Une figure de la première de ces deux espèces a été reproduite par les D. D. Sandberger parmi leurs *Gyroceras*, à cause de la grande ressemblance entre les ornemens de sa surface et ceux des deux espèces qu'ils nomment *Gyroc. quadrato-clathratum* et *Gyroc. tenuisquamatum (l. c. pl. 13—15)*. En effet, les fragmens qui portent ces deux noms, et surtout le premier, rappellent les anneaux et les stries croisées des *Trochoceras* de notre étage **E**, comme les deux espèces nommées par le Prof. Ferd. Roemer. Toutes pourraient bien appartenir à ce genre.

Le Prof. J. Hall a aussi figuré sous le nom de *Troch. Clio* une espèce d'Amérique, reproduisant les apparences des formes de notre étage **E**. *(Fifteenth ann. Rep. pl. 9. 1862.)*

S'il est constaté définitivement un jour, que les diverses formes dévoniennes d'Europe, que nous venons de mentionner, appartiennent réellement au type *Trochoceras,* les analogies que nous signalons entre elles et nos espèces de l'étage **E** tendraient à prouver, que ce type est resté trop immuable dans ses apparences, pour nous fournir des moyens de distinction entre les faunes siluriennes et les faunes dévoniennes.

Gyroceras est représenté dans notre étage **G** par 5 espèces, privées de leur test. Malgré cette circonstance, on voit que deux d'entre elles, *Gyr. annulatum* et *Gyr. proximum* sont très-rapprochées de *Gyr. alatum*, qui caractérise notre étage **F**. Ainsi, leurs affinités sont siluriennes. La troisième espèce, *Gyr. tenue,* qui se propage dans l'étage **H**, et les deux autres, *Gyr. nudum* et *Gyr. minusculum* propres à l'étage **G**, ne nous offrent pas de ressemblance marquée, ni avec les espèces Siluriennes, ni avec celles du terrain dévonien. On doit remarquer cependant, que les formes dévoniennes de ce genre figurées par les D. D. Sandberger, dans l'ouvrage cité, sont généralement chargées d'ornemens en relief qui manquent aux formes de la Bohême.

D'après ces observations, les *Gyroceras* de notre étage **G** ne peuvent établir aucune connexion avec les faunes dévoniennes.

Nautilus est représenté dans le même étage par deux espèces sans test. L'une et l'autre se distinguent par la position de leur siphon contre le bord convexe, et de plus, dans celle que nous nommons *Nautilus anomalus*, cet organe est constamment placé hors du plan médian de la coquille. Enfin, la tendance de ces deux espèces à la forme globuleuse contraste avec la forme discoide et aplatie des espèces de notre étage **E**, dont le siphon est central ou subcentral. Ces Nautiles offrent donc des apparences qui leur sont propres et qui ne les rattachent pas visiblement aux premières formes Siluriennes de ce genre. D'un autre côté, nous ne distinguons point, sur les moules de ces fossiles, les traces des ornemens en relief, qui parent ordinairement les Nautilides dévoniens. Ainsi, ces deux espèces ne constituent pas des liens zoologiques apparens, entre notre étage **G** et les étages de la période dévonienne, où les Nautiles sont d'ailleurs très-rares, sur les deux continents.

Cyrtoceras après avoir presque disparu durant le dépôt de l'étage **F**, où il n'a fourni qu'un couple de formes, reprend une richesse relative dans l'étage **G** où nous en avons recueilli 11, parmi lesquelles 9 dans la bande supérieure **g 3**. Ces espèces, quoique conservant rarement leur test, offrent les apparences générales de celles de notre étage **E**, qui se font toutes remarquer par leur ornementation extêmement simple et uniforme. Presque toujours leurs ornemens se réduisent à des stries d'acroissement, simples ou groupées, et ils se reproduisent avec peu de diversité sur plus de 150 formes, que nous distinguons par des noms. Cette simplicité extérieure dans le test de nos *Cyrtoceras* contraste avec les sculptures variées et en relief, qui ornent la plupart des espèces figurées par le Prof. Phillips, et qui caractérisent l'étage moyen dans la contrée typique du système dévonien. *(Palaeoz. foss. of Cornw. Devon &c.)* Quelques unes des espèces des bords du Rhin, figurées par M. M. d'Archiac et de Verneuil, et par les D. D. Sandberger, montrent une semblable tendance, tandis que d'autres offrent la même simplicité extérieure que celles de Bohême.

Ce type ne paraît pas représenté, aux Etats Unis, dans les groupes dévoniens de Hamilton et au dessus. *(15. ann. Rep.)*

En somme, les *Cyrtoceras* de notre étage **G** se rattachent plutôt aux formes de la première phase de notre faune troisième qu'à celles des faunes dévoniennes.

Gomphoceras après avoir présenté environ 45 espèces dans notre étage **E**, a pour ainsi dire disparu de notre bassin durant le dépôt de notre étage **F**, où nous ne connaissons qu'une seule forme qui se rattache très imparfaitement à ce type. Nous n'en trouvons aucune trace ni dans la bande **g 1**, ni dans la bande **g 2**. Ainsi, on peut considérer la présence de 5 espèces de ce genre dans la bande **g 3**, comme constatant une véritable réapparition des *Gomphoceras* en Bohême, après une longue intermittence. -

Ces espèces, privées de leur test et réduites au moule interne, se distinguent cependant par leurs fortes dimensions, qui ne se voient que dans un petit nombre des formes congénères de notre étage **E**. C'est un caractère accessoire, il est vrai, mais c'est le seul signe différentiel que leur état de conservation nous permette d'observer, et qui contraste également avec la taille généralement exigue des espèces dévoniennes figurées par divers auteurs, Münster, de Verneuil et d'Archiac, D. D. Sandberger, Quenstedt, F. Roemer, Louis Saemann &c. &c. et qui sont connues de tous les savans. Cependant, nous retrouvons des dimensions semblables dans *Gomph. Naumanni* Geinitz *(Grauw. II. Pl. 5—6)*, si toutefois, la forme qui porte ce nom possède réellement une ouverture contractée à deux orifices. Cette partie manque totalement dans les deux spécimens figurés. Ce fossile provient du calcaire à Clyménies de Saxe, et par conséquent de l'étage dévonien supérieur.

Au contraire, parmi quatre espèces décrites par Pacht, comme appartenant aux couches supérieures dévoniennes de la vallée du Don, en Russie, trois sont de petite taille. Quant à la quatrième, *Gomph. rex*, qui offre de grandes dimensions, elle nous semble étrangère à ce type, car son ouverture est circulaire et sans aucune trace de contraction. *(Beitr. von Helmersen und R. Pacht. Pl. 1—2. 1858.)*

Une espèce des calcaires dévoniens de Colombus, Ohio, dans les Etats Unis, décrite par M. Louis Saemann, sous le nom de *Apioceras olla*, présente une taille assez forte. *(Palaeontogr. III. Pl. 19. 1852.)*

Ainsi, les *Gomphoceras* de notre bande **g 3** contrastent généralement par leur grande taille avec les espèces dévoniennes connues, excepté avec une seule, *Gomph. Naumanni* des calcaires à Clyménies. Mais cette analogie avec une espèce douteuse et isolée ne peut pas être considérée comme une indication de contemporanéité, puisque nous trouvons d'autres espèces presque aussi développées dans notre étage calcaire inférieur **E**, comme *Gomph. imperiale &c.*

Phragmoceras représenté par environ 25 espèces dans notre étage **E**, a totalement disparu durant le dépôt, non seulement de notre étage **F**, mais encore de la bande calcaire **g 1**, très puissante, et de la bande schisteuse **g 2**. Après cette intermittence de très-longue durée, il a reparu dans notre bande calcaire **g 3**, où il nous présente 9 formes spécifiques, presque toutes de grande taille.

Malgré l'absence constante du test et de ses ornemens, ces espèces tardives se rattachent intimément au type *Phragm. Broderipi*, qui domine dans notre étage **E**, car elles offrent la même forme générale de la coquille, et la même disposition de leur ouverture contractée à deux orifices, placés aux deux bouts opposés du plus grand diamètre. Nous croyons même reconnaître parmi elles l'espèce typique, sauf l'ornementation, que nous ne pouvons observer dans la forme de **g 3** en question.

D'après cette observation, les *Phragmoceras* de la bande **g 3** sembleraient reproduire les apparences de leurs congénères siluriens de l'étage **E**, mais cette fois encore, comme pour les *Gomphoceras*, avec de plus grandes dimensions dans quelques espèces, et non dans toutes.

On sait que des espèces de ce genre, bien reconnaissables par leur ouverture, se trouvent dans la division Silurienne supérieure en Angleterre, dans l'île de Gothland, dans l'île d'Oesel et aussi en Amérique, où l'une d'elles a été figurée par J. Hall. *(Pal. of N. York II. Pl. 78.)*

M. Billings a aussi décrit un *Phragmoceras* bien caractérisé, et qui a fait son apparition au Canada, comme avant-coureur de ce type, durant les âges de la faune seconde.

Il est important de remarquer, que nous n'avons appliqué le nom de *Phragmoceras* à aucune des 9 formes mentionnées dans la bande **g 3**, qu'après avoir bien constaté la contraction typique de son ouverture. Cette circonstance contraste avec ce fait, que l'ouverture contractée à deux orifices n'a jamais été observée dans aucun des Céphalopodes des terrains dévoniens, auxquels le nom de *Phragmoceras* a été appliqué. Nous citerons:

1. *Phragm. Brateri* des calcaires à Clyménies, figuré d'abord par le Cte. Münster 1840 *(Beitr. III Pl. 1.)* puis par le Prof. Geinitz, dont plusieurs figures montrent l'ouverture bien conservée, sans la contraction caractéristique. *(Grauw. II Pl. 5—6 1853.)* Il ne nous paraît pas certain que toutes ces formes appartiennent à une seule espèce, du genre *Cyrtoceras*, selon toute vraisemblance.

2. *Phragm. subventricosus* figuré par M. M. de Verneuil et d'Archiac dans leur ouvrage sur les formations Rhénanes. Pl. 30.

3. *Phragm. subpyriforme* Münst. sp. figuré par le Prof. Geinitz *(l. c. Pl. 7—8).*

4. *Phragm. corniforme* Geinitz *(ibid. Pl. 6—8)*.

5. *Phragm. orthogaster* et *Phragm. bicarinatum* Sandb. figurés par les D. D. Sandberger. *(Verst. Nass. Pl. 14—15.)*

6. *Phragm. sp.* Richter u. Unger. *(Beitr. z. Palaeont. d. Thür. Waldes. Pl. 1. 1856.)*

D'après ces faits, il est constant que le caractère fondamental du type *Phragmoceras*, consistant dans la forme de son ouverture, n'a jamais été observé dans les Céphalopodes dévoniens rangés dans ce type, tandis qu'il est toujours très-apparent, aussi bien dans les *Phragmoceras* de notre bande **g 3,** que dans ceux de notre étage **E.** Il est difficile de croire, que cette différence, si constante dans toutes les contrées dévoniennes, ne doive être attribuée qu'au hasard ou bien à l'état de conservation des fossiles. Si elle dérive simplement de la conformation des coquilles, comme cela paraît plus vraisemblable, cette considération tendrait à resserrer les connexions de notre étage **G** avec les premières phases de la faune silurienne.

On sait que, dans la région typique d'Angleterre, *Phragm. ventricosum* Sow. se propage à partir de l'étage de Wenlock, jusque dans l'étage de Ludlow, c. à d. sur presque toute l'étendue verticale de la Faune troisième. Il en serait de même en Bohême.

Nous devons cependant faire observer, que nous avons donné le nom de *Phragm. devonicans* à l'une de nos espèces de la bande **g 3,** à cause de l'analogie qu'elle présente, *par sa partie cloisonnée* et son siphon lamelleux placé près du bord convexe, avec certains fragmens de l'Eifel, qui portent le nom de *Cyrtoceras lineatus* Goldf., et dont l'un a été figuré par M. M. d'Archiac et de Verneuil *(l. c. Pl. 30)*. L'ouverture de cette espèce dévonienne est inconnue, tandisqu'on peut voir la contraction typique dans la forme analogue de notre bassin.

En resumé, le genre *Phragmoceras* n'étant pas jusqu'ici représenté d'une manière certaine dans les faunes dévoniennes, la présence des 9 espèces bien constatées de ce type, dans notre bande **g 3**, rattache fortement cette formation à la base de notre division silurienne supérieure, c. à d. à notre étage **E**, où domine le même genre.

Orthoceras est le type qui a fourni le plus grand nombre de formes dans notre étage **E**, où nous en comptons plus de 200. Ce chiffre s'est réduit à environ 25 dans notre étage **F**, et il s'est relevé jusqu'à près de 50 dans notre étage **G**, outre plusieurs formes trop mal conservées pour être nommées. Nous en trouvons encore plusieurs espèces à la base de notre étage **H**.

La connexion entre les Orthocères des étages contigus **E — F** est établie par plusieurs espèces identiques. On concevra cependant, que le chiffre de ces espèces ne peut pas être considérable, puisque l'étage **F** ne renferme qu'un nombre relativement petit de formes de ce genre. Mais, à mesure que ces formes se multiplient de nouveau dans l'étage **G**, nous voyons aussi reparaître parmi les espèces nouvelles un plus grand nombre de formes, que nous ne pouvons pas distinguer de celles de notre étage **E**, et que nous devons considérer comme identiques, ou au moins comme représentatives. Elles sont indiquées au nombre de 5 dans le tableau ci-dessus (p. 31).

Plusieurs de ces formes ne se trouvant pas dans l'étage intermédiaire **F**, nous offrent un des exemples de migration et retour, aujourd'hui très connus dans la science.

Nous admettons les identités en question, en appliquant les mêmes principes qui nous guident pour identifier les formes contemporaines, c. à d. recueillies sur un même horizon, par exemple, dans les diverses localités où les

bandes **e 1** — **e 2** de notre étage **E** se montrent fossilifères. Nous donnons dans notre travail principal sur les
Céphalopodes de notre bassin, de remarquables exemples
des variations qu'une même espèce peut subir dans ses
apparences, même durant la vie d'un même individu, et
à plus forte raison parmi les individus trouvés dans un
seul et même banc calcaire.

Après avoir ainsi passé en revue tous les genres des
Nautilides de notre étage **G**, si l'on prend en considération
la hauteur verticale qui sépare cet étage de notre étage **E**,
où les mêmes formes, ou bien des formes extrêmement
rapprochées avaient déjà existé, on ne peut s'empêcher de
regarder ces réapparitions comme établissant entre ces
deux horizons des connexions telles que nous les concevons, entre les limites de la faune troisième, ou de toute
autre faune générale. Ces connexions sont exactement de
même valeur que celles qui sont fondées sur les Brachiopodes, entre le groupe de Niagara et le groupe inférieur
de Helderberg, dans l'Etat de N. York, et qui ont été si
bien exposées par le grand paléontologue américain, dans
le passage cité ci-dessus (p. 226). Nous pouvons les comparer aussi aux liens zoologiques manifestés par les Capuloides, à travers l'immense espace de l'océan Atlantique,
entre notre étage calcaire **E** et le même groupe inférieur
de Helderberg, en Amérique.

Par contraste, remarquons que, parmi les formes déjà
nombreuses des Nautilides appartenant aux terrains dévoniens, du Rhin, du Harz, de la Thuringe, de la Saxe, c.
à d. des contrées limitrophes ou peu éloignées de la Bohême, il nous est impossible de constater, en toute sécurité, l'identité d'une seule espèce de cette classe, avec celles de notre bassin silurien. Cependant, les Céphalopodes
nous sembleraient les plus aptes à une grande diffusion
horizontale, soit durant leur vie, par leur grand pouvoir
de natation, soit après leur mort, par la facilité du trans-
port lointain de leurs coquilles flottantes.

L'absence des identités spécifiques rend plus remarquables certaines, analogies entre les Nautilides de ces deux époques. Nous en citerons deux exemples :

1. *Nautilus subtuberculatus* Sandb. *(l. c. Pl. 12)* provenant des schistes de Wissenbach, offre une forme et des ornemens très semblables à ceux de *Hercoceras mirum* de notre bande **g 3**. Malheureusement, l'ouverture n'a pas été observée dans l'espèce dévonienne.

2. *Orthoc. triangulare* A. V. des mêmes schistes de Wissenbach *(Geol. Trans. VI. Pl. 27)* et *Orth. Jovellani* Vern. *(Bull. Soc. géol. II. Pl. 13)* qui sont également caractérisés par une section transverse triangulaire, à angles arrondis et par un siphon rempli de lamelles rayonnantes, sont représentés dans notre bande **g 3** par *Orth. Archiaci* Barr. qui posède les mêmes caractères, avec quelques variations spécifiques. Cette forme n'est jusqu'ici connue en 'Bohême que par un seul spécimen de notre collection.

Dans ces rapprochemens entre les Nautilides des terrains silurien et dévonien, nous ne comprenons pas les Orthocères d'Elbersreuth, décrits par le Comte Münster. *(Beitr. III. 1840.)* Nous avons exposé nos vues à ce sujet, ci-dessus (p. 208).

En somme, les 9 genres de Nautilides que nous venons de passer en revue, offrent seulement des analogies plus ou moins éloignées entre nos étages **G — H** et les étages dévoniens. Aucun deux ne fournit des identités spécifiques, qu'on puisse interpréter comme des preuves de contemporanéité entre les dépôts comparés.

Il nous reste maintenant à considérer l'existence, dans nos étages **F — G — H**, des Céphalopodes de la famille des Goniatides, qui se compose des trois types *Goniatites*, *Bactrites* et *Clymenia*, principalement répandus dans les terrains dévoniens. Les deux premiers ont aussi fait une apparition dans le bassin silurien de la Bohême ; mais, au lieu d'avoir été contemporains comme dans les faunes dévoniennes, l'un s'est montré isolément dans la première phase de notre faune seconde et l'autre beaucoup plus tard, dans notre faune troisième. Voir le tableau ci-dessus (p. 276).

Bactrites Sandb. apparaît à l'origine de notre faune seconde, c. à d. dans notre bande **d 1**, sous une forme très-bien caractérisée, que nous nommons *Bactr. Sandbergeri*. Cette espèce ne franchit pas la limite supérieure de cette bande, et après son extinction, nous n'en voyons reparaître aucune du même type, ni dans notre faune seconde, ni dans notre faune troisième.

Goniatites se montre pour la première fois dans notre étage **F**, sous 5 formes spécifiques, dont 3 reparaissent dans notre bande **g 3**, après une assez longue intermittence, indiquée sur notre tableau (p. 33). La bande **g 1** est presque dépourvue de Goniatites, qui ne se trouvent que vers sa limite incertaine avec la bande **g 2**. Celle-ci possède une espèce unique, mais très-répandue, *Gon. fecundus* Barr. C'est seulement dans la bande **g 3** que les formes de ce genre se multiplient jusqu'à 14, dont quelques unes se font remarquer par leurs grandes dimensions comme dans les autres types des Céphalopodes coexistans. L'espèce de **g 2** reparaît à la base de notre étage **H**, mais s'évanouit sur cet horizon, avec les derniers représentans de notre faune troisième.

Parmi nos 17 espèces, 16 appartiennent au groupe des *Nautilini*, tel qu'il a été défini par les D. D. Sandberger *(l. c. p. 63)*. L'espèce que nous nommons *Gon. emaciatus* ne peut être rangée dans aucun des 8 groupes établis par ces savans, bien que, par sa suture, elle se rapproche de *Gon. retrorsus* v. Buch.

Au premier aspect, on trouve une notable analogie entre divers Goniatites de notre bassin et certains *Nauti-*

lini de l'étage dévonien inférieur. Ainsi notre *Gon. ambigena* paraît représenter *Gon. compressus* Beyr. des schistes de Wissenbach, figuré dans *Verst. Nass. Pl. II.* Mais, quant on lit avec attention la description très-détaillée des D. D. Sandberger, on reconnaît entre ces deux formes, des différences notables que nous exposerons ailleurs. De même, les espèces que nous nommons *Gon. plebeius* et *Gon. neglectus* ont beaucoup de rapports, surtout dans certaines variétés du premier, avec *Gon. subnautilinus* Schlot. sp. figuré par les mêmes savans, sur la planche citée. Cependant, l'étude plus approfondie des diverses apparences de ces formes ne permet pas de les identifier.

Il nous semble donc jusqu'à ce jour, qu'aucun des Goniatites de Bohême ne se retrouve identiquement dans les faunes dévoniennes; mais quelques uns peuvent être considérés comme des formes représentatives.

Ainsi, sous le rapport des identités spécifiques, dans lesquelles la science cherche des signes de contemporanéité, entre les formations des contrées distinctes, le genre *Goniatites* ne fournit pas des connexions plus intimes que celles qu'offrent les Nautilides, entre les dernières phases de notre faune troisième et les faunes dévoniennes.

Si nous jetons maintenant un coup d'oeil sur la distribution verticale des Goniatites dans les faunes dévoniennes comparées, nous trouverons des contrastes, qui ne sont pas plus favorables à l'hypothèse de leur contemporanéité.

Les tableaux très-instructifs des D. D. Sandberger *(l. c. p. 434)* et du Prof. F. A. Roemer *(Palaeontogr. III. 1850)* nous montrent également, que les *grès à spirifères*, base du système dévonien, ne présentent aucune trace quelconque des Goniatites. Ce type n'apparaît que sur l'horizon des schistes de Wissenbach, superposés à ces grès, et toutes ses formes initiales, caractérisées par la suture la plus simple, appartiennent aux *Nautilini.* Ce groupe est presque exclusivement concentré dans cette formation, couronnant l'étage dévonien inférieur, car le tableau des D. D. Sandberger n'en indique aucune espèce dans l'étage moyen et une seule dans l'étage supérieur du même système.

En Bohême, le groupe des *Nautilini*, comprenant tous nos Goniatites, excepté un seul, au lieu d'être renfermé dans une formation unique, s'étend verticalement dans nos trois étages **F — G — H**. Ces étages sont eux-mêmes constitués par des dépôts puissans, et qui, d'après leur nature variée, peuvent être distingués au nombre de 5, savoir :

5. Schistes argileux sans sphéroides calcaires de . **h 1**
4. Calcaires compactes noduleux de . . . . **g 3**
3. Schistes argileux avec sphéroides calcaires ·de . **g 2**
2. Calcaires compactes noduleux de . . . . **g 1**
1. Calcaires blancs sémi-cristallins de . . . . . . **F**
(à la base).

Outre leurs différences pétrographiques, ces 5 formations sont caractérisées par autant de faunes particulières, au moins aussi contrastantes entre elles, que les faunes propres à chacun des trois grands étages dévoniens. Serait-il rationnel de faire abstraction de ces cinq faunes successives, pour prendre l'existence du groupe des *Goniatites Nautilini* comme seul indice des âges géologiques? Serait-il plausible d'admettre, d'après cette seule mesure des temps, que nos cinq bandes ou étages, renfermant ce groupe, tiennent uniquement lieu des schistes de Wissenbach? La science repousserait aujourd'hui une semblable conception, comme un aberration paléontologique.

En considérant, au contraire, la remarquable et incontestable persistance des *Nautilini*, dans les cinq formations de notre bassin, il nous semble que l'interprétation la plus naturelle consisterait à dire, que ce même groupe, après une longue existence dans la faune troisième Silurienne s'est encore propagé jusque sur l'horizon de Wissenbach, avant l'apparition de tout autre groupe du même type. L'absence jusqu'ici absolue de tout Goniatite dans les *grès à spirifères*, base extrême du terrain dévonien, constituerait dans l'existence de ce genre une simple lacune, comme celle que nous avons signalée (p. 38) durant le dépôt de notre bande calcaire **g 1**. D'ailleurs, nous trouvons une autre lacune semblable et presque absolue dans le terrain dévonien.

En effet, après la fréquence considérable des *Nautilini*, sur l'horizon des schistes de Wissenbach, les D. D. Sandberger et le Prof. F. A. Roemer nous signalent l'absence totale des Goniatites dans les schistes à *Calceola*, et la grande réduction des espèces de ce type dans les calcaires à Stringocéphales. Au contraire, on voit reparaître ce genre avec une richesse inattendue de formes nouvelles, dans l'étage dévonien supérieur, qui, pour ce motif, porte partiellement, dans certaines contrées, le nom de calcaire à Goniatites et de calcaire à Clyménies.

Mais, cette fois, le type *Goniatites*, originairement si simple et si rapproché des *Nautilus*, se ramifie en divers groupes, montrant des sutures de plus en plus compliquées. Il conserve à peine, parmi ces nouvelles formes, un représentant du groupe initial des *Nautilini*. En même temps, le genre *Bactrites* reparaît. En outre, le type *Clymenia* apparaît sur divers points de cet horizon, qu'il caractérise particulièrement, avec *Cardiola retrostriata* v. Buch.

Cette distribution verticale des Goniatites se reproduit uniformément dans toutes les contrées dévoniennes du continent, comme dans la contrée typique du Devonshire. Ainsi, dans la série verticale des étages dévoniens, la famille des Goniatites se développe d'une manière toute différente de celle que nous observons dans notre division supérieure, où nous ne voyons apparaître, ni *Bactrites*, ni *Clymenia*, ni les *Goniatites* du groupe des *crenati*, qui partout ailleurs, semblent se substituer réciproquement, selon la judicieuse observation des D. D. Sandberger *(l. c. p. 517)*.

Un pareil contraste se conçoit aisément dans des séries successives, comme celles qui constituent les deux système Silurien et dévonien, tandis qu'il paraîtrait inexplicable dans des dépôts contemporains, situés dans des contrées si rapprochées, et dont les faunes offrent d'ailleurs les connexions indiquées dans ces études.

Ainsi, les Goniatites de notre bassin contribuent à établir des relations générales entre notre faune troisième et les faunes dévoniennes, qu'ils semblent annoncer. Mais leurs apparences spécifiques et leur distribution verticale, en Bohême, tendent également à démontrer, que nos étages **F — G — H**, qui renferment ces fossiles, ne sauraient être assimilés à des horizons dévoniens.

IV. Ptéropodes.

La grande fréquence des Tentaculites dans nos bandes **g 2 — h 1** offre une remarquable analogie avec le développement que présente ce même genre en Thuringe et en Saxe, dans des formations connues sous le nom de *schistes à Tentaculites*. Ces formations étant jusqu'ici réputées dévoniennes, il en serait résulté une connexion apparente entre nos étages **G — H** et les dépôts dévoniens des contrées limitrophes de la Bohême. Mais, M. R. Richter ayant récemment découvert divers Graptolites dans les mêmes formations en Thuringe, leur origine Silurienne se trouve ainsi constatée, ainsi que leur contemporanéité relative avec notre étage **E**. Voir ci-dessus (p. 205).

Nous rappelons d'ailleurs, que dans l'Etat de N. York, il existe un dépôt calcaire à Tentaculites, vers le milieu de la hauteur occupée par la faune troisième silurienne. On sait aussi, que les mêmes fossiles se montrent, en très-grand nombre, dans l'étage de Caradoc ou Bala, c. à d. dès l'époque de la faune seconde, en Angleterre.

Ainsi, la prédominance des Tentaculites sur deux horizons **g 2 — h 1,** dans les étages que nous étudions, est un phénomène normal et répété dans la série Silurienne. Ce fait n'établit donc aucune connexion nécessaire entre nos étages **G — H** et les formations dévoniennes, également riches en Tentaculites, dans diverses contrées des bords du Rhin &c. &c.

V. Gastéropodes.

Malgré le petit nombre de Gastéropodes existant dans notre étage **G,** nous retrouvons parmi eux non seulement 5 formes de l'étage **F,** mais encore 2, dont l'origine remonte jusqu'à notre étage **E.** Ces formes établissent donc des connexions entre les premières et la dernière phase de notre faune troisième. Voir le tableau (p. 43).

La comparaison entre les Gastéropodes de l'étage **G** et leurs congénères de la période dévonienne donne lieu aux observations suivantes:

1. Malgré la surabondance du calcaire sur cet horizon, en Bohême, la classe qui nous occupe y est relativement très-peu florissante, en comparaison de la richesse qu'elle montre dans les calcaires dévoniens de l'Eifel et ailleurs.

2. Aucune espèce de Bohême ne paraît identique avec les formes dévoniennes, bien que *Loxonema devonicans*, de nos étages **F — G,** rapelle beaucoup certaines formes figurées par le Prof. Phillips. *(Pal. foss. Devon. Pl. 38.)*

3. Les espèces de notre étage **G** contrastent par la simplicité de leur surface avec celles des contrées dévo-

niennes, dont le test est fréquemment chargé d'ornemens en relief, comme celui des Céphalopodes. Ce contraste s'étend à la plupart des espèces de notre étage **F**. Cependant, parmi celles-ci, quelques unes offrent une élégante ornementation, qu'on remarque aussi d'ailleurs, dans certaines formes de notre étage **E**.

4. Le genre bizarre *Scoliostoma* M. Braun, dont les D. D. Sandberger ont décrit 5 espèces, des calcaires à Stringocéphales de Nassau, et qui semble caractériser l'étage dévonien moyen, est représenté dans notre étage **F** par une seule forme, *Scol. Bohemicum.* Elle ne reparaît pas dans notre étage **G**, qui ne possède aucune espèce de ce type. Ainsi, c'est une apparition sporadique, dans notre bassin Silurien.

5. Parmi les nombreux Capuloides recueillis dans notre division supérieure, plusieurs formes paraissent identiques, ou du moins très-intimement apparentées avec certaines espèces dévoniennes de France et d'Allemagne. Ainsi, M. de Verneuil a déjà cité notre *Capulus robustus,* comme représenté dans l'étage dévonien inférieur du Dépt. de la Sarthe, en France. *(Bullet Réun. extra. au Mans 1850.)*

Nous rappellerons aussi les espèces que le comte Münster a nommées: *Cap. canalifer,* et *Cap. trochleatus (Beitr. III. Pl. 14), Cap. Brauni major* et *Cap. nonoplectus (Beitr. V. Pl. 10).* Ces quatre formes, qui semblent la reproduction exacte de celles de notre bassin, appartiennent aux calcaires à Clyménies de Schubelhammer en Franconie, c. à d. à l'étage dévonien supérieur. Il conviendrait encore d'ajouter à cette liste diverses formes provenant de la même localité, ou de l'Eifel, et qui ont été figurées et décrites par Goldfuss. *(Petr. Germ. Pl. 167—168.)*

Mais, à l'occasion de ces *Capulus,* il est très important de remarquer, que les formes identiques ou représentatives, se trouvent dans notre étage **E** et non dans notre étage **G**. Ce fait constitue donc une véritable réapparition, dans les faunes dévoniennes, de formes appartenant à la première phase de notre faune troisième Silurienne. Au contraire, leur absence dans la dernière phase de la même faune, en Bohême, tend à établir un contraste entre nos étages **G — H** et le terrain dévonien, dont ils sont cependant plus rapprochés dans la série verticale.

En somme, la classe des Gastéropodes rattache notre étage **G** aux étages inférieurs **E — F** de la même division, sans établir entre ce même étage **G** et les faunes dévoniennes, une connexion comparable à celle que nous venons de signaler entre ces dernières et la première phase de notre faune troisième.

VI. Brachiopodes.

Parmi les 32 espèces de l'étage **G**, que nous énumérons dans le tableau (p. 45) on voit que 20 avaient déjà existé dans l'étage **F**, et que 8 avaient antérieurement apparu dans l'étage **E**. Ces chiffres, comparés au nombre total, établissent une forte connexion entre les trois phases successives de notre faune troisième, car il ne reste en tout que 11 espèces, paraissant exclusivement dans notre étage **G**.

Nous ferons remarquer que, parmi les deux espèces trouvées dans notre étage **H**, *Lingula cornea*, caractérise en Angleterre l'étage supérieur de Ludlow et les *Passage beds*, c. à d. la limite supérieure des dépôts siluriens. Nous rappelons qu'elle est associée en Bohême avec *Cardiola retrostriata*, qui caractérise, à son tour, l'étage dévonien supérieur, sur le continent Européen. On dirait donc que deux extrêmes se touchent sur cet horizon **h 1**, cependant si pauvre en fossiles.

Si nous cherchons maintenant les connexions fournies par les Brachiopodes, entre notre étage **G** et le terrain dévonien, nous voyons seulement deux espèces communes savoir: *Leptaena Phillipsi* Barr. citée par M. de Verneuil comme observée par lui en France et en Espagne; puis *Rhynchonella princeps* Barr., qui paraît se retrouver dans la première contrée, et peut-être dans d'autres. Mais, tandis que cette espèce se propage dans des régions dévoniennes, étrangères, après avoir pullulé dans notre étage **F**, elle est à peine représentée par de très-rares individus dans notre étage **G**, et seulement dans la bande inférieure **g 1**. Voici maintenant deux autres faits en harmonie avec cette observation:

1. *Spirigerina reticularis*, qui abonde dans tous les bassins dévoniens, et qui se trouve très-fréquemment dans nos étages **E — F**, devient si rare dans notre étage **G**, que nous n'en avons rencontré jusqu'ici qu'un seul exemplaire dans **g 1**, et jamais aucun, ni dans **g 2**, ni dans **g 3**; ni dans notre étage **H**.

2. *Strophomena depressa* manque complètement dans ces mêmes étages, quoiqu'elle se trouve souvent dans nos étages **E — F**, comme aussi dans les faunes dévoniennes, sur les deux continents.

Ainsi, la classe des Brachiopodes dans nos étages **G — H** se distingue à la fois par ses connexions multiples avec les deux premières phases de la faune troisième Silurienne en Bohême, et par l'absence ou l'extrême rareté de deux espèces cosmopolites, partout connues comme communes aux périodes silurienne et dévonienne. Cette absence est, il est vrai, un phénomène purement négatif, mais cependant très-remarquable, parce que notre étage **F** présente, outre les deux espèces en question, diverses autres formes qui se retrouvent ailleurs dans les dépôts dévoniens, savoir:

	Etages dévoniens		
	I.	II.	III.
Pentam. optatus . . . . . Barr.	+	.	.
Pentam. acutolobatus . . . Sandb.	.	+	'
Pentam. galeatus . . . . . Dalm.	+	.	.
Strophomena Bouei . . . . Barr.	+	.	.
Strophomena Bohemica . . Barr.	+	.	.
Orthis Gervillei . . . . . . Barr.	+	.	.
Cyrtia heteroclyta . . . . de Fr. sp.	+	.	.
Rhynchonella Eucharis . . Barr.	+	.	.
Rhynchonella princeps . . Barr.	+	.	.
Retzia Haidingeri . . . . . Barr.	+	.	.
Leptaena Phillipsi . . . . . Barr.	+	.	.

Les trois premières espèces citées existent comme on sait dans la contrée des bords du Rhin, et toutes les autres dans le Nord-Ouest de la France, selon le catalogue dressé en 1850 par M. de Verneuil. (*Bull. Réun. extra. au Mans.*)

Ainsi, la classe des Brachiopodes, comme la famille des Capuloides citée ci-dessus, nous conduit à constater ce fait très bizarre, qu'il y a plus de réapparitions d'espèces de notre étage **F** que de notre étage **G**, dans les bassins dévoniens des contrées étrangères.

Enfin, le contraste entre les Brachiopodes dévoniens et ceux de nos étages **G** — **H** se trouve encore rehaussé par cette observation, qu'il n'existe, ni dans ces deux étages, ni dans les étages sous jacens **F** — **E**, aucune forme qui représente les spirifères et Térébratules à grandes ailes, ni les espèces à petits plis, si caractéristiques de l'étage dévonien inférieur, en Angleterre, comme sur le continent. De même, toute trace du genre *Productus* manque dans notre bassin.

La classe des Brachiopodes étant celle qui établit les plus fréquentes connexions entre les formations, soit dans le sens horizontal, soit dans le sens vertical, le manque presque complet d'espèces identiques, et même de formes représentatives, entre nos étages **G — H** et les faunes dévoniennes, acquiert une grande importance dans les études qui nous occupent.

VII. Acéphalés.

L'étude des espèces de cette classe, recueillies dans notre bassin, n'est pas encore assez avancée, pour que nous puissions bien saisir tous les rapports de détail qu'elles peuvent offrir avec les faunes étrangères. Cependant, nous pouvons, dès aujourd'hui, signaler à ce sujet quelques faits de nature à dominer les observations quelconques, qui nous seraient suggérées plus tard par l'étude particulière des formes spécifiques.

1. On remarquera sur notre tableau (p. 48) qu'il n'y a que deux formes communes à nos étages contigus **F—G**, savoir, *Pleurorhyncus longulus* Barr. et *Avicula pollens* Barr. Une autre espèce, à laquelle nous allons revenir tout à l'heure, après avoir apparu, comme en passant, dans notre étage **E**, reparaît à la base de notre étage **H**. La propagation verticale des Acéphalés dans les 4 étages de notre division supérieure étant réduite à ces 3 espèces, on voit que cette classe ne peut pas servir à établir, entre la première et la dernière phase de notre faune troisième, des connexions comparables à celles que nous offre la classe des Céphalopodes, et que nous venons d'exposer.

Ne pouvant apprécier que partiellement les relations que peuvent fournir les Acéphalés entre les étages **G—H** de notre bassin et les régions dévoniennes, nous nous bornerons à signaler quelques faits importants.

2. Parmi les Acéphalés éminemment dévoniens, on doit remarquer celui que notre maître et ami, M. de Verneuil, a nommé *Grammysia Hamiltonensis*. Cette espèce, très-répandue dans les mers, durant le dépôt des deux étages inférieur et moyen de la période dévonienne, a été recueillie en Espagne, en France et sur les bords du Rhin, comme dans l'Etat de N. York. Or, ni cette espèce, ni aucune autre forme de ce genre, n'a été observée jusqu'ici dans notre bassin, tandis que le catalogue de la *Siluria* énumère cinq espèces Siluriennes, dont quatre caractérisent l'étage de Ludlow, en Angleterre.

3. En opposition avec ce fait négatif, nous avons découvert, dans notre bassin Silurien, une espèce considérée comme bien plus caractéristique que *Gramm. Hamiltonensis*, pour les terrains dévoniens du continent Européen. C'est celle qui porte les noms de *Cardiola retrostriata* v. Buch sp. ou de *Cardium palmatum* Goldf., et dont l'existence a été constatée dans presque toutes les contrées où l'on a reconnu l'étage dévonien supérieur. Nous citerons, d'après les D. D. Sandberger: Le pays de Nassau, l'Eifel, la Belgique, la Westphalie, la Hesse, le Fichtelgebirge, la Silésie, le midi de la France, et les bords de l'Uchta, en Sibérie *(l. c. p. 515)*.

Voici maintenant pourquoi notre découverte mérite toute l'attention des savans.

C'est que, *Cardiola retrostriata* a réellement fait deux apparitions sporadiques dans notre faune troisième. Elle se montre d'abord dans la bande **e 2**, c. à d. dans la partie la plus élevée de notre étage **E**, au milieu des nombreux Céphalopodes, qui prédominent dans cette formation calcaire. Mais elle semble jusqu'ici extrémement rare sur cet horizon, au dessus duquel nous perdons complètement ses traces, dans toute la hauteur verticale de nos deux étages **F — G**.

Après cette longue intermittence, mesurée par une épaisseur de 400 à 500 mètres de dépôts, presque tous calcaires, *Cardiola retrostriata* reparaît dans les schistes argileux constituant la bande **h 1**, base de notre étage **H**. Sans être fréquens sur ce second horizon, les exemplaires de cette espèce n'y sont pas très-rares, et nous avons pu en recueillir, de nos propres mains, durant nos excursions, dans les deux localités de Holin et de Hostin, signalées ci-dessus (p. 17).

On sait que cette espèce si répandue présente diverses variétés, que les D. D. Sandberger ont distinguées par les 4 noms suivans: *acuticosta, typus, angulifera, tenuicosta* (l. c. p. 270). Or, les individus de notre bassin Silurien, quelque éloignés qu'ils soient de leurs successeurs dévoniens, dans la série des âges, se rangent cependant très-naturellement, dans deux de ces quatre variétés.

Le spécimen unique et incomplet, qui provient de notre étage **E**, représente par sa taille et ses stries en chevrons, sur chaque côte, la variété *angulifera*, figurée sous le nom de *Cardium anguliferum* par le Prof. F. A. Roemer, dans son mémoire de 1850 sur le Harz. *(Palaeontgr. III Pl. 4 fig. 12.)* Seulement, l'angle des chevrons est moins obtus dans la forme de Bohême. Cette variété devient, par rang d'ancienneté, le type primitif de l'espèce. Il est à remarquer, qu'elle possède la plus grande taille connue; phénomène que nous observons dans diverses formes anciennes, par rapport aux formes plus récentes, comme dans les Cythérinides de notre bassin, mentionnées ci-dessus (p. 241).

Si la découverte de plus nombreux et plus complets exemplaires venait nous montrer, que c'est une forme représentative de *Card. retrostriata*, et non absolument identique avec celle-ci, les considérations que nous présentons auraient à peine besoin d'être modifiées.

Les exemplaires plus nombreux qui se trouvent dans notre bande **h 1**, offrent *tous*, au contraire, des arcs au lieu de chevrons, sur leurs côtes, et doivent, par conséquent, être considérés comme appartenant à la variété dite *typus* par les D. D. Sandberger, et figurée par le Comte Keyserling. *(Petschora Pl. II fig. 2.)* Cependant, nos spécimens de Holin et de Hostin ont une taille beaucoup plus grande que celle qu'indique la figure citée, mais un peu moindre que la taille des individus de notre étage **E**; fait en harmonie avec l'observation qui précède.

L'identité spécifique étant ainsi établie, comment devons-nous interpréter la présence de *Cardiola retrostriata* dans notre bassin?

A l'époque de la première apparition dans notre étage **E**, c. à d. au milieu de la phalange la plus serrée que l'on connaisse des formes siluriennes, les rares individus de cette célèbre *Cardiola* ne sauraient être considérés, que comme des avant-coureurs isolés et précédant de fort loin une faune qui doit suivre, et dans laquelle leurs arrière descendants doivent jouer un des premiers rôles.

La même interprétation doit s'appliquer aussi à la seconde apparition de *Cardiola retrostriata*, dans notre bande **h 1**. En effet, cette formation renferme uniquement les derniers représentans de la dernière phase de notre faune troisième; phase dans laquelle tous les Goniatites appartiennent au groupe initial des *Nautilini*, à l'exclusion de tous les autres groupes. Au contraire, partout où cette même espèce reparaît dans l'étage dévonien supérieur, les *Nautilini* ont à peu près disparu et ils sont remplacés par d'autres groupes prédominans du même type.

Ce contraste entre les Goniatites associés à *Cardiola retrostriata* nous indique suffisamment deux époques, très-distinctes. Mais, puisque *les Nautilini* sont les formes primitives du genre *Goniatites*, l'horizon **h 1** où ils se trouvent seuls avec cette *Cardiola*, est évidemment le plus ancien. Ainsi, la seconde apparition de cette espèce, en Bohême, est encore de beaucoup antérieure à l'époque de son grand développement, au milieu des groupes variés des *Goniatites* et des *Clymenia*, c. à d. dans l'étage dévonien supérieur. On doit donc encore regarder *Card. retrostriata* dans notre bande **h 1**, comme continuant son rôle d'avant-coureur.

Nous rappelons *Pleurod. Lonsdalei* découvert par M. Richter dans la zone des Graptolites, et qui est peut-être identique avec le type dévonien, *Pleurod. problematicum*. Ce fait est analogue à l'apparition de *Card. retrostriata* dans notre bassin. Voir ci-dessus (p. 205).

Enfin, si l'on accordait à un élément paléontologique, isolé, le privilège de déterminer une époque absolue dans la série des âges, la présence de *Cardiola retrostriata* dans la bande **h 1** placerait nécessairement cette formation sur l'horizon de l'étage dévonien supérieur, qu'on a supposé caractérisé par cette espèce, dans toute l'Europe.

En même temps, l'existence des *Nautilini* dans la même bande **h 1**, coincidant avec l'absence absolue de tous les autres groupes du même genre, ainsi que du type *Clymenia*, nous obligerait, avec autant de raison, à assigner à cette bande l'horizon de l'étage dévonien inférieur, c. à d. celui des schistes de Wissenbach, caractérisés par le même groupe du genre *Goniatites*.

Nous ne pouvons échapper à des conclusions si discordantes, qu'en considérant *Cardiola restrostriata* comme un avant-coureur, tout aussi bien dans notre étage **H**, que dans notre étage **E**, que personne ne songera à placer au niveau de l'étage dévonien supérieur, parce qu'il renferme comme lui ce remarquable fossile, ou une forme représentative.

N. B. Les Bryozoaires ne sont pas mentionnés dans cette revue, parce que nous ne connaissons pas d'une manière certaine leur existence dans nos deux étages **G—H**, tandis qu'ils sont représentés par de très-nombreuses espèces dans le deux étages **E—F**, sous jacens, de notre division supérieure.

VIII. Radiaires.

L'embranchement tout entier des animaux rayonnés, après avoir fourni de nombreuses formes dans nos étages **E—F**, est à peine représenté dans nos étages **G—H**.

Les Crinoides, dont les débris sont très-répandus dans les deux étages calcaires inférieurs **E—F**, et composent presque entièrement certaines couches dans chacun d'eux, n'ont laissé que des traces très-rares, dans les bandes **g 1** et **g 2**. Nous en avons encore moins observé dans la bande **g 3** et dans l'étage **H**. Ce fait contraste avec le grand développement des calcaires, constituant la majeure partie de l'étage **G**.

Les mêmes observations s'appliquent également aux Polypiers, représentés dans l'étage **G** par quelques espèces énumerées sur notre tableau (p. 51). Ces espèces, à l'exception de *Petraia Bohemica*, ne fournissent que de rares individus. Selon toute apparence, cette forme de *Petraia* serait la même que nous trouvons dans les étages calcaires **E—F**, où elle n'est pas plus prolifique que dans l'étage **G**.

Ces élémens sont trop restreints pour nous indiquer des connexions distinctes, soit avec les faunes Siluriennes, soit avec les faunes dévoniennes.

IX. Végétaux.

Les seules traces de nature végétale, que nous connaissons dans nos étages **G—H**, sont des fucoides, principalement représentés par *Fuc. Hostinensis* Barr. Cette espèce, très-caractérisée par ses rameaux dichotomes et par les apparences d'une grande ténuité dans son *écorce*, nous semble avoir joui en Bohême d'une existence extrêmement prolongée, quoique intermittente. Nous trouvons ses premières traces dans les schistes noirs de la bande **d 3**, sur les côteaux de Winice et de Ptak, près Béraun. Elles sont associées avec *Trinucleus ornatus* et autres Trilobites caractéristiques de la faune seconde.

La bande **d 4** ne nous offre aucun vestige de ce fossile. D'autres traces moins nettes reparaissent dans la bande **d 5**, à Koenigshof près Béraun, et à Nussle près Prague.

Nous les retrouvons très bien caractérisées dans la colonie de Branik avec des Graptolites, c. à d. encore dans la hauteur de la même bande **d 5**, couronnant notre étage **D**.

La masse des schistes à Graptolites, c. à d. la bande **e 1**, constituant la base de notre étage **E**, est dépourvue de tout vestige de l'espèce qui nous occupe. Mais, vers le sommet de la même bande **e 1**; *Fuc. Hostinensis* reparaît avec toutes ses apparences, dans les couches schisteuses et calcaires, développées entre Lodenitz et St. Ivan. Il y est associé avec les derniers Graptolites, et avec divers Trilobites, caractéristiques de cet horizon, décrit ci-dessus (p. 135). Il disparaît complètement durant le dépôt des puissantes masses calcaires, qui forment la partie supérieure de l'étage **E**, c. à d. la bande **e 2**, tout l'étage **F**, et la bande **g 1**.

Il reparaît en assez grand nombre d'individus dans la bande schisteuse **g 2**, et se montre aussi dans la bande **g 3**, non dans les couches calcaires, qui en forment la masse principale, mais dans quelques couches schisteuses intercalées. Nous le retrouvons plus haut, avec une nouvelle fréquence, dans les schistes de la bande **h 1**, à Hostin, Hlubočep, Chotecz et autres localités. Enfin, il disparaît pour toujours au dessus de la bande **h 1**, c. à d. sur l'horizon où les quartzites commencent à alterner avec les couches schisteuses, dans la bande **h 2**.

Ainsi, les apparitions intermittentes et à longs intervalles, de *Fuc. Hostinensis*, dans notre bassin, semblent subordonnées à certains dépôts argileux, tandis que les intervalles durant lesquels il a disparu, correspondent au dépôt des roches quartzeuses ou calcaires.

Dans tous les cas, ce fucoide établit une évidente connexion entre nos étages **G—H** et les horizons sous jacens, soit de notre faune troisième, soit même de notre faune seconde.

Nous ajouterons, que la surface des lits minces de quartzite impur de la bande **h 2**, nous montre dans diverses localités, des formes fucoidales, qui sont très-semblables à celles qu'on observe sur les quartzites de la bande **d 5**, couronnant notre étage **D**.

Nous ne connaissons pas de fucoides dévoniens qui offrent les mêmes apparences que *Fuc. Hostinensis*.

Ainsi, les restes de nature végétale, qu'offrent nos étages supérieurs **G—H**, tendent à les relier avec nos étages inférieurs, sans établir aucune connexion avec la flore du terrain dévonien.

X. Résumé du chapitre cinquième.

Les résultats des études exposées dans ce chapitre peuvent être formulés en peu de mots comme il suit:

Poissons. Nos étages **F — G** présentent, il est vrai, les rares avant-coureurs des genres *Asterolepis, Coccosteus* et *Ctenacanthus,* qui se développent dans les faunes dévoniennes. Mais, comme ils ne fournissent aucune espèce commune entre notre bassin et les terrains dévoniens, les connexions établies par ces trois types sont de même nature que celles qui sont fondées sur la propagation verticale des genres de Crustacés, de Céphalopodes &c., dont la première apparition remonte à la période Silurienne.

Les autres genres de poissons énumérés dans le tableau de la *Siluria (p. 432, 1859)* comme caractéristiques des divers étages dévoniens, manquent totalement en Bohême.

Puisque divers genres de poissons ont existé durant le dépôt des *bonebeds* de Ludlow, c. à d. dans les couches inséparables du système Silurien, la présence de types différents de la même classe, dans nos étages **F — G**, ne saurait contrebalancer, ni affaiblir les fortes affinités qui les relient à ce même système, et qui sont fournies par les autres classes de fossiles.

Trilobites. Si le grand développement de cette famille doit continuer à être considéré comme caractérisant la période Silurienne, nous avons montré ci-dessus par des chiffres (p. 271), non seulement que notre faune troisième, dans son ensemble, est la *plus Silurienne* de toutes les faunes contemporaines, connues sur le globe, mais encore que sa dernière phase, renfermée dans notre étage **G**, présente à un haut degré le même caractère. En outre, quoique tous les types des Trilobites dévoniers aient fait leur première apparition dans les dépôts Siluriens, il n'existe réellement aucune espèce dont l'identité ait été complètement constatée dans notre bassin et dans le terrain dévonien. Mais nous connaissons dans l'un et l'autre diverses espèces représentatives.

Enfin, la présence du genre *Calymene* jusque dans notre étage **G**, la prédominance sur ce même horizon des *Bronteus* et des *Dalmanites* du groupe de *Dalm. Hausmanni*, sans aucune trace du groupe de *Cryphaeus*, complètent la différence entre les faunes dévoniennes et la dernière phase de notre faune troisième.

Céphalopodes. La bande supérieure de notre étage **G**, étant caractérisée par une grande variété de formes de cette classe, la discussion détaillée de chaque genre nous a conduit aux résultats suivans :

1. Les Nautilides relient intimement la bande **g 3** à notre étage **E**, c. à d. à la première phase de notre faune troisième, non seulement par la réapparition des deux types très-caractéristiques *Gomphoceras* et *Phragmoceras*, mais encore par celle de diverses espèces identiques, dont l'une de ce dernier genre, et les autres du genre *Orthoceras*.

2. Malgré les analogies que nous avons signalées entre notre faune troisième et les faunes dévoniennes, nous ne connaissons aucune espèce de Nautilides qui soit commune entre elles. Mais elles possèdent diverses formes représentatives.

3. Nous avons aussi fait remarquer, que la plupart des analogies mentionnées tendraient à établir des connexions entre les faunes dévoniennes et la première phase de notre faune troisième, renfermée dans notre étage **E**, plutôt qu'avec la dernière phase représentée dans notre étage **G**. Ce contraste deviendrait encore bien plus frap-

pant, si on admettait avec M. M. Sandberger, Geinitz et Guembel, que les calcaires d'Elbersreuth, appartiennent au terrain dévonien, car ces calcaires contiennent *Orthoc. striatopunctatum* et divers autres Orthocères , *Cardiola interrupta, Card. spurius,* et autres formes très-caractéristiques de notre étage calcaire inférieur **E.**

4. L'apparition dans nos étages **F — G — H** du genre *Goniatites,* jadis supposé exclusivement dévonien, est simplement un fait nouveau, en parfaite harmonie avec tant d'autres faits, constatant que la plupart des .types de l'ère paléozoïque ont apparu sur un horizon plus ou moins profondément placé dans les dépôts Siluriens. A cette occasion, nous avons signalé l'apparition sporadique du genre *Bactrites,* de la même famille des *Goniatides,* dans notre bande **d 1,** c. à d. dans la première phase de notre faune seconde.

5. Les *Goniatites* de notre bassin appartiennent tous, excepté un seul, au groupe des *Nautilini,* offrant les formes les plus simples de ce type. Ils sont inégalement distribués dans nos trois étages **F — G — H,** avec une intermittence marquée dans la bande **g 1.** D'un autre côté, les espèces dévoniennes du même groupe sont presque toutes concentrées dans les schistes de Wissenbach, c. à d. sur un horizon peu élevé au dessus de la base de ce système. Nous avons montré, combien il serait peu rationnel de supposer, que ces schistes sont un équivalent géologique pour les trois étages supérieurs de la Bohême, caractérisés par des faunes distinctes.

6. Malgré les analogies très-apparentes entre nos Goniatites et certaines formes des schistes de Wissenbach, nous n'avons constaté aucune identité entre les espèces Siluriennes et les espèces dévoniennes.

Ainsi, les deux familles des Nautilides et des Goniatides, tout en offrant de notables analogies, par leurs formes génériques et spécifiques, ne fournissent aucune identité, qui puisse être invoquée comme un signe de contemporanéité, entre la faune des étages supérieurs **G — H** de notre bassin et les faunes dévoniennes.

Ptéropodes. Dans le nombre peu considérable des espèces de cette classe, qui se trouvent dans nos étages **G — H**, il y en a cependant trois qui avaient déjà apparu dans les étages inférieurs **E — F**, et qui constituent une liaison avec les premières phases de notre faune troisième. Au contraire, aucune des espèces qui existent dans nos étages **G — H** ne se retrouve dans les faunes dévoniennes. Ainsi, les Ptéropodes tendent à rattacher nos étages supérieurs aux étages inférieurs, c. à d. à la période Silurienne.

L'abondance des Tentaculites dans nos bandes **g 2 — h 1** est un phénomène normal, dans les dépôts de cette même période, et n'est pas nécessairement l'indice de la période dévonienne.

Gastéropodes. Cette classe, bien que faiblement représentée dans nos étages supérieurs, rattache cependant leur faune à celle de nos étages inférieurs, par quelques espèces identiques. Elle ne fournit, au contraire, aucune forme commune à notre étage **G** et aux faunes dévoniennes, tandis que nous connaissons, dans ces dernières, plusieurs espèces qui semblent reproduire presque identiquement celles qui caractérisent notre étage calcaire inférieur **E**, surtout parmi les Capuloides.

Brachiopodes. Parmi les 32 espèces de cette classe, qui existent dans notre étage **G**, il s'en trouve environ $^2/_3$ qui lui sont communes avec nos étages inférieurs **E — F**. La forte connexion qui en résulte contraste avec ce fait, que nous connaisons à peine un couple d'espèces communes à l'étage supérieur **G** et aux faunes dévoniennes. Ce contraste devient encore plus remarquable si l'on considère, que notre étage **F** renferme, au contraire, 13 espèces regardées comme identiques avec des formes qui reparaissent dans les divers étages dévoniens.

Les Brachiopodes à grandes ailes et à petits plis, si caractéristiques de l'étage dévonien inférieur, sont inconnus dans notre bassin, ce qui établit encore un nouveau contraste.

Notre étage **H** fournit un Brachiopode, *Ling. cornea*, caractéristique des couches supérieures de Ludlow, mais bizarrement associée dans notre bande **h 1**, avec *Cardiola retrostriata*, également caractéristique de l'étage dévonien le plus élevé. Cette coexistence inattendue mérite d'être remarquée.

Acéphalés. Cette classe, représentée seulement par 28 espèces dans nos étages **G — H**, n'en offre que 3 communes avec notre étage **F**, et une autre qui avait déjà apparu sporadiquement dans notre étage **E**.

Cette dernière espèce mérite toute notre attention. C'est *Cardiola retrostriata* v. Buch sp. qui joue ici un double rôle. En effet, elle établit une remarquable connexion, d'un côté, entre la première et la dernière phase de notre faune troisième, et de l'autre côté, entre cette phase dernière Silurienne et la dernière phase de la faune dévonienne, pour laquelle elle a été considérée comme exclusivement caractéristique. En perdant aujourd'hui ce privilège temporaire, elle acquiert celui de relier largement les deux systèmes Silurien et dévonien.

Radiaires. Les étages **G** et **H** contiennent un si petit nombre de formes, soit de polypiers, soit d'encrines, qu'on ne peut en déduire aucune connexion notable, ni avec les faunes siluriennes ni avec les faunes dévoniennes. Cependant, on doit être frappé de la pauvreté de nos masses calcaires **g 1 - g 3** en fossiles de ces deux classes, en comparaison de la richesse connue des calcaires de l'Eifel et des autres contrées dévoniennes.

Végétaux. Tandis que les dépôts dévoniens de la Thuringe, studieusement explorés par M. le Doct. R. Richter, lui ont offert les restes d'une flore terrestre très-remarquable et décrite par M. le Prof. Unger, notre division supérieure ne paraît renfermer, comme notre division inférieure, que des empreintes de fucoides. Une seule espèce, *Fuc. Hostinensis*, mérite l'attention dans nos étages **G—H**, parce qu'elle a déjà paru dans plusieurs formations schisteuses de notre bassin, à partir de notre étage des quartzites **D**. Elle établit donc une connexion intermittente, mais de longue durée, entre notre faune seconde et notre faune troisième tout entière.

En somme, les résultats auxquels nous parvenons par nos études concourent tous à démontrer que:

1. La dernière phase de notre faune troisième Silurienne, ensevelie dans nos étages supérieurs **G — H**, est plus ou moins fortement reliée par toutes les classes de fossiles aux phases antérieures de la même faune, renfermées dans nos étages **E — F**, sous-jacens.

2. Malgré certaines connexions générales, entre les mêmes étages supérieurs **G — H** de notre bassin, et les trois grands étages dévoniens, il n'existe entre les faunes de ces formations aucune affinité de telle nature, qu'on puisse les considérer comme représentant, sous diverses apparences, des dépôts contemporains.

Afin de confirmer ces conclusions d'une manière complètement indépendante de nos vues ou préoccupations personnelles, nous croyons utile de reproduire ici le tableau des genres et espèces caractéristiques des trois étages dévoniens, tel qu'il a été donné en 1859, par notre illustre maître et ami Sir. Rod. Murchison, dans sa *Siluria* *(p. 432)*. Nous désignons dans cette liste, par des caractères plus forts, les types et les formes spécifiques, qui ont été observés dans notre division supérieure, dont tous les étages et subdivisions principales sont indiqués sur la même feuille.

Les élémens paléontologiques quelconques, énumérés dans ce tableau par Sir Rod. Murchison comme caractéristiques de la série dévonienne et respectivement de chacun de ses trois grands étages, sont au nombre de 37. Il serait indifférent pour notre but de les distinguer par familles, genres et espèces. On pourra remarquer, que diverses formes éminemment dévoniennes, comme *Spirif. Verneuili* &c. pouraient être ajoutés à cette liste et contribueraient à rendre plus frappant le contraste qu'elle établit.

En effet, ce tableau montre que, parmi les 37 élémens essentiellement dévoniens, aux yeux de notre maître, il n'y en a que 4, qui existent dans notre bassin, savoir:

1. Cardiola retrostriata.
2. Goniatites.
3. Coccosteus.
4. Asterolepis.

Le premier est une espèce identique, et les 3 autres sont autant de types génériques, communs à notre faune troisième et aux faunes dévoniennes.

Nous n'avons pas besoin de rappeler aux savans, que les connexions établies par les genres, entre les dépôts superposés, dans la série paléozoique, ne sauraient avoir qu'une valeur secondaire, puisque le Système Silurien se manifeste de plus en plus comme la période de l'apparition des types. Par conséquent, il n'existe réellement qu'un seul élément paléontologique de *haute valeur*, qui soit commun à notre bassin et au terrain dévonien. C'est *Cardiola retrostriata*, que les considérations exposées ci-dessus (p. 301) nous induisent à regarder comme un avant-coureur isolé des faunes dévoniennes. Nous attribuons une *haute valeur* à ce fossile, d'après l'importance qui lui a été accordée jusqu'à ce jour, mais qu'il ne saurait conserver intacte à l'avenir.

Voici le tableau emprunté à la *Siluria*.

Fossiles caractéristiques des trois grands étages Dévoniens, d'après la Siluria 1859 (p. 432).

Nr.		E 1	E 2	F 1	F 2	G 1	G 2	G 3	H 1	H 2	H 3	Observations
	Etage supérieur Dévonien.											
1	Telerpeton Elginense Mant.											
2	Holoptychius Flemingi Ag.											
3	Dendrodus . . . . Owen.											
4	Asterolepis minor (Pte-richthys) . . . . Ag. Sp.											
5	Onchus . . . . . Ag.											
6	Glyptopomus minor . Ag.											
7	Spirifer Urii . . . . Flem.											
8	Athyris concentrica v. Buch.											
9	**Cardiola retrostriata** (Cardium palmatum) v. Buch.		+						+			{ Espèce identique en Bohème.
10	Clymenia . . . . Müust.											
11	**Goniatites** . . . Haan.				5	2	1	14	1			Espèces différentes.
12	Phac. latifrons . . . Bronn.											
13	Cypridina serratostriata Sandb.											
14	Knorria.											
	Etage moyen Dévonien.											
15	**Coccosteus** . . . Ag.				1	1						Espèces différentes.
16	**Asterolepis** . . . . Eichw.					1						Espèces différentes.
17	Diplopterus . . . . Ag.											
18	Dipterus . . . . Val. Peutl.											
19	Holoptychius nobilissimus Ag.											
20	Calceola sandalina . Lam.											
21	Stringocephalus Burtini Defr.											
22	Spirifer speciosus . . Schlot.											
23	Megalodon cucullatus Sow.											
24	Bronteus flabellifer . Goldf.											
25	Phac. latifrons . . . Bronn.											
26	Phac. macrocephalus Goldf.											

Nr.		E		F		G			H			Observations
		1	2	1	2	1	2	3	1	2	3	
	Etage inférieur Dévonien.											
27	Cephalaspis Lyelli . . Ag.											
28	Ceph. Salweyi											
29	Pteraspis Lloydii											
30	Pter. rostratus											
31	Onchus . . . . . . Ag.											
32	Orthis Murchisoni . A. V.											
33	Spirifer macropterus Goldf.											
34	Grammysia Hamilto- nensis . . . . Vern.											
35	Bactrites gracilis . . Sandb.											
36	Dalmanites laciniatus Roem.											
37	Pleurodictyum proble- maticum . . . . Goldf.											

XI. Conclusions finales de cette étude sur nos étages G — H.

Toutes les considérations qui précèdent nous conduisent aux conclusions finales qui suivent:

1. *Sous le rapport des connexions génériques*, nos étages **G** — **H** ne sont pas plus étroitement liés aux faunes dévoniennes que les étages quelconques des autres contrées Siluriennes, où la faune troisième parait offrir un moindre développement vertical et être presque réduite à sa première phase, d'après les observations exposées dans le Chap. 4.

Si ces deux étages de Bohême renferment le genre *Goniatites*, qu'on ne rencontre pas dans les étages Siluriens comparés, ceux-ci possèdent, par compensation, divers genres de poissons et autres types, *Calceola*, *Grammysia*, *Pleurodictyum* &c. qui occupent aussi un rang distingué parmi les fossiles dévoniens, et qui manquent complètement dans notre terrain Silurien.

2. *Sous le rapport des connexions spécifiques*, ces mêmes étages supérieurs de la Bohême **G — H**, offrent moins de formes identiques avec les formes dévoniennes, et moins de formes représentatives, que les étages inférieurs **E — F** de notre division supérieure.

Ainsi, nos recherches nous conduisent à cette conclusion d'apparence paradoxale, que notre faune troisième, durant sa phase dernière et la plus rapprochée des faunes dévoniennes, présente de moins fortes connexions avec celles-ci, que pendant ses phases antérieures et verticalement plus éloignées des dépôts dévoniens.

3. Les études qui précèdent montrent, au contraire, que chacune des classes de fossiles présente un nombre plus ou moins considérable de connexions spécifiques, sans compter les constantes connexions génériques, entre nos **E — F** et nos étages supérieurs **G — H**.

4. Ainsi, au point de vue paléontologique, nos étages **G — H** conservent complétement le caractère silurien et ils ne sont liés avec les étages dévoniens que par les connexions habituelles, qui se manifestent durant une période géologique pour annoncer la période suivante.

Nous sommes heureux de pouvoir appliquer, en cette circonstance, le principe général si nettement formulé par un illustre naturaliste Américain:

„Le commencement d'un âge se trouvera dans le milieu d'un âge précédent, et les signes de l'avenir qui se dispose à paraître, doivent être considérés comme prophétisant cet avenir." (Dana. *Man. of. Geol.* p. 126, 1863.)

Seconde Partie.

Application spéciale de cette étude aux environs de Hlubočep.

Introduction.

L'argument anticolonial que M. M. Krejči et Lipold ont fondé sur les apparences stratigraphiques de nos étages, aux environs de Hlubočep, peut se formuler comme il suit:

1. *à Hlubočep il existe des dislocations évidentes dans les étages* **G** *et* **H**.

2. *Ces dislocations ont produit une intercalation mécanique des schistes de* **H** *entre les calcaires de* **G**, *offrant des apparences en tout semblables à celles des Colonies.*

3. *Les colonies s'expliquent donc naturellement par de simples dislocations et intercalations mécaniques.*

A ces assertions, nous opposons autant d'assertions diamétralement contraires et dont cette étude démontrera l'exactitude.

1. L'existence des dislocations, soi-disant évidentes aux yeux de nos adversaires, dans les étages **G** et **H** près de Hlubočep, est uniquement fondée sur leurs erreurs et

sur l'insuffisance de leurs observations. Abstraction faite du pli synclinal depuis longtemps signalé par nous sur l'axe du bassin et du pli anticlinal que nous indiquons aujourd'hui dans la masse des hauteurs de Divči Hrady et qui n'a pas été observé par nos contradicteurs, les prétendues dislocations et leurs effets supposés sont également imaginaires.

2. Les environs de Hlubočep ne présentent aucune intercalation quelconque des schistes de **H**, entre les calcaires de **G**. Cette localité nous montre, au contraire, de chaque côté de l'axe synclinal du vallon, la série régulière et symétrique des formations de nos étages **G** et **H**, sans aucune apparence *d'origine mécanique*, qui reproduise les alternances stratigraphiques et paléontologiques de nos colonies.

3. La série des formations superposées près de Hlubočep dérive uniquement d'une origine purement sédimentaire et normale, indépendante de toute dislocation du terrain. Bien que ces formations ne présentent aucune combinaison coloniale proprement dite, elles constituent un grand ensemble de phénomènes stratigraphiques, pétrographiques et paléontologiques, qui doivent nous aider à mieux comprendre ceux qui ont produit les apparentes anomalies auxquelles nous avons donné le nom de Colonies. Nous invoquerons donc la localité de Hlubočep, à l'appui de notre doctrine.

Pour démontrer nos assertions, voici l'ordre que nous suivrons dans cette étude:

Nous reproduirons d'abord tous les textes et documens par lesquels M. M. Krejči et Lipold ont formulé leur interprétation des apparences géologiques, aux environs de Hlubočep. Chap. VI.

Nous établirons un parallèle détaillé, entre les documens publiés par nos contradicteurs et nos propres observations sur les environs de Hlubočep, afin de signaler une à une toutes leurs erreurs et omissions. Nous décrirons notre section au droit de ce village et une autre section au droit de Holin. Chap. VII.

Après avoir rétabli la vérité géologique, également méconnue par M. M. Lipold et Krejči, nous rétablirons de même la vérité historique, oubliée par M. Krejči, en ce qui touche Hlubočep, dans ses publications de 1862. Chap. VIII.

Enfin, nous formulerons les importantes conclusions, qui dérivent de l'étude des environs de Hlubočep, en faveur de notre doctrine des Colonies. Chap. IX.

Postscriptum. Nous indiquerons en quelques mots le résultat de nos études sur les environs de Litten, pour montrer qu'il est en parfaite harmonie avec celui de nos études sur Hlubočep.

Chapitre sixième.

Reproduction des documens publiés par M. M. Lipold et Krejči, au sujet de Hlubočep.

Par suite de l'ordre adopté dans la publication du *Jahrbuch* de l'Institut impérial géologique de Vienne, le mémoire allemand de M. Krejči intitulé: *Bericht über die im Jahre 1859 ausgeführten geolog. Aufnahmen bei Prag und Beraun*, exposant ses observations sur les environs de Prague et de Béraun, quoique antérieur au travail de M. Lipold en 1860, n'a paru réellement qu'après celui-ci. Nous suivrons l'ordre des publications.

1862. *Janvier.* Dans son mémoire contre nos Colonies: *Über Herrn J. Barrande Colonien, in der Silur. For-*

mation Böhmens, M. Lipold, après avoir indiqué diverses localités, où l'on peut le plus facilement se convaincre qu'il existe des dislocations dans le bassin silurien de la Bohême, ajoute :

„Du reste, je veux citer ici une dislocation que j'ai observée moi même, en partie pour prouver ce que je viens de dire, et en partie pour engager les géologues qui voudraient se convaincre personellement des dislocations du bassin silurien de la Bohême, à visiter cette localité. Elle est située dans les environs les plus rapprochés de Prague, à peine à la distance d'une lieue au Sud de cette ville, sur la rive gauche de la Moldau, près du village de Hlubočep, dans la vallée de St. Procop. A l'extrémité Ouest de ce village, il existe une profonde fissure dans la masse calcaire qui s'étend vers le Nord et un petit ravin débouche dans cette fissure. Le profil ci-joint (**fig. C**) est pris suivant cette fissure et ce petit ravin et il n'exige pas de plus amples explications, mais il représente certainement une dislocation, qui, comme les phénomènes coloniaux, pourrait donner lieu à des vues erronnées. (Jahrb. XII. p. 52.)

Le profil cité par M. Lipold est celui que nous reproduisons (Pl. 2. fig. 3).

1862. *Mai.* M. le Prof. Krejčí, dans son mémoire allemand, dont nous venons de citer le titre: *Rapport sur le levé de la carte géologique aux environs de Prague et de Béraun en 1859,* décrit la localité de Hlubočep dans les termes suivants, bien incomplets, il est vrai, mais cependant plus intelligibles que ceux de M. Lipold, très-difficiles à comprendre.

„Si l'on fait une section perpendiculaire à la direction des couches, par le milieu du village de Hlubočep, le prolongement de la faille de Branik se manifeste d'une manière très-intéressante, car un ravin dirigé du Nord-Est vers le Sud-Ouest à travers les couches de Branik (**G**) est rempli par les schistes à Tentaculites de Hlubočep (**H**). Les deux côteaux opposés du vallon de Hlubočep sont composés en effet des calcaires noduleux de Branik, qui du côté de Slivenetz aussi bien que du côté de Divči Hrady sont recouverts par les couches de Hlubočep (**H**), et ils penchent synclinalement des deux côtés vers le fond du vallon.

„Au fond même du vallon, au milieu des schistes de **H**, s'élèvent sous forme de récifs, des parties du calcaire de Branik (**G**) qu'on peut suivre à partir du village de Hlubočep, à travers le vallon jusques près de Voržech. On reconnaît même de loin, d'après l'érosion longitudinale du terrain, la zone -des schistes à Tentaculites peu résistants des couches de Hlubočep (**H**), tandisque la Zone isolée du calcaire noduleux de Branik (**G**) est caractérisée par ses formes aigues et saillantes au dessus du sol.

„Le profil 9, sur la planche ci-jointe, nous montre qu'il s'est produit ici non seulement une faille grandiose, mais encore un recourbement d'une partie des couches de Branik (**G**) d'où résulte l'apparence d'une intercalation des schistes de Hlubočep plus récents (**H**) entre les couches plus anciennes de Branik (**G**). La fissure de la faille se trouve le long du côté Nord des masses calcaires saillantes, et les relations stratigraphiques en ce point, rappellent les colonies de Gross Kuckel.

„Les calcaires noduleux au bord de Divči Hrady doucement inclinés vers le haut, prennent une inclinaison croissante vers les schistes à Tentaculites, qui finissent par être verticaux.

„Une puissante partie de débris des calcaires, un véritable conglomérat calcaire, comble une lacune sur le penchant de Divči Hrady.

21

„Ensuite suivent les récifs calcaires fortement relevés, au delà desquels, sur le côteau opposé, les couches de Hlubočep reposent de nouveau sur le calcaire noduleux de Branik." *(Jahrb. k. k. R. A. XII. p. 277—278.)*

Le profil 9, cité dans ce passage, par M. Krejči, est celui que nous reproduisons. (Pl. 2. fig. 2.)

1862 *Juillet.* M. le Prof. Krejči, dans un mémoire en langue Bohême, publié dans le journal *Živa* sous le titre: *O koloniich p. Joachima Barranda v silurském útvaru Českém = Des Colonies de M. J. Barrande dans le terrain Silurien de la Bohême*, reproduit les principales objections déjà formulées dans les mémoires allemands que nous venons de citer. Mais il insiste particulièrement sur deux argumens, vainqueurs à ses yeux, savoir: d'abord l'argument de Hlubočep et ensuite l'argument de Litten.

Voici comment il expose les phénomènes stratigraphiques qu'il croit avoir observés à Hlubočep.

„Dans le prolongement de la fracture qui sépare les rochers de Branik de ceux de Dvoretz, le glissement des roches de bas en haut est encore plus remarquable à Hlubočep. Voir la figure suivante.

„A l'extrémité amont de ce village, des roches calcaires escarpées percent au milieu des schistes à Tentaculites de Hlubočep (**II**) et on croirait voir évidemment que ces schistes sont interstratifiés entre les calcaires de Branik (**G**). Aucun de ceux qui s'occupent d'études géologiques ne doutera qu'il y a ici un glissement de bas en haut, qu'on peut suivre dans toute la longueur du vallon de St. Procop, à l'aide de cette apparente interstratification. Il n'existe aucune différence entre l'intercalation des schistes de Hlubočep (**II**) au milieu des calcaires de Branik (**G**) et l'intercalation des schistes de Litten au milieu des couches de Koenigshof, à Gross Kuckel et à Radotin;

ces deux apparences d'intercalation sont également des Colonies." *(Živa II. p. 140.)*

Le profil cité par M. Krejči dans le texte ci-dessus, a été emprunté au mémoire de M. Lipold. C'est celui que nous reproduisons. (Pl. 2. fig. 3.)

Ces trois passages et les deux profils reproduits renferment tout ce que nous connaissons des observations de nos contradicteurs au sujet de Hlubočep. On reconnaît aisément, qu'ils se bornent l'un et l'autre à exposer la première impression produite sûr leur esprit par l'aspect des localités. Mais ils n'ont songé à étudier en détail, ni la véritable nature pétrographique des formations en apparence semblables, ni leurs véritables relations stratigraphiques. Ils se sont encore moins occupés de rechercher et de comparer les élémens paléontologiques de ces diverses roches, qui, seuls, auraient pu les guider et les aider à rectifier par l'étude l'effet de leur première intuition, ou de leurs préoccupations.

Quelle sorte de dislocation M. Lipold a t-il cru voir à Hlubočep? Nous l'ignorons, parceque son texte ne formule pas sa pensée. Il est vrai que sa section est ornée d'une courbe pointillée, semblable à celle par laquelle ce géologue en chef a l'habitude d'indiquer les plis sur ses profils. Mais nous nous gardons bien d'interpréter cette indication si incomplète, de peur de nous tromper.

Quant à M. Krejči, il est plus explicite. Dans son mémoire allemand, il nous enseigne *qu'il y a non seulement une faille grandiose à Hlubočep, mais encore une recourbement d'une partie des couches de Branik* (**G**). Dans son mémoire postérieur, en langue Bohême, M. Krejči nous parle encore d'une fracture, et il y ajoute un glissement de bas en haut des calcaires de Branik sur les schistes; mais il ne fait plus mention du recourbement de ces calcaires.

21*

Nous ferons encore remarquer, que la figure par laquelle il représente ces mouvements du terrain est précisément celle que M. Lipold a donnée avec la courbe habituelle de ses plis. Nous laissons à ces auteurs le soin de concilier leurs textes entre eux et avec cette figure.

En somme, les prétendues dislocations de Hlubočep, quoique évidentes aux yeux de nos contradicteurs, ont été exposées d'une manière bien insuffisante dans leurs documens. Ils ont visiblement compté sur cette prétendue évidence, pour se dispenser de définir nettement les accidents stratigraphiques, qui semblaient leur fournir un argument si péremptoire contre nos Colonies.

Chapitre septième.

Parallèle entre les documens publiés par M. M. Krejči et Lipold et nos propres observations sur les environs de Hlubočep.

Nous ferons remarquer avant tout, que les deux sections de M. M. Krejči et Lipold concordent avec la nôtre pour constater que le vallon de Hlubočep, au droit du village, résulte d'une fracture synclinale, dirigée suivant le grand axe longitudinal de notre bassin et déjà indiquée dans notre section idéale en 1852. Les parois symétriquement opposées de cette fracture se relèvent de manière à former sur la rive gauche du ruisseau, vers le Nord-Ouest, les hauteurs de *Divči Hrady*, et sur la rive droite, vers le Sud-Est, les hauteurs de *Habrova*.

Nos adversaires ont fait tous leurs efforts, soit dans leur texte, soit dans leurs sections, pour imprimer profondément dans l'esprit des savans l'idée des dislocations éprouvées par les formations de notre bassin, parce que cette idée constitue la base fondamentale de leur système d'attaque contre nos colonies. Il est donc important de remarquer que, malgré cette idée prédominante, M. Krejči et M. Lipold ont figuré les formations soi disant disloquées aux environs de Hlubočep, comme offrant une stratification complètement concordante. Ainsi, en faisant abstraction de la courbe pointillée de M. Lipold, leurs sections que nous reproduisons Pl. 2. fig. 2—3, sont, sous le rapport de la concordance des étages, parfaitement en harmonie avec la section que nous donnons des environs de Hlubočep fig. 1, sur la même planche.

Nous devons même louer nos contradicteurs d'avoir fait abstraction, comme nous, de toutes les perturbations secondaires, qui se trouvent là comme ailleurs, surtout dans les schistes, mais qui sont tellement limitées, qu'elles ne troublent pas réellement la concordance générale de la stratification des étages, ni de leurs subdivisions.

Nous devons aussi nous étonner que nos deux adversaires, s'étant successivement appliqués à faire ressortir l'effet des dislocations supposées au droit de Hlubočep, n'aient aperçu ni l'un, ni l'autre, la dislocation réelle ou le pli anticlinal, qui est si apparent dans la masse de la bande **g 1**, constituant les hauteurs de Divči Hrady.

Nous suivrons maintenant dans notre parallèle l'ordre naturel des formations, de bas en haut, en étudiant successivement chacune des bandes définies dans la première partie de cette étude, c. à d. **g 1 — g 2 — g 3 — h 1 — h 2 — h 3.**

1. Bande calcaire g 1.

Les hauteurs opposées Divči Hrady et Habrova que nous venons de nommer, et dont les sommets forment les limites extrêmes de notre section (Pl. 2, fig. 1) sont également constituées par la masse calcaire la plus puissante de l'étage **G**, et que nous avons nommée bande **g 1**. L'épaisseur maximum de cette bande, au droit de Hlubočep, peut être évaluée à environ 250 mètres.

Cette formation est indiquée dans sa véritable position stratigraphique sur les deux côteaux opposés du vallon, dans le profil de M. Krejči, reproduit par notre Pl. 2, fig. 2, mais elle est tronquée du côté Sud sur le profil de M. Lipold, que nous reproduisons Pl. 2, fig. 3.

La partie inférieure et principale de la bande **g 1** se présente à Hlubočep avec ses apparences ordinaires, telles que nous les avons décrites en 1852 *(Syst. Sil. de Boh. I. p. 79)*, et sommairement reproduites ci-dessus (p. 6). Mais, la partie supérieure de cette bande, principalement aux environs de Hlubočep, se compose d'une série de couches, qui jouissent du privilège de reparaître sur deux horizons très-distincts, et qui, sur chacun de ces niveaux successifs, se font aisément distinguer par leur aspect particulier, contrastant plus ou moins avec celui des couches sous-jacentes.

En outre, ce dépôt remarquable, ayant accidentellement subi une altération physique, sur une partie de son étendue horizontale, au dessus de la bande **g 1**, dans le voisinage immédiat de Hlubočep, sa nature et sa position stratigraphique ont été méconnues par M. Krejči, le seul qui en ait fait mention. Ces circonstances nous obligent à décrire en détail la série des couches calcaires placées au sommet de la bande **g 1**, et que nous désignerons par le nom de *couches à silex noirs*.

Série des couches à silex noirs.

1. Cette série se compose de milliers de couches minces et dont l'épaisseur est plus fréquemment au dessous qu'au dessus de 10 centimètres. Par ce seul fait, cette formation se distingue, au premier coup d'oeil, de la masse

inférieure et principale de **g 1**, dont les bancs sont notablement plus épais.

Sur notre section Pl. 2. fig. 1. la série des couches à silex noirs s'étend entre les points m — o dans le ravin *Bilá Rokle.*

2. En raison sans doute de leur ténuité relative, ces couches se montrent généralement plus flexueuses que les autres. Leur stratification est tourmentée et il existe même dans leur ensemble des plis plus ou moins prononcés, qui ne s'étendent pas ordinairement au delà des limites de cette série. Ces plissements restreints dans une certaine zone, entre des masses exemptes de plis, constituent un phénomène déjà connu, et assez fréquent dans notre bassin. Nous en avons signalé un autre exemple très remarquable, entre les moulins *Urban* et *Rutice* (p. 86 et Pl. 1 fig. 6), et nous nous réservons d'en décrire d'autres, dans nos études stratigraphiques, relatives aux colonies, parce que ces apparences ont contribué à faire naître les illusions de nos contradicteurs.

3. Le caractère le plus apparent et le plus constant de cette formation est de nature pétrographique. Il consiste dans la présence et l'extrême fréquence de rognons de silex noir, que les Anglais nomment *Chert*. Ces rognons sont discoides et plus ou moins aplatis. Ils contribuent à produire les inégalités qu'on voit à la surface de ces couches, partout où elle est exposée.

4. Un seul fait suffit pour démontrer que ces enclaves de silex noir ont eu une origine simultanée avec les couches calcaires qui les renferment; c'est que les unes et les autres offrent les mêmes espèces, par exemple: *Phac. fecundus, Var. degener, Pentamerus linguiferus &c.,* que nous avons recueillis de notre propre main, dans le ravin blanc, à Hlubočep, et que nous conservons dans leur gangue silicouse.

5. La formation à silex noirs est très-développée aux environs de Hlubočep, et elle se retrouve également sur la bande **g 1,** de chaque côté du vallon, avec une puissance approchant de 100 mètres. Mais elle appelle particulièrement notre attention par quelques apparences locales et singulières, au pied du côteau gauche, sillonné par divers ravins parallèles, dont le plus considérable se nomme *Bilá Rokle,* ou *Ravin blanc,* que nous venons de mentionner.

Cette dénomination dérive évidemment de ce fait, que les calcaires de la formation à *Chert* ont été transformés sur place en une sorte de craie blanchâtre, peu consistante, et contrastant ainsi avec les calcaires compactes et durs, de couleur tantôt jaunâtre, tantôt bleuâtre, qu'ils représentent. Cette transformation, qui n'a nullement altéré les relations stratigraphiques de ces couches, peut se concevoir par l'effet d'émanations gazeuses ou de sources minérales, dans une étendue limitée, et qui ne dépasse pas quelques centaines de mètres dans le sens de la direction. En effet, les couches d'apparence crayeuse se voient encore dans le ravin *Sekaná Rokle,* mais elles disparaissent à peu de distance de ce ravin, vers l'Ouest.

M. le Prof. Krejči, dans le passage cité ci-dessus (p. 321), mentionne cette formation traversée par son profil, sur lequel elle n'est pas indiquée. (Voir notre Pl. 2, fig 2.) Il la considère comme *Une puissante partie de débris calcaires, un véritable conglomérat calcaire, comblant une lacune sur le penchant de Divči Hrady.*

C'est une simple erreur d'observation. Nous sommes persuadé que M. le Prof. Krejči la reconnaîtra immédiatement, s'il veut bien remarquer dans le *Ravin blanc,* 1— que les couches transformées en place conservent leur stratification naturelle, flexueuse, mais concordante dans l'ensemble, avec celle des couches de **g 1** et **g 2,** et 2— que tous les disques de *Chert* qu'elles renferment maintiennent également leur grand axe parallèle au plan presque vertical des strates calcaires.

Ces caractères des couches en place contrastent totalement avec ceux de leurs propres débris, accumulés successivement sur leur tranche et simulant, au premier coup d'oeil, les couches primitives, brusquement reployées suivant la direction des anciens talus du côteau. Cette pseudo-stratification des débris à angle plus ou moins aigu avec la stratification des couches très-redressées, s'observe en plusieurs localités de notre bassin. Elle se conçoit aisément si l'on remarque, que chaque couche étant à son tour exposée aux intempéries sur une certaine hauteur, tombe en débris sur le sol, et que ces débris s'étendent plus ou moins loin sur le talus, par leur poids et par l'effet des eaux. Ainsi, ils se recouvrent successivement sous forme de lits, qui s'amincissent en s'éloignant de la couche décomposée. Mais chaqne lit de fragmens reste en connexion par sa base avec la couche dont il provient. De là résulte l'apparence simulant la flexion brusque des couches sur elles mêmes. Ces apparences sont encore plus frappantes dans les localités où les couches décomposées se distinguent les unes des autres par des couleurs prononcées et contrastantes. Dans le ravin blanc, ce contraste se borne à celui de la substance crayeuse blanchâtre avec la teinte noire des débris de silex.

Nous ferons remarquer que, sur le côteau droit du vallon de Hlubočep, vis-à-vis le lieu occupé par les couches crayeuses, la formation qui nous occupe n'a subi aucune transformation, et présente uniquement des couches minces de calcaire compacte et bleuâtre avec les rognons de *Chert* noir. Nous n'avons pas cru nécessaire de la distinguer sur cette partie de notre section.

Du reste, les couches à silex noir se retrouvent aussi avec leurs apparences naturelles sur le côteau gauche, un peu en amont de Hlubočep, c. à d. dans le prolongement des couches transformées, qui ne s'étendent guères au delà du ravin *Sekaná Rokle*, vers l'Ouest.

6. Un dernier fait, que nous avons à constater par anticipation, au sujet des couches à silex noir, c'est qu'elles se reproduisent avec des apparences pétrographiques et stratigraphiques presque identiques, à la partie supérieure de la bande **g 3**. La comparaison des deux côteaux opposés du vallon de Hlubočep suffit pour nous convaincre de cette répétition de la même formation sur ces deux horizons très-distincts, et distants de 100 à 200 mètres, dans le sens vertical.

En effet, sur le côteau gauche, il suffit de s'arrêter un instant à l'entrée du ravin blanc, ou du· ravin *Sekaná Rokle*, pour reconnaître la série des couches à silex noir, reparaissant pour la seconde fois et reposant en parfaite concordance sur les calcaires de la bande **g 3**, constituant la crête de Žvahov. Le ravin blanc, malgré sa direction un peu oblique à la direction générale des formations, permet d'aprécier, au premier coup d'œil, la distance verticale d'environ 150 mètres, qui sépare ces deux réapparitions distinctes et successives des couches qui nous occupent. En ce point comme ailleurs, la puissance de ces deux dépôts est à peut près proportionnelle à celle de chacune des deux bandes calcaires **g 1**—**g 3**, dont ils font partie, et elle en représente presque un tiers. En effet, au fond du ravin blanc les couches crayeuses reposant sur **g 1** ont environ 100 mètres de puissance, tandis que les couches analogues, reposant sur **g 3**, à l'entrée du même ravin, n'offrent que 40 à 50 mètres dépaisseur et n'ont pas été transformées en craie.

Les couches à silex noirs se prolongent avec les mêmes apparences sur la surface de la masse murale de Žvahov, en remontant le vallon vers St. Procop. Leur surface et leur tranche sont nettement mises à nu dans plusieurs carrières, espacées sur une distance de plus de

1000 mètres, et notamment au droit des derniers fours à chaux, dans la localité dite *Prachovna*, en souvenir d'une ancienne poudrière, qui n'existe plus.

De l'autre côté du vallon de Hlubočep, c. à d. sur le côteau droit, la présence des couches à silex noirs, sur la bande **g 3**, se manifeste d'une manière non moins évidente, car elles sont exposées dans toute leur épaisseur, immédiatement sur cette bande, dans la section naturelle au droit de la carrière dite *ů Zajesku*, à l'entrée du village. L'aspect de cette section suffit pour prouver la concordance des formations **g 1—g 2—g 3—h 1—h 2**, qui seules constituent le terrain aux environs de Hlubočep.

Nos savants lecteurs remarqueront combien le fait évident de la réapparition des mêmes couches calcaires à silex noir, sur deux horizons très-distincts, est intéressant et important, au point de vue stratigraphique. Ce fait contribuera aussi à expliquer à leurs yeux, comme aux nôtres, pourquoi M. M. Krejči et Lipold ont confondu dans cette localité, comme partout ailleurs, les bandes calcaires **g 1** et **g 3**, qui soht semblables par la nature et l'ordre de succession de leurs roches, bien que représentant deux époques géologiques successives, complétement différentes par leurs faunes.

Nous constaterons en passant, que notre division supérieure présente encore ailleurs des couches à silex noirs très analogues à celles de Hlubočep, mais sur des horizons divers. Nous en citerons un seul exemple, sur un niveau relativement bien inférieur savoir, dans notre étage **E**, à Hinter Kopanina. Dans cette dernière localité, le calcaire crayeux est jaunâtre, et les silex sont d'une couleur moins prononcée qu'à Hlubočep. Tous ces phénomènes indiquent des causes semblables, mais intermittentes, à de grands intervalles de temps.

II. Bande schisteuse g 2, à sphéroïdes calcaires.

Sur le côteau gauche ou Nord-Ouest du vallon de Hlubočep, M. M. Krejči et Lipold indiquent exactement la position de cette formation, d'après la section naturelle exposée dans le ravin blanc *(Bilá Rokle)* à l'Ouest de Hlubočep. Mais par suite de leur système, ils la désignent comme un lambeau de **H**, intercalé entre les calcaires de **G**.

Sur le côteau droit ou Sud-Est ou vallon, les sections de M. M. Krejči et Lipold n'indiquent, ni l'une, ni l'autre, la présence de la bande schisteuse **g 2**. Cette grave omission, de la part de deux observateurs successifs, est d'autant plus difficile à concevoir, qu'il est très-aisé de constater l'existence de cette bande, sur ce versant du vallon de Hlubočep. En effet, la nature elle même semble avoir voulu faciliter l'observation de ce fait important, en creusant un ravin longitudinal, qui, sillonnant profondément et obliquement la masse **g 2**, expose successivement toutes les couches qui la composent, à partir de la bande calcaire **g 1**, qui lui sert de base, en remontant jusqu'au contact de la bande calcaire **g 3**, qui la recouvre.

Ce ravin porte, en langue Bohême, le nom de *Ružič-kova Rokle*, d'après le nom du propriétaire *Ružička*. Il s'étend sur une longueur d'environ 800 mètres, presque en ligne droite, le long du chemin des piétons allant vers Slivenetz. Son extrémité inférieure, en s'ouvrant largement à peu de distance de la chaussée, au point où celle-ci pénètre dans Hlubočep, appelle l'attention de tous les géologues qui passent et semble leur dire: *Venite pur avanti*. Nous sommes même étonné que, dans les excursions magistrales, réitérées durant longues années, quelque écolier de M. Krejči, lancé à la recherche d'une fleur ou à la poursuite d'un papillon, n'ait pas entraîné son maître dans cette gorge pittoresque et solitaire. Là, secondé par les yeux perçants de ses jeunes et intelligens auditeurs, le zélé professeur des sciences naturelles n'aurait pas manqué d'observer comme nous, sur les parois dénudées et verticales des roches de **g 2**, les traces non méconnaissables des principaux fossiles qui caractérisent cette remarquable formation, comme: *Phacops fecundus, Goniat. fecundus, Tentacul. elegans, Tentacul. clavulus, Leptaena comitans* &c., que tout le monde a pu recueillir de l'autre côté du vallon de Hlubočep, dans le ravin blanc.

D'ailleurs, outre ces caractères paléontologiques, la bande **g 2** offre, dans le ravin de Ružička, comme partout ailleurs, une série régulière et variée de couches, qui ne peuvent manquer de la faire reconnaître, même par le géologue le plus distrait.

Dans sa partie inférieure, le ravin de Ružička traverse d'abord les couches culminantes de **g 1**, chargées de rognons de silex noir. Au dessus et dans le voisinage de **g 1**, ce sont encore les calcaires qui prédominent dans leurs alternances avec les schistes de **g 2**. Peu à peu les schistes deviennent prédominans à leur tour, mais ils renferment encore de nombreux sphéroides de calcaire blond. Un peu plus haut, ces sphéroides deviennent très-rares ou disparaissent, au milieu des schistes très-fissiles et très-fragiles, dont certaines couches argileuses, d'une couleur gris-clair, sont comme pétries de Tentaculites des deux espèces nommées ci-dessus. Enfin, vers le sommet de cette série, l'élément calcaire reparaît pour caractériser, comme nous l'avons constaté ci-dessus (p. 9), la transition progressive entre la bande schisteuse **g 2** et la bande calcaire supérieure **g 3**, par l'intermédiaire de la *formation bigarrée*.

En effet, vers le sommet du ravin de Ružička, il suffit de faire quelques pas vers la droite en montant, pour rencontrer les couches bigarrées exposées sur l'ancien chemin des voitures allant vers Slivenetz. Ces couches sont régulièrement recouvertes par la masse de **g 3**, exploitée dans des carrières, sur une étendue de quelques centaines de mètres, suivant sa direction.

A l'extrémité opposée, c. à d. vers le bas du ravin de Ružička, si l'on s'avance un peu vers le Nord-Est, en franchissant le ruisseau de Hlubočep, pour pénétrer dans les jardins de M. Herget, on y retrouve les couches bi-garrées avec leurs apparences habituelles. Elles sont très-nettement exposées au bout de ces jardins, dans une ancienne carrière, sur la rive gauche du ruisseau, vis-à-vis la carrière dite *ů Zajesků*, située sur la rive droite. Elles offrent 8 à 10 m. d'épaisseur visible sous la masse calcaire de **g 3**, jadis exploitée sur ce point.

Les couches bigarrées sont indiquées sur notre section par la lettre n. (Pl. 2. fig. 1.)

Ainsi, le terrain fournit libéralement tous les élémens nécessaires pour faire reconnaître la présence de la bande **g 2**, dans le côteau droit du vallon de Hlubočep. Si cette bande n'a pas été vue par M. M. Krejči et Lipold, c'est que ces hauts dignitaires de la science se sont dispensés de parcourir cette moitié de la section, fantastiquement figurée sur l'un et omise sur l'autre des deux profils offi-ciels. Ils regretteront d'autant plus cette négligence, que la parfaite régularité de la stratification, dans ce côteau, les aurait infailliblement mis en garde contre l'idée des dislocations, malheureusement inspirée par le premier aspect du côteau opposé du même vallon.

Avant de quitter ce sujet, nous mentionnerons un fait secondaire et uniquement relatif à la localité que nous étudions. C'est que, immédiatement au dessus des couches à silex noirs de **g 1**, les schistes de la bande **g 2**, au lieu de présenter les sphéroides calcaires que nous avons si-gnalés, renferment des sphéroides ferrugineux, offrant fré-quemment un vide à l'intérieur ou une substance terreuse. Cette formation se voit principalement dans le ravin *Se-*

kaná Rokle, où elle à une épaisseur d'environ 50 mètres. On la reconnaît d'ailleurs aisément par la nuance grise de ses schistes, contrastant avec la couleur verdâtre des schistes normaux de **g 2**, qui sont au dessus, et qui renferment les sphéroides calcaires. On retrouve les mêmes sphéroides ferrugineux en d'autres points sur la même direction, mais seulement dans le voisinage de ce ravin.

Enfin, nous saisissons la première occasion qui se présente, pour réparer une erreur.

A l'époque où nous n'avions pas encore établi une distinction assez rigoureuse entre les roches schisteuses très analogues et renfermant également diverses espèces identiques, nous avons attribué certains spécimens à notre étage **H — h 1**, au lieu de les rapporter, comme nous aurions dû le faire, en même temps à notre étage **G—g 2**.

Heureusement, il n'y a que deux espèces qui se trouvent dans ce cas, parmi celles que nous avons publiées jusqu'à ce jour, savoir: *Phacops fecundus* var. *superstes*, et *Cheirurus Sternbergi*. Le premier n'est pas rare dans presque toute la hauteur de la bande **g 2**, et dans toutes les localités, tandis qu'on n'en trouve que des traces douteuses dans la bande **h 1**. Quant à *Cheirurus Sternbergi*, il est extrêmement rare dans la première de ces formations, et nous n'avons jamais rencontré ses vestiges dans la seconde.

Nous prions les savans de vouloir bien remarquer cette rectification.

III. Bande calcaire g 3.

Sur le côteau gauche du vallon, les profils de M. M. Krejči et Lipold figurent, dans sa position véritable, la bande calcaire **g 3**, au dessus de la bande schisteuse **g 2**. Mais, d'après leur système, cette dernière est indiquée comme une intercalation accidentelle de **II** , tandis que notre bande **g 3** ne serait que la répétition de la masse des calcaires de **G**, placés au dessous de cette enclave supposée.

En faisant abstraction de cette interprétation, si l'on considère seulement la figure et la disposition stratigraphiques des diverses formations, les sections de nos contradicteurs concordent suffisamment avec la nôtre, dans cette moitié.

Au contraire, sur le côteau droit du vallon, les profils de M. M. Krejči et Lipold diffèrent essentiellement du nôtre, parce qu'ils ont omis un fait matériel de la plus grande importance dans cette question, savoir, la présence de la bande schisteuse **g 2**, que nous venons de démontrer. Par suite de cette omission, les deux bandes calcaires **g 1** et **g 3** se trouvent confondues en une seule masse, dans le profil de M. Krejči, le seul qui figure tout ce côteau droit. Cette confusion de deux horizons très-distincts dans la nature est sans doute une erreur grave de la part de deux géologues, remplissant des fonctions officielles, mais elle est cependant du nombre de celles qui peuvent trouver en nous un juge indulgent. Tout observateur est en effet excusable à nos yeux, lorsqu'il confond, en passant, des masses calcaires qui se ressemblent par leurs apparences pétrographiques, au même point que nos bandes **g 1** et **g 3**. Cette excuse s'applique naturellement à nos contradicteurs, que nous devons considérer comme des passants officiels.

Mais pour nous, qui avons recueilli et étudié, durant plus de 25 années, les fossiles de ces deux bandes, il nous est devenu absolument impossible de les confondre l'une avec l'autre. Cette impossibilité est rendue évidente par les tableaux de la distribution verticale des espèces, exposés ci-dessus, Chap. II. La distinction des faunes des deux bandes calcaires étant ainsi une fois établie, il suffit aujourd'hui du moindre fragment de *Cheir. Sternbergi*, de *Bront. furcifer*, de *Phac. fecundus var. degener*, de divers *Dalmanites* &c. pour reconnaître la bande **g 1**, tandis qu'un fragment de *Goniat. plebeius*, de *Hercoceras mirum*, d'un *Phragmoceras* quelconque &c., indique sûrement la bande **g 3**.

En nous fournissant ces simples moyens de distinction des deux horizons **g 1** et **g 3**, la paléontologie nous a donc rendu un éminent service, car nous nous rappelons très-bien le temps, où, après beaucoup de visites à Hlubočep, nous n'étions cependant encore, pour l'intelligence de cette localité, guères plus avancé que les passants officiels en 1860.

Cependant, pour ne pas perdre nos droits à l'indulgence des savans, nous ferons remarquer, qu'à l'époque dont nous parlons, les carrières des environs de Hlubočep étaient bien loin d'avoir le développement qu'elles ont pris depuis lors et qui nous a été d'un grand secours pour reconnaître sûrement, d'un côté, les relations stratigraphiques et surtout la disposition concentrique, et de l'autre côté, la faune particulière des trois bandes qui constituent notre étage **G**.

A cette occasion, pour montrer combien le souvenir de nos erreurs anciennes nous dispose à excuser les simples erreurs d'autrui, nous confessons que les premières découvertes que nous avons faites dans la bande **g 3**, à Hlubočep, mal interprétées par notre intelligence bornée et d'ailleurs entravée par la discipline scientifique, nous ont d'abord entraîné dans une illusion, que l'intervention de la stratigraphie a seule pu dissiper. Voici comment:

Parmi les premiers fossiles que nous avons trouvés dans les calcaires de **g 3**, étaient *Goniat plebeius* et *Phac. fecundus var. major*. Ces deux espèces existant aussi dans notre étage **F**, aux environs de Konieprus, les lois alors dominantes dans la science nous indiquaient le même horizon pour les calcaires qui les renferment près Hlubočep. Ces mêmes calcaires nous offrant aussi de nombreux céphalopodes, parmi lesquels des *Phragmoceras, Gomphoceras* &c. analogues et quelques uns peut-être identiques aux formes à ouverture contractée qui caractérisent notre étage **E**, il nous semblait naturel de rapporter tous ces fossiles à l'étage **F**, c. à d. à l'horizon immédiatement supérieur. Nous éprouvions, au contraire, une vive répugnance à concevoir que ces formes, après une longue intermittence, embrassant la majeure partie de la durée de notre faune troisième, avaient reparu au sommet de notre étage **G**. La science semblait alors interdire des conceptions de ce genre.

Mais, chaque fois que nous sommes retourné à Hlubočep, pour essayer d'y constater définitivement l'existence d'une combinaison stratigraphique quelconque, à l'appui de notre supposition paléontologique, nous en sommes revenu de plus en plus honteux et confus de l'inutilité de nos efforts. Enfin, il a bien fallu nous rendre à l'évidence stratigraphique, en dépit des connexions paléontologiques, auxquelles nous avions accordé une rigueur qu'elles n'ont réellement pas dans la nature.

Cette évidence stratigraphique ne peut manquer de frapper les yeux de nos lecteurs, s'ils veulent bien examiner la carte ci jointe des environs de Hlubočep, qui, combinée avec notre section (fig. 1.) fournit le moyen de bien saisir les relations que nous allons exposer entre les formations de cette localité.

Le premier fait à remarquer sur notre carte, c'est-que les affleuremens opposés de la bande calcaire **g 3** convergent l'un vers l'autre, à partir du S. Ouest et finissent par s'unir et se confondre, vers le Nord-Est. Cette observation seule fera comprendre l'identité et la continuité de cette nappe calcaire, couronnant notre étage **G**.

L'intelligence de ce fait nous conduit naturellement à reconnaître, que la surface restreinte de cette carte représente l'extrémité Nord-Est de plusieurs des bassins superposés et concentriques, qui correspondent, soit à chacun de nos étages, soit à chacune de leurs principales subdivisions, ainsi que nous l'avons expliqué en 1852, dans notre *Esquisse Géologique. (Syst. Sil. de Boh. I. p. 59.)* Mais, avant de nous étendre sur cette importante considération, nous avons à décrire en détail les affleuremens de la bande **g 3**.

D'abord, sur le côteau gauche ou N. Ouest du vallon, l'affleurement de **g 3** suit une ligne presque droite, largement tracée par de nombreuses exploitations, sur une longueur d'environ 1,500 mètres. Dans une grande partie de cette étendue, principalement au Nord de Hlubočep, cet affleurement s'élève sous la forme d'une crête saillante, escarpée et comparable à une immense muraille, profondément découpée par les ravages du temps et de l'homme. Cette partie pittoresque porte le nom de *Žvahov.* Elle est si rapidement démolie par d'impitoyables carrières, qu'elle semble condamnée à être rasée, avant longues années.

Ces carrières s'accordent à nous montrer, que les couches de cette masse calcaire, quoique presque verticales, plongent visiblement et uniformément vers le Sud-Est.

Sur le côteau droit du vallon, l'affleurement de **g 3**, un peu moins apparent, mais cependant très-visible, suit d'abord le sommet de la crête arrondie qu'on nomme *na Vrškach.* Sa tranche est sillonnée par l'ancien chemin des voitures allant vers Slivenetz, et par une suite d'anciennes carrières. Au droit du ruisseau de Hlubočep, cette crête est coupée par une profonde entaille, à parois presque verticales, exposant la section naturelle de la bande **g 3**, entre les deux bandes **g 2** et **h 1**, très-bien caractérisées.

Immédiatement au delà du ruisseau, vers le Nord-Est, la bande **g 3** se dessine en saillie sur le sol, sous la forme d'une crête escarpée, qui surgit dans les jardins de M. Herget, et qui reproduit les apparences de Žvahov, avec un moindre relief et une inclinaison des couches moins rapprochée de la verticale. Cette crête offre l'apparence d'une haute digue, barrant obliquement le vallon de Hlubočep, à l'aval de ce village. Elle figure une ligne brisée, qui présente sa concavité vers la crête opposée de Žvahov, dont elle atteint la direction près de la croix élevée sur le point culminant du chemin qui conduit à Slichov. Cette croix est marquée sur notre carte.

Dans toute l'étendue de cet affleurement sur le côteau droit, les couches de **g 3** plongent vers le Nord-Ouest, avec une inclinaison variable, tantôt presque verticale, et tantôt à 45°, mais toujours symétrique et contraire à l'inclinaison des couches de l'affleurement opposé, c. à d. de Žvahov.

Le point de jonction de ces deux affleuremens de **g 3** est caché sous la terre végétale et sous le chemin de Slichov à Hlubočep. Mais, cette jonction est si évidemment indiquée par la direction à angle aigu des deux crêtes convergentes, par leur proximité à environ 75 mètres et par les inclinaisons opposées de leurs couches, tendant à se raccorder dans le voisinage de la croix mentionnée, qu'elle n'est pas méconnaissable aux yeux d'un géologue.

Nous sommes donc convaincu, que tout observateur non préoccupé reconnaîtra comme nous, entre Hlubočep et Slichov, l'extrémité Nord-Est du bassin particulier, qui a servi de moule, pour le dépôt de la nappe calcaire **g 3**, postérieurement brisée et synclinalement ployée, suivant l'axe du vallon.

L'horizon continu de la bande **g 3** étant ainsi établi, toutes les apparences du terrain aux environs de Hlubočep s'expliquent clairement et confirment les vues que nous développons. Jetons d'abord un coup d'oeil rétrospectif sur les formations inférieures à **g 3**.

La bande **g 3**, composée de nombreuses couches d'un calcaire très-dur et très-résistant, repose sur la bande **g 2**, dont les schistes se décomposent facilement par les intempéries atmosphériques. A son tour, la bande schisteuse **g 2** est assise sur la puissante bande calcaire **g 1**, dont les roches sont presque identiques avec celles de **g 3**.

Par suite de cette différence de cohésion dans leurs roches, les affleuremens des bandes **g 1** et **g 3** figurent l'ossature saillante du sol, tandisque ceux de la bande intermédiaire **g 2** sont, au contraire, creusés par de profondes érosions longitudinales. Ces érosions dessinent donc la direction de cette bande, dans l'intervalle qui sépare les nappes calcaires **g 1** et **g 3**, et elles tracent visiblement les contours concentriques de l'extrémité du bassin particulier, qui a reçu le dépôt de la formation schisteuse **g 2**.

En effet, sur le côteau gauche du vallon de Hlubočep, la surface de **g 2** est occupée par une dépression longitudinale, entre les hauteurs de Divči Hrady représentant la bande calcaire **g 1** et la crête de Žvahov, représentant **g 3**. Cette dépression porte le nom *Za Skalama* c. à d. *derrière les rochers*, parce qu'elle est située derrière les carrières de Žvahov, par rapport au village. Elle peut être suivie vers le S. Ouest, jusqu'aux carrières de Prachovna.

Sur le côteau droit du vallon de Hlubočep, l'érosion de la bande **g 2** a donné naissance au ravin de Ružička, symétriquement situé par rapport à la dépression *Za Skalama*. Dans sa moitié supérieure, ce ravin sépare les hauteurs de Habrova, c. à d. la bande calcaire **g 1**, de la crête parallèle dite na *Vrškach*, c. à d. de la bande calcaire **g 3**. Dans sa partie inférieure il s'élargit à la fois sur les couches de **g 2** et sur les couches les plus voisines de **g 1** et de **g 3**.

La jonction de ces érosions longitudinales de la bande **g 2** s'opère d'une manière remarquable à l'Est de Hlubočep, car elle est représentée dans la dépression du terrain, qui s'étend à partir de la crête ou de la haute digue des jardins Herget jusqu'à la chaussée de **Prague**, et même jusqu'à la Moldau. C'est cet espace creux qui correspond au sommet du bassin particulier de la formation schisteuse **g 2** et il s'étend aussi sur **g 1**.

A son tour, ce bassin de **g 2** est concentriquement entouré et limité par les hauteurs de Divči Hrady et de Habrova, formées par la masse calcaire inférieure **g 1**. Mais la grande fracture, où coule la Moldau, empêche de voir le raccordement et la continuité des contours de cette bande vers le Nord-Est.

Un point isolé de cette enceinte démantelée est représenté par le mamelon ou pointement anticlinal, situé le long de la chaussée, et où se trouve la carrière la plus récente, dite *Schwagerka*. Cette carrière a fourni de nombreux fragments de *Cheir. Sternbergi*, *Bront. furcifer*, *Phac. fecundus, var. degener*; *Dalman. Mac Coyi* et autres fossiles caractéristiques de la bande **g 1**. Au contraire, les anciennes carrières de Schwargerka, qui s'avancent jusques près de la croix, sont situées sur la bande **g 3** et ce sont elles qui nous ont offert les premiers *Goniatites* de cette localité.

Nous ferons remarquer en passant, que la bande calcaire **g 1** représente seule cet étage, sur la rive droite de la Moldau. En effet, les carrières de Dvoretz et de Branik, qui offrent de nombreux fragmens de divers *Dalmanites*, de *Cheir. gibbus*, de *Bront. formosus*, de *Phac. Sternbergi* &c. &c. propres à l'horizon de **g 1**, n'ont jamais fourni aucun spécimen des *Goniatites*, des *Phragmoceras*, de *Phac fecundus var. major*, ni des autres formes, qui caractérisent la bande **g 3**, aux environs de Hlubočep.

Toutes ces considérations s'accordent à nous montrer que, sur la surface qui est l'objet de cette étude, tous les traits topographiques du terrain, étudiés sous le double rapport de leur disposition horizontale et de leur relief relatif, sont en parfaite harmonie avec l'ordre de superposition et la nature pétrographique des trois subdivisions **g 1 — g 2 — g 3** de notre étage **G**, telles que nous les avons définies ci-dessus.

Lorsque cette concordance stratigraphique, si imposante, s'est pleinement manifestée à nos yeux, malgré nos préjugés paléontologiques, on conçoit que nous avons dû nous résigner humblement et même avec reconnaissance, à admettre sur l'horizon supérieur de notre étage **G**, c. à d. vers la fin de notre faune troisième, et après une longue intermittence, la réapparition de divers *Goniatites* et de *Phac. fecundus var. major*, qui avaient apparu dans notre étage **F**. Nous avons été forcé de reconnaître également, à ce niveau, la réapparition des Céphalopodes à ouverture contractée, reproduisant les formes de cette famille, qui avaient prédominé dans notre étage calcaire inférieur **E**, c'est-à-dire à l'origine de notre faune troisième.

Il est doux d'être ainsi vaincu par la vérité.

L'harmonie que nous venons de signaler dans l'étage **G**, s'étend de même aux apparences des subdivisions de l'étage **H**, dont il nous reste à parler pour terminer notre parallèle.

IV. Bandes schisteuses h 1 — h 2.

La bande schisteuse supérieure **h 3** n'existant pas aux environs de Hlubočep, ne sera pas mentionnée dans ce qui suit.

Les bandes **h 1 — h 2**, sous le rapport de la cohésion de leurs roches, étant complétement analogues à la bande schisteuse **g 2**, ont dû subir les mêmes effets des agens atmosphériques. Elles ont donc été largement dénudées, et elles ne sont aujourd'hui représentées que par des lambeaux isolés, ainsi que nous l'avons constaté dans notre *Esquisse géologique* en 1852, et répété ci-dessus.

On conçoit donc aisément, que ces formations aient disparu sur le côteau gauche du vallon de Hlubočep, notamment au pied de la crête de Žvahov, où notre section constate leur absence, du moins à la surface du sol, obstruée par des débris de toutes les roches voisines.

Les sections de M. M. Krejči et Lipold indiquent, au contraire, la présence des schistes de **H** sur ce versant. C'est une simple erreur de fait, car sans les dénudations, ces formations seraient parfaitement à leur place sur les calcaires de **g 3**, c. à d. sur la surface de Žvahov.

Sur le côteau droit du vallon, les sections de M. M. Krejči et Lipold s'accordent avec la nôtre pour indiquer la présence d'un grand lambeau de notre étage **H**, reposant en stratification concordante, sur la surface de l'étage **G.**

Malheureusement, cette partie de **H**, composée de la formation inférieure **h 1** et de la formation moyenne **h 2** décrites ci-dessus (p. 17) a été considérée par nos adversaires comme identique avec la formation **g 2** du ravin blanc, sur le côteau gauche. Bien que l'erreur de cette identification ait été suffisamment démontrée par tout ce qui précède, elle devient encore plus manifeste par les deux observations suivantes :

1. Dans cette localité, il arrive accidentellement que les schistes de **h 1** n'offrent pas la moindre alternance avec les calcaires de **g 3**. C'est ce que démontre la belle section naturelle déjà mentionnée à la carrière dite *ů Zajesku*, au point où la chaussée pénètre dans Hlubočep, en venant de Prague. Ainsi, la bande **h 1** étant absolument

dénuée de calcaire, comme la bande superposée **h 2**, leur ensemble contraste totalement, par ce seul fait, avec la bande schisteuse **g 2**, où les sphéroides calcaires abondent, et qui renferme même des couches de cette roche, dans le ravin blanc, de l'autre côté du vallon de Hlubočep.

2. Les schistes de **h 2** offrent, comme partout ailleurs, des alternances très-multipliées avec des lits minces de *quartzites*, tandisque par opposition, il n'existe aucune trace de quartzites dans **g 2**, ni dans le ravin blanc, ni ailleurs.

Ces deux considérations, fondées sur les plus simples caractères extérieurs ou pétrographiques, auraient dû suffire pour détourner nos contradicteurs de l'idée d'assimiler les schistes de **H** avec la bande **g 2**, même sans avoir besoin de recourir aux caractères paléontologiques, qui doivent contribuer à distinguer ces divers horizons.

Les bandes schisteuses **h 1 — h 2** peuvent être facilement étudiées sur le côteau droit du vallon de Hlubočep, parce qu'elles sont fortement sillonnées par plusieurs ravins très-profonds, et de plus, parce qu'elles ont été récemment entamées par la construction de la chaussée allant vers Slivenetz. On peut donc se convaincre aisément, que la composition de leurs roches est complètement différente de celle des roches de **g 2**.

Nous faisons abstraction des troubles multipliés, que les bandes **h 1** et **h 2** ont éprouvés dans cette localité. Ces troubles, qui consistent dans leur morcellement et les brusques variations dans l'inclinaison de leurs lambeaux, se conçoivent aisément, si l'on remarque, que le point où les bandes **h 1** et **h 2** sont traversées par notre section, est voisin de la grande fracture synclinale de notre bassin.

V. Comparaison entre les cartes des environs de Hlubočep.

La carte topographique sur laquelle nous exposons la disposition horizontale de nos étages et de leurs subdivisions, aux environs de Hlubočep, a été construite d'après les feuilles authentiques du cadastre impérial, en les réduisant à une échelle moitié moindre. L'échelle du cadastre étant de $\frac{1}{2,880}$, c. à d. de 1 pouce pour 40 toises de Vienne, celle de notre carte est donc de $\frac{1}{5,760}$ ce qui équivaut à 1 millimètre pour $5^{m\cdot}$ 76.

Nous ferons observer, en passant, que nous avons adopté une échelle un peu plus grande pour notre section Pl. 2 fig. 1, afin de la rendre plus distincte. Elle est de 1 millim. pour 4 mètres, aussi bien pour les distances horizontales que pour les hauteurs.

La carte réduite de l'Etat Major, coloriée par M. le Prof. Krejči, est à l'échelle de $\frac{1}{144,000}$, c. à d. 25 fois plus petite que celle de notre carte. Nous avons déjà constaté *Déf. II. p.* 7, que cette carte de l'Etat Major, malgré l'exiguité de son échelle, est remarquable par sa netteté et sa parfaite exactitude.

La réduction des feuilles du cadastre pour notre carte a été faite par notre honorable ami et ancien compagnon de nos excursions, M. Carl Praschak, l'un des ingénieurs les plus distingués de la Bohême, et directeur émérite des travaux publics de la Silésie Autrichienne. En parcourant avec nous le terrain, il a eu l'occassion d'ajouter à notre carte divers détails, qui ne se trouvent pas sur les feuilles cadastrales. Nous sommes charmé de pouvoir lui offrir en cette occassion nos sincères remercîmens, non seulement pour ce travail, mais encore pour plusieurs autres cartes, nivellemens &c. qu'il a bien voulu faire pour nous, et que nous publierons successivement, avec les résultats de nos recherches, bien certain que les savans, qui n'accordent leur confiance qu'aux documens de bon aloi, partageront notre reconnaissance envers notre ami, M. Praschak.

Pour rendre plus claire cette discussion, nous avons reproduit les profils de nos adversaires, qui sont relatifs aux environs de Hlubočep. Mais on conçoit que nous ne pouvons pas facilement reproduire la partie de leur carte qui représente la même localité. Nous nous bornons donc à faire remarquer le contraste que présente cette carte, par rapport à celle que nous mettons sous les yeux de nos lecteurs.

Tandis que notre carte locale expose la disposition concentrique des bassins particuliers, fermés vers le Nord-Est, et qui correspondent à chacun de nos étages, et à chacune de leurs subdivisions principales, suivant l'ordre réel de leur superposition, la carte dite de *détail*, coloriée par M. le Prof. Krejči, et constituant jusqu'à ce jour la carte officielle de l'Institut Impérial Géologique, représente les mêmes formations comme des bandes complètement parallèles. Cette disposition graphique est entièrement contraire à la réalité.

En outre, sur la carte de M. Krejči, la bande schisteuse **g 2**, constituant la partie centrale de notre étage **G**, est coloriée comme appartenant à l'étage **H**. Les bandes calcaires **g 1 — g 3** sont confondues &c. &c.

Nous avons déjà appelé l'attention des savans sur ces erreurs, qui rendent complètement inintelligibles les véritables relations stratigraphiques entre les étages de notre terrain, en mettant sur un même horizon ceux qui sont réellement placés sur des horizons très-distincts. Nous croyons superflu de nous étendre davantage sur des erreurs si palpables. Voir ci-dessus (p. 158). Cette **carte offi-cielle** n'étant pas encore imprimée en couleurs, **nous es-pérons** qu'elle sera dûment rectifiée en ce point **comme** en divers autres, que nous avons déjà signalés, ou **que** nous indiquerons durant le cours de ces débats.

On comprendra que la rectification aux environs de Hlubočep est surtout indispensable, parce qu'elle doit ren-dre à notre terrain le caractère de bassin complet et fermé, qui contribue si puissamment à élucider sa compo-sition stratigraphique, et à lui assurer la considération ex-primée par le terme de *classique*, que nos contradicteurs eux-mêmes ont bien voulu lui accorder, comme due à nos travaux.

VI. Résumé du parallèle qui précède.

La comparaison détaillée qui précède démontre, que M. M. Krejči et Lipold ont été entraînés à leur inter-prétation stratigraphique, anticoloniale, des environs de Hlubočep, par trois circonstances principales.

1. Nos adversaires ont également omis la bande schisteuse à sphéroides calcaires **g 2**, dans la moitié Sud-Est de leurs sections, qui remontent à des époques dif-férentes, et font supposer une révision officielle. Cette omission, qui a exercé la plus fâcheuse influence sur leurs interprétations stratigraphiques, aurait pu être aisément évitée par une simple promenade dans le ravin de Ru-žička, dont les parois montrent la présence indubitable de **g 2**.

2. Nos adversaires ont confondu les schistes de **g 2**, caractérisés par des sphéroides calcaires, sans quartzites, avec tout l'ensemble des schistes de l'étage **II**, caracté-risés à Hlubočep par l'absence totale des calcaires, et au contraire, par la présence des lits de quartzites, sur la plus grande partie de leur étendue verticale. Cette grave erreur

est d'autant plus inconcevable, que M. Krejči avait clairement compris et enseigné d'après nos publications, la distinction entre ces formations, en 1856, dans un travail que nous allons mentionner au chapitre suivant.

3. Nos adversaires ont confondu la masse calcaire supérieure **g 3**, couronnant l'étage **G**, avec la masse calcaire semblable **g 1**, qui fait la base du même étage.

En considérant que M. M. Lipold et Krejči ne cultivent pas la paléontologie, ils sont excusables de s'être laissé tromper par les apparences pétrographiques de ces roches, à peu près identiques, mais dont les faunes, totalement différentes, indiquent des horizons géologiques très-distincts.

Par suite de cette omission et de ces erreurs, nos contradicteurs ont été induits à imaginer, près Hlubočep, des dislocations locales, qui auraient produit une intercalation mécanique des schistes de **H** entre les calcaires de **G**, c. à d. une apparence identique avec celle de nos colonies.

Jamais l'idée d'une pareille intercalation n'aurait pu s'introduire, ou du moins persister dans leur esprit, s'ils s'étaient donné la peine de compléter et d'étudier en détail la section en travers du vallon de Hlubočep. En effet, cette section telle que nous la figurons, d'après nature, constate la régularité et la symétrie parfaite des formations correspondantes, des deux côtés de l'axe synclinal de ce vallon.

Cette simple fracture ou flexion synclinale, que nous avons reconnue dès l'origine de nos études, et que nous avons indiquée sur notre section idéale en 1852, est la seule dislocation qui ait troublé dans cette localité la position horizontale et primitive des dépôts successifs. Elle n'a d'ailleurs introduit aucun trouble dans l'ordre de super-

position des formations. Il en est de même du pli anticlinal de Divči Hrady.

Au fait, si notre section de Hlubočep, au lieu de
représenter une série de formations siluriennes, figurait
une série appartenant aux terrains secondaires ou tertiaires,
dans une contrée quelconque des deux continents, la
symétrie parfaite qu'elle offre, de chaque côté de l'axe
synclinal, pleinement confirmée d'ailleurs par la paléontologie, suffirait pour démontrer aux yeux de tout géologue,
que les formations se présentent dans leur ordre naturel
et primitif de superposition.

Nous aimons à croire que nos adversaires, s'ils veulent bien s'affranchir de leurs préoccupations et consacrer
un couple d'heures à vérifier notre carte et notre section,
reconnaîtront qu'elles suffisent pour dissiper toutes leurs
illusions.

Avec ces illusions, s'évanouit l'argument anticolonial,
fondé sur les apparences mal interprétées du terrain, au
nord de Hlubočep.

Il nous reste à décrire notre section au droit de
Hlubočep et une autre section auxiliaire, au droit de
Holin.

VII. Section suivant la ligne XYZ, au droit de Hlu-
bočep. Pl. 2, fig. 1.

Il est difficile, dans un pays cultivé, de trouver une
ligne de section suivant laquelle on puisse voir à découvert chacune des formations dont elle est destinée à montrer l'étendue et les relations. Bien que les environs de
Hlubočep offrent, sous ce rapport, des circonstances très-
favorables, nous n'avons pas pu diriger notre profil de
manière à éviter toutes les surfaces couvertes par le sol

végétal. Cependant, il est placé de manière à rendre très-aisée, dans son voisinage immédiat, la vérification de nos indications stratigraphiques. Nous allons donc désigner successivement pour chaque formation, les points du terrain où elle présente les apparences avec lesquelles nous la figurons.

Nous avons choisi la ligne XYZ dans le but principal de suivre, autant que possible, la direction adoptée par nos adversaires, et de rendre ainsi plus comparables leurs sections avec la nôtre. Le lecteur voit donc en parallèle, sur notre Pl. 2, trois sections d'une même terrain, orientées de même, suivant une même ligne, mais tracées sous l'influence des impressions, cette fois très-différentes, que les mêmes objets matériels peuvent produire sur trois observateurs divers.

Partie gauche de la section.

1. *Bande calcaire* **g 1.** En commençant par la gauche, cette bande constituant à elle seule les hauteurs de Divči Hrady, est partout très-apparente sur toute l'étendue de notre carte et au-delà. Elle est d'ailleurs entamée et sillonnée par de nombreuses carrières, sur le versant incliné vers le vallon de Hlubočep. Elle présente un pli anticlinal largement développé et très-visible sur les parois nues et abruptes du ravin *Knězova Rokle*, qui la traverse et que nous indiquons sur notre carte. De plus, en parcourant simplement la surface des côteaux, on reconnaît également ce pli, par les inclinaisons régulièrement opposées des affleuremens des couches calcaires, qui partout percent le sol.

Nos contradicteurs, en quête de dislocations aux environs de Hlubočep, ont malencontreusement manqué l'occassion de constater l'existence de ce pli anticlinal, qui est bien en harmonie avec le pli synclinal représenté par le fond du vallon.

La formation des couches à silex noirs, placée au sommet de la bande **g 1**, est figurée dans notre profil entre les points *m — o*, d'après la section exposée sur les parois du ravin blanc *(Bilá Rokle)*, abstraction faite des petits troubles de la stratification, que l'échelle adoptée ne permet pas de reproduire, mais que nous avons mentionnés ci-dessus.

2. *Bande schisteuse* **g 2**. Elle est figurée d'après la section naturelle, exposée sur les parois du ravin blanc et du ravin *Sekaná Rokle;* mais en négligeant les irrégularités que les couches montrent dans leur inclinaison. Ces irrégularités sont très-limitées dans leur étendue, et elles ne se reproduisent pas de la même manière dans ces deux ravins, dont la distance ne dépasse pas 250 mètres. Nos contradicteurs ont aussi fait abstraction de ces accidens dans leurs sections.

3. *Bande calcaire* **g 3**. Nous avons figuré la crête saillante dite Žvahov, formée par cette bande, d'après sa hauteur moyenne, au droit de Hlubočep, en nous tenant plutôt un peu en dessous qu'en dessus, afin d'éviter l'apparence de toute exagération. Cette hauteur atteint son maximum, et la crête se montre avec ses formes les plus hardies, au droit de l'étranglement qui resserre la bande **g 2**, le long de la paroi gauche de Sekaná Rokle, à l'Ouest de notre ligne de section. Cet étranglement est très apparent sur notre carte.

Nous engageons les géologues qui visiteront cette localité, à remarquer, qu'au droit de l'étranglement en question, les parties des deux bandes calcaires **g 1** et **g 3**, qui occupent les deux bords opposés du ravin, offrant la même direction, la même inclinaison et les mêmes apparences pétrographiques dans leurs couches, il est difficile, au premier aspect, de se défendre contre l'opinion qu'elles forment le prolongement l'une de l'autre. Mais, s'ils veulent bien considérer, que la bande schisteuse **g 2** est réellement interposée dans le ravin entre les deux bandes calcaires **g 1 — g 3,** ils reconnaîtront que c'est une illusion. D'ailleurs, la formation bigarrée qu'on retrouve à découvert sur le bord droit du ravin, près de son embouchure, démontre suffisamment l'identité de la bande **g 3,** malgré les fluctuations de sa direction, par suite de petites brisures transverses et de rejets horizontaux correspondans.

A cette occasion, nous appélerons aussi l'attention des explorateurs sur un autre point, par rapport auquel ils pourraient être aisément induits en erreur, comme nous, dans leurs premières excursions aux environs de Hlubočep.

Durant un temps, nous avons considéré la masse calcaire **g 1,** formant un pli anticlinal le long de la chaussée de Prague, et exploitée dans la nouvelle carrière de Schwagerka, comme représentant le prolongement vers le Nord-Est de la crête de Žvahov, c. à d. de la bande **g 3,** sur l'alignement de laquelle elle se trouve. Cette erreur a contribué à nous empêcher, pendant plusieurs années, d'acquérir la complète intelligence de cette localité. Nous nous faisons un devoir de la signaler à quiconque se ferait illusion comme nous, d'après les apparences du terrain, qui ont complètement trompé M. Krejči, ainsi que le démontre sa carte.

Partie centrale de la section.

4. *Bande schisteuse* **h 1.** Cette formation est exposée de la manière la plus claire, en parfaite concordance avec la bande calcaire **g 3,** dans la section naturelle qui longe la chaussée de Prague, à l'entrée de Hlubočep, à l'endroit dit *ů Zajeskủ,* indiqué sur notre carte. D'après cette section, nous avons figuré la bande **h 1** sur les deux versans. Mais, en parcourant les ravins qui sillonnent le côteau droit du vallon de St. Procop, vis-à-vis et au midi du lieu dit Prachovna, ou peut aussi s'assurer que la stratification

est complètement conformable dans ces deux bandes superposées.

5. *Bande schisteuse* **h 2.** Nous avons dessiné, d'une
manière figurative, les perturbations très-multipliées que
cette formation a subies dans la partie centrale du terrain
représenté sur notre carte. On peut aisément reconnaître
ces accidens, sur les parois de l'un quelconque des pro-
fonds ravins qui prennent leur origine sous le chemin de
Klukovitz, et qui descendent vers le ruisseau de St. Procop. Dans chacun d'eux, on trouvera les lambeaux de **H**
redressés ou tourmentés d'une manière différente. Comme
ces perturbations semblent un peu mêler ce qui appartient
à chaque bande, nous nous sommes borné à indiquer **h 1**,
au voisinage immédiat de **g 3**, en laissant tout le reste
sous la dénomination générale de **H**. C'est cependant la
bande **h 2** qui prédomine dans la masse centrale, où les
couches argileuses alternent avec les quartzites.

Partie droite de la section.

6. *Bande calcaire* **g 3.** Dans la partie droite de notre
section, cette bande a été figurée d'après les apparences
de sa tranche, dans les carrières au sommet des hauteurs
na Vrškach, près de la chaussée de Slivenetz. Sur ce point,
les couches sont presque verticales, tandis qu'elles sont
beaucoup moins inclinées dans les carrières placées sur
les deux bords du ruisseau, au lieu dit Ů Zajesků, dont
nous avons déjà parlé.

7. *Bande schisteuse* **g 2.** Sur le côté droit de notre
profil, cette formation est dessinée d'après la section oblique, visible sur les parois du ravin de Ružička.

La formation bigarrée *n*, qui couronne **g 2**, peut être
observée surtout à l'extrémité Ouest des jardins de M. Herget, vis-à-vis les carrières Ů Zajesků, et aussi entre le som-

met du ravin de Ružička et les carrières de **g 3**, sur l'ancien chemin de Slivenetz.

8. *Bande calcaire* **g 1.** Sur le côté droit du profil, cette masse calcaire forme les hauteurs de Habrova. Ses couches se dessinent sur la surface du sol inculte, et elles ont été aussi largement exploitées sur le penchant de la montagne, vers Hlubočep, comme sur le penchant opposé, le long de la chaussée de Prague et de la Moldau.

Cet affleurement de **g 1** est celui que nous nommons *affleurement marginal*, parce qu'il constitue le contour du bassin correspondant à cette formation. La bande **g 1** ne présente pas, sur les hauteurs de Habrova, un pli anticlinal, analogue à celui que nous avons signalé dans la masse de Divči Hrady, formant le côteau opposé du même vallon.

VIII. Section à travers les étages G—H, au droit du village de Holin. Pl. 1. fig. 3.

Notre section Pl. 2 fig. 1, au droit de Hlubočep, exposant les couches de notre étage **H**, fortement troublées et disloquées, nous croyons convenable de montrer ces formations avec la régularité que présente leur stratification, dans presque toutes les autres localités, où nous avons reconnu leur existence. Tel est le but de la section au droit de Holin, village situé sur les côteaux qui s'élèvent sur la rive droite du ruisseau de St. Procop, à environ 3,000 mètres au Sud-Ouest de Hlubočep. En raison de cette faible distance entre nos deux sections parallèles, il est facile de suivre, presque sans interruption, les affleuremens de toutes les formations que nous figurons. Le vallon de St. Procop et les ravins latéraux qui sillonnent profondément le terrain, permettent d'étudier aisément chacune d'elles, et d'établir avec certitude leurs relations et leur ordre de superposition.

En commençant par la gauche, la bande calcaire **g 1**, formant les hauteurs qui s'étendent vers le village de Wohrada, est le prolongement direct de la même masse qui constitue les hauteurs de Diwči Hrady, au Nord de Hlubočep. Ses couches sont à découvert sur une grande partie de la surface des côteaux, et elles sont fortement entamées çà et là, par des carrières. Au point que nous avons choisi pour notre section, c. à d. au droit de Holin, vers le Nord, le fond du vallon de St. Procop est creusé dans cette bande.

La bande schisteuse **g 2**, quoique cachée par la terre végétale, sur une partie de son étendue, se montre immédiatement au dessus de **g 1**, dans le ravin et chemin creux qui monte du fond du vallon vers Holin. Les sphéroides calcaires qui caractérisent cette formation sont très-apparents, et on peut trouver aussi, en peu de momens, dans ses couches schisteuses, les fossiles qui leur sont propres.

Au dessus des couches de **g 2**, la bande calcaire **g 3** s'élève, sur le côteau droit, sous la forme d'une crête saillante, nommée *za Brka*, et semblable à la crête de Žvahov, près Hlubočep, dont elle est le prolongement réel. Des carrières ouvertes sur le sommet de cette crête permettent souvent d'y recueillir les espèces de Céphalopodes qui distinguent cette bande, c. à d. des *Goniatites*, *Hercoceras* &c. &c. Voir ci-dessus (p. 128).

Sur la surface de **g 3**, reposent les schistes de la bande **h 1**. Ils sont très-fissiles et complètement argileux, sans alternances de lits de quartzite. L'épaisseur de cette bande inférieure de l'étage **H** est peu considérable, et en partie cachée par des débris, au bas du ravin descendant de Holin. Elle se montre plus à découvert dans d'autres ravins parallèles, situés un peu plus loin vers l'Ouest.

L'apparition des lits minces de quartzite dans les schistes annonce la bande **h 2**, qui est très-largement développée dans cette contrée. Les alternances innombrables de ces couches et leur remarquable régularité, se voient parfaitement sur les parois du ravin de Holin, comme sur celles des autres ravins déjà mentionnés. Sur un seul point, en montant vers ce village, on voit un petit pli, qui interrompt, sur quelques mètres, le parallélisme des strates. Malheureusement, la partie supérieure de cette bande est cachée par le sol végétal et par les couches horizontales des dépôts quaternaires, qui forment la surface du plateau entre Holin et Slivenetz. Il est donc impossible de déterminer la limite et la puissance de la bande **h 2**.

En somme, cette section partielle nous montre la régularité et la puissance des dépôts constituant notre **étage H**. Elle nous présente aussi l'occassion de bien constater le contraste essentiel, qui existe partout entre les trois bandes schisteuses **g 2—h 1—h 2**, car dans un très-petit espace de terrain, on peut reconnaître chacune d'elles par ses caractères très-distincts.

Enfin, la régularité parfaite et la concordance évidente dans la stratification de toutes les formations figurées sur ce profil, confirment les faits exposés dans notre chapitre premier.

Chapitre huitième.

Rétablissement de la vérité historique au sujet de Hlubočep.

Après avoir rétabli la vérité géologique, dans les pages qui précédent, nous sommes obligé, fort à contre-coeur, de rétablir également la vérité historique, au sujet de l'argument anti-colonial fondé sur les environs de Hlubočep.

En lisant dans le journal Bohême *Živa (II. 1862)* le mémoire publié par M. Krejči contre nos Colonies, nous avons été frappé par le passage suivant, que nous traduisons (p. 137).

„Dès que j'ai reconnu à Hlubočep les schistes à Tentaculites (**H**) intercalés au milieu des calcaires de Branik (**G**) par suite d'un grand glissement de bas en haut, je n'ai pas hésité à exprimer à mes élèves et à mes amis l'opinion, que les Colonies s'expliquent plus aisément par une perturbation dans la série stratigraphique, que par la théorie de Barrande, et j'ai cité comme analogie la dislocation observée à Hlubočep. J'ai publié cette manière de voir dans la *Živa,* IV. 1856.“

Ce passage, confronté avec les deux articles sur notre bassin silurien, insérés par M. Krejči dans la *Živa* en 1856, nous a causé une bien pénible surprise, et il nous oblige à démontrer, par les textes mêmes de M. Krejči, que ses assertions historiques sont dénuées de tout fondement.

Nous constatons en passant, que nous avons complètement ignoré jusqu'à ces derniers temps les publications faites par M. Krejči en 1856, dans la *Živa,* ainsi que l'attaque qu'elles renferment contre nos Colonies. Notre ignorance à ce sujet s'explique naturellement, par le système de *non communication* suivi par M. Krejči envers nous, et diamétralement opposé à nos habitudes envers lui.

Voici les passages dans lesquels il est question soit des colonies, soit de Hlubočep, dans les deux articles publiés par la *Živa,* en 1856.

1. (p. 124) M. Krejči reproduit simplement, par une traduction abrégée, ce que nous avons publié sur les Colonies, dans notre *Esquisse géologique,* en 1852 *(Syst. Sil. de Boh.),* sans y ajouter aucune expression quelcon-

que, qui puisse être considérée comme révoquant en doute
notre interprétation de ce phénomène. D'ailleurs, Hlubočep n'est pas mentionné dans ce passage. Ces circonstances nous dispensent donc de le traduire.

2. (p. 314) Après avoir indiqué l'existence de diverses dislocations à la base de l'étage **E**, M. Krejči continue ainsi: •

„Ces dislocations ont eu sans doute encore pour effet
d'arracher de l'étage calcaire inférieur **E** quelques parties
que nous voyons au milieu des schistes de l'étage **D**, par
exemple près Mořol et Gross Kuchel, et que Barrande a
nommées *Colonies*. Ces colonies renferment exactement
les mêmes schistes à graptolites et sphéroides calcaires,
les mêmes fossiles et les mêmes trapps, que les couches
inférieures de l'étage **E**, et il n'est pas aisé de comprendre
comment elles se sont introduites avec leur faune des
couches calcaires, au milieu des schistes de l'étage **D**.
*Mais il serait plus concevable d'admettre, qu'elles ont été
arrachées par les trapps à la masse compacte des calcaires.*

Ces dernières lignes expriment bien une interprétation des Colonies, différente de la nôtre, mais complètement indépendante de toute observation relative à Hlubočep, dont le nom n'est pas même mentionné. D'ailleurs,
à Hlubočep, il n'existe pas de trapps, qu'on puisse invoquer
pour *arracher* des lambeaux de calcaire et simuler des
Colonies, en les enfonçant de haut en bas, à travers les
couches de l'étage **D**; phénomène jusqu'ici inoui dans la
science et dont notre bande **d 5** offrirait tant d'exemples,
d'après cette explication de M. Krejči.

3. (p. 319) En définissant notre étage **G**, M. Krejči
décrit d'abord les calcaires qui en constituent la masse
principale, et il traduit presque mot à mot notre *Esquisse
géologique* p. 79. Ensuite, il nous emprunte de même la
description des schistes à sphéroides calcaires **(g 2)**, qui

jouent un rôle subordonné entre les masses calcaires de cet étage. Voici ses expressions au sujet de ces schistes:

„Entre les couches calcaires (**G**) se montrent aussi des couches d'un schiste feuilleté, qui devient plus puissant dans la partie supérieure et qui renferme des sphéroides calcaires comme les schistes à Graptolites. Ce schiste, rempli de Tentaculites, s'observe entre .les roches de Hlubočep, sur le chemin conduisant à Slichow" (*c. à d. dans le ravin blanc*).

Ce passage, faisant partie intégrante de la description de notre étage **G**, par M. Krejči, constate de la manière la plus évidente, qu'en 1856, notre contradicteur considérait ces schistes à sphéroides calcaires (**g 2**), comme régulièrement subordonnés aux calcaires de cet étage **G** et non comme introduits postérieurement entre ces calcaires, par une dislocation quelconque.

Remarquons que ce passage est le premier, où il est question des schistes de Hlubočep, et que M. Krejči n'y fait aucune allusion aux Colonies.

4. (p. 320) Enfin, M. Krejči continuant à reproduire en abrégé notre *Esquisse géologique*, arrive à la description de notre étage **H**. Il constate d'abord, que cet étage se compose de schistes et de quartzites impurs et que *sans aucune doute le calcaire y manque complètement*. C'est un caractère que nous avons fait ressortir dès 1852, dans des termes presque identiques, reproduits ci-dessus (p. 16). M. Krejči cite ensuite les principales localités où l'on observe les lambeaux de l'étage **H** et parmi elles *Hlubočep, le long de la chaussée de Slivenetz*, c. à d. au sud du village.

Le nom de Hlubočep reparaît encore dans les lignes suivantes, parmi ceux des localités qui ont fourni les fossiles de **H**.

Dans ces derniers passages comme dans le précédent, il n'existe pas un seul mot qui rappelle, soit directement, soit indirectement les Colonies, ni qui indique des dislocations ou intercalations quelconques des schistes de **H** dans les calcaires de **G**, aux environs de Hlubočep. Nous ne trouvons le nom de Hlubočep sur aucune autre page de ces deux publications de M. Krejči, dans la *Živa*, en 1856.

Il est donc bien constaté que, dans le seul passage où M. Krejči exprime une opinion différente de la nôtre sur les Colonies, le nom de Hlubočep n'est pas même mentionné. Partout, au contraire, où M. Krejči cite Hlubočep, il ne fait la moindre allusion, ni à nos Colonies, ni à une dislocation, ni à une intercalation quelconque, dans cette localité.

Ainsi, les textes de M. Krejči démontrent:

1. Qu'en 1856, il n'a signalé aucune intercalation mécanique des schistes de **H**, entre les calcaires de **G**, aux environs de Hlubočep, et qu'il n'a point cité cette prétendue intercalation, comme une apparence analogue à nos Colonies. Les assertions de M. Krejči en 1862, citées ci-dessus, sont donc totalement dénuées de fondement.

2. Les passages extraits de la *Živa* démontrent en même temps, qu'en 1856, M. Krejči avait appris de nous à bien établir la différence pétrographique entre les schistes **g2**, subordonnés à l'étage **G** et les schistes de **H**, car il reproduit fidèlement, d'après nos textes, les caractères contrastans de ces deux formations, savoir:

Schistes de **G**, renfermant des sphéroides calcaires, *sans quartzites*.

Schistes de **H**, renfermant des quartzites, *sans calcaires*.

M. Krejči, muni de ces simples moyens de distinction, était donc dans l'impossibilité de confondre, en 1856, les schistes de **G** à sphéroides calcaires, régulièrement intercalés entre les masses calcaires de cet étage, au Nord de Hlubočep, dans le ravin blanc, avec les schistes à quartzites de **H**, qui reposent distinctement sur l'étage **G**, au Sud du même village, le long de la chaussée de Slivenetz. Les schistes de **G** étant reconnus différents des schistes de **H** par M. Krejči, la série stratigraphique était régulière à ses yeux comme aux nôtres. Il n'y avait donc pour lui, pas plus que pour nous, aucun motif, ni occasion, pour imaginer, à cette époque, une dislocation ou intercalation mécanique quelconque à Hlubočep.

Ainsi, l'argument anticolonial fondé sur la prétendue intercalation mécanique des schistes de **H** entre les calcaires de **G**, à Hlubočep, n'a pas pu naître dans l'esprit de notre contradicteur, en 1856, mais seulement plus tard, le jour où il a eu le malheur d'oublier la distinction pétrographique, si évidente, entre les formations schisteuses de ces deux étages; distinction qu'il enseignait très-clairement dans le mémoire cité.

En antidatant cet oubli, dans son travail de 1862 contre nos Colonies, M. Krejči l'a rendu entièrement inconcevable, car il l'a reporté a une époque, où il était absolument impossible de sa part. Par suite de ce fatal oubli et de l'insuffisance de ses études, ci-dessus démontrée, M. le Prof. Krejči a été entraîné à enseigner à ses élèves et à ses amis, qu'il existe à Hlubočep une intercalation accidentelle des schistes de **H** dans les calcaires de **G**, reproduisant les apparences de nos colonies. Après avoir vérifié les faits que nous lui rappelons et ceux que nous lui révélons dans cette étude, nous espérons en toute confiance, qu'il s'empressera de rectifier ses enseignements erronnés sur cette localité. Nous croyons même que, cédant à l'impulsion des nobles sentimens qu'il a exprimés en diverses circonstances, il sera charmé de pouvoir saisir une si belle occasion, pour manifester sa loyauté dans ces débats, et pour donner à ses élèves une mémorable leçon de droiture et de géologie.

Chapitre neuvième.

Considérations générales dérivant de l'étude sur Hlubočep, en faveur de la doctrine des Colonies.

Hlubočep est une localité très-remarquable et qui, sous tous les points de vue, présente les plus fructueux enseignements aux géologues de *bonne volonté*.

1. *Au point de vue purement stratigraphique,* celui qui aperçoit pour la première fois, le long des escarpemens de Žvahov, les couches calcaires de **g 3**, qui semblent percer le sol et qui s'élèvent presque verticalement à près de 40 mètres de hauteur, peut difficilement se défendre contre l'impression involontaire d'une violente dislocation du terrain, qui aurait pu intervertir l'ordre primitif de superposition des masses stratifiées.

2. *Au point de vue pétrographique.* Celui qui retrouve de nombreux sphéroides calcaires au milieu des schistes de **g 2**, peut bien se croire, au premier instant, sur la base de notre étage E, où de semblables sphéroides se montrent entre les schistes à Graptolites.

Celui qui passe sur les calcaires noduleux de **g 3**, sans étudier leurs fossiles, peut bien considérer ces roches comme une simple répétition du calcaire noduleux de **g 1**, et comme confirmant l'idée de la dislocation supposée.

Celui qui parcourt, sans grande attention, la masse des schistes de **H**, peut bien les confondre avec les schistes analogues de la bande **g 2**.

Celui qui, observant un peu mieux, remarque que les schistes de **h 2** alternent par couches minces avec des lits de quartzite impur, pourrait encore plus aisément se croire sur la bande **d 5** de notre étage **D**, dont il retrouve les apparences pétrographiques et même les fucoides.

3. *Au point de vue paléontologique*, celui qui recueille à Hlubočep, dans les couches de **g 3**, *Goniatites plebeius*, *Gon. verna* et *Gon. crispus* associés avec *Phacops fecundus* Var. *major*, peut bien rêver qu'il est au milieu des calcaires de notre étage **F**, qui offrent les mêmes espèces.

Celui qui recueille, soit à Hlubočep, soit à Hostin, dans les schistes de **h 1**, des Tentaculites, des Goniatites et des Trilobites, identiques avec ceux qui caractérisent la bande schisteuse **g 2**, est bien excusable de supposer, au premier instant, que ces formations **g 2** et **h 1** sont aussi identiques, et dérivent l'une de l'autre, par quelque dislocation du terrain.

Mais la discussion qui précède prouve, que ce sont là autant de pures illusions, que nous avons partagées en partie et que le temps et l'étude ont successivement dissipées. Nous aimons à croire qu'il n'a manqué à nos contradicteurs qu'un temps assez long et des études suffisantes, pour rectifier comme nous leurs interprétations illusoires des apparences du terrain, dans cette remarquable localité.

En résumé, les environs de Hlubočep nous enseignent, qu'il existe :

1. D'apparentes dislocations sans aucun trouble réel dans la stratification ;

2. des réapparitions très-éloignées de roches, que les géologues ne sauraient distinguer sûrement les unes des autres ;

3. des intermittences répétées dans l'apparition de certaines formes animales, sur un même point, confirmant le principe de *migration et retour.*

Ces environs nous offrent donc une série de phénomènes, stratigraphiques, pétrographiques et paléontologiques, entièrement analogues à ceux qui ont produit les anomalies coloniales, sous des apparences particulières. Ainsi, la localité de Hlubočep, jusqu'ici invoquée contre nous avec une entière confiance par nos adversaires, se prononce hautement et définitivement aujourd'hui, en faveur de notre doctrine des Colonies.

Postscriptum.

Quelques mots sur les environs de Litten, en attendant.

Lorsque les savans pourront comparer à la carte officielle de M. Lipold, notre carte dressée d'après les feuilles du cadastre impérial, comme celle des environs de Hlubočep, ils retrouveront le bourg de Litten replacé sur ses fondemens, d'où il a été violemment enlevé sur la carte de notre contradicteur, pour être rejeté vers le Nord-Est, tandis que les rues, veuves de leurs maisons, gisent isolées vers le Sud-Ouest. Nous ferons alors reconnaître le but pour lequel cette étrange transposition topographique a été pratiquée.

Lorsque les savans verront sur notre carte les formations libérées des annexions illégitimes, des prolongemens sans mesure, des raccordemens malgré la différence des horizons et surtout, lorsqu'ils trouveront le terrain affranchi des courbes fantastiques de trapps, si hardiment tracées par M. Lipold, pour indiquer la prétendue continuité entre nos Colonies et notre étage E, ils seront frappés de

la discordance qui existe entre les combinaisons arbitraires
de ce géologue en chef et le tracé des affleuremens réels
des formations.

En renouvelant aujourd'hui les protestations que nous
avons déjà faites contre ces licences graphiques de M. Lipold, dans notre *Défense II*. 1862, nous ajouterons quelques
mots, que nous recommandons à l'attention des géologues.

Tandisque M. M. Krejči et Lipold affirment, avec une
singulière assurance, avoir vu nos colonies dérivant par
voie de continuité des formations semblables de notre étage
E, près Litten, nous constatons, au contraire, que cette
continuité prétendue n'est réellement visible en aucun point
du terrain. C'est un fait qui ne peut être infirmé par aucune assertion contraire, passée, présente ou future, quelle
que soit la source d'où elle puisse émaner.

Tout ce qu'on peut dire, c'est que, d'après l'ensemble
des apparences locales, le contact entre nos colonies et la
base de notre étage **E,** semble indubitable quoique invisible.
Mais, comme ce contact peut également résulter de diverses
combinaisons stratigraphiques, on n'a pas le droit d'affirmer, officiellement, sans l'avoir vu, qu'il est le résultat de
la continuité supposée.

Or, lorsque nous aurons exposé, sur notre carte et
sur nos profils, la disposition réelle des formations et leurs
véritables relations stratigraphiques, défigurées par nos adversaires, ou bien plus mal comprises par eux que celles
des environs de Hlubočep, il deviendra évident que, dans
la contrée de Litten, il existe uniquement une expansion
horizontale et locale de la base de l'étage **E,** en stratification transgressive, à peu près concordante, sur la surface
de notre bande **d 5,** et par conséquent sur les colonies renfermées dans cette bande. Cette expansion est représentée
par le massif du Mt. Mramor, dont les couches ont été déposées dans un golfe, formant saillie en dehors des con-

tours généraux du bassin correspondant à notre étage **E.**
De ce phénomène, souvent observé en géologie, dérive un
contact, par voie de superposition immédiate, entre des
formations d'âge très différent et que nous voyons partout
ailleurs distinctement séparées par d'autres dépôts inter-
jacens.

Ces relations de contact, par l'effet de la stratification
transgressive, ont été complétement méconnues par nos
contradicteurs et interprétées par eux comme résultant de
la continuité de nos colonies avec l'étage **E.** D'après les
mêmes apparences, ils auraient pu affirmer avec autant de
raison, la continuité entre cet étage et les schistes et quartzites de **d5,** immédiatement recouverts par la base de
notre division supérieure, comme les colonies intercalées
dans leur masse.

En indiquant sommairement la solution simple et naturelle de l'énigme stratigraphique de Litten, nous sommes
persuadé qu'elle se serait offerte d'elle même à nos contradicteurs comme à nous, s'ils avaient étudié dans tous
ses détails et sans préoccupations, la surface entière de la
zone coloniale dans notre bassin, car elle fournit ample-
ment les élémens rationnels de notre explication. Nous
nous réservons de faire connaître diverses localités importantes, qui présentent des phénomènes en parfaite harmonie avec ceux qui nous occupent et qui ont été également
méconnus par M. M. Lipold et Krejči. De telles études ne
s'improvisent pas et, en géologie, il faut peu compter sur
le privilège d'un coup d'oeil d'aigle, en passant. Un grand
poète a dit, pour les géologues de tous les rangs:

> Patience et longueur de temps,
> Font plus que force ni que rage.

Prague, 1. mars 1865.

J. Barrande.

Pl. I.

Fig. 1. Section de M. Krejčí

Fig. 2. Section par Dvoretz et Branik prolongée vers le Sud

Carrières de Dvoretz — Carrières de Branik — Branik

Fig. 3. Section par Holin.

Vohrada — au Holin — Holin

Fig. 4. Section (1) de M. Krejčí,

Fig. Section (4) de M. Krejčí

Fig. 6. Section suivant le coteau gauche du vallon entre Tachlowitz et Rudotin.

Tachlowitz — Ravin de Chrynitz — Lisière de Château — Lobeczka — Rudotin

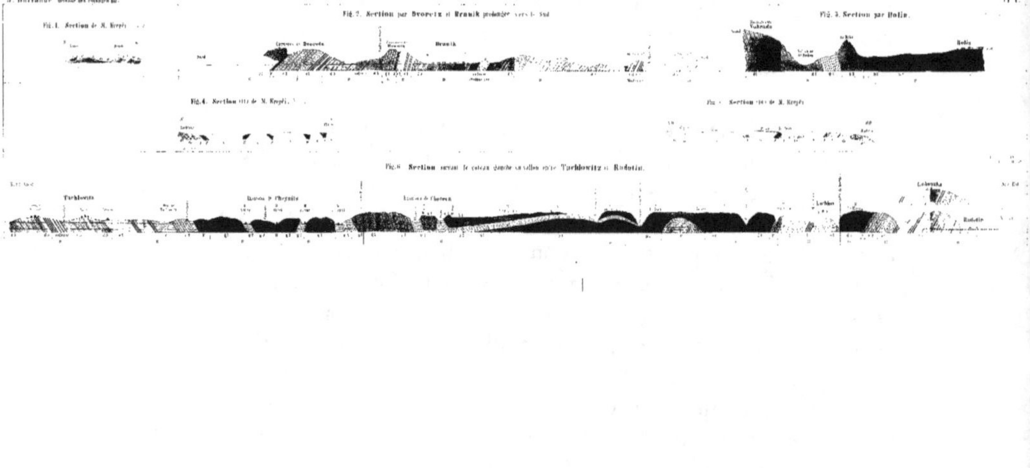

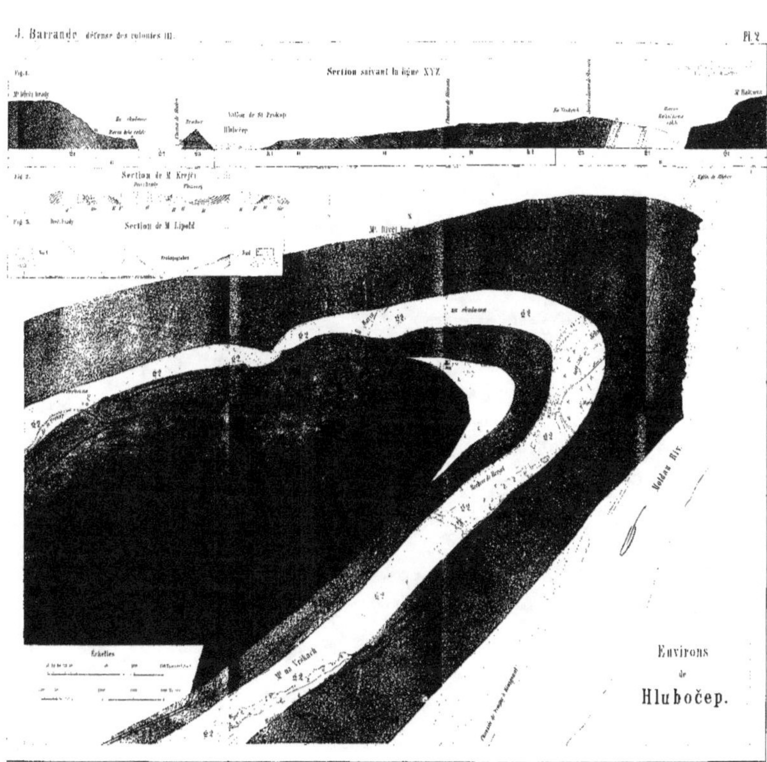

J. Barrande, défense des colonies III.
Pl. 2
Section suivant la ligne XYZ
Fig. 1.
Section de M. Krejčí
Fig. 2.
Section de M. Lipold
Fig. 3.
Échelles
Environs
de
Hlubočep.